坝工实用检测技术

主　编　陈建东　黄文鹏
副主编　赵永刚　刘中堂
杨纯松　袁建华

黄河水利出版社
·郑州·

内 容 提 要

本书共分8章,讲述了坝工工程各类大坝的各种检测技术和方法。其主要内容包括:坝工工程建设强制性条文规定,坝基处理及连接结构,土坝实用检测技术,砌石坝实用检测技术,混凝土面板堆石坝实用检测技术,碾压混凝土坝实用检测技术,土石坝实用检测技术,大坝安全监测实用技术等。内容系统、全面、翔实、有普遍性,且具有先进性和可操作性,是从事坝工建设者进行质量检测和质量控制的一本实用性强的书。

本书可供从事水利水电工程的科技工作者、施工、监理、试验等各类人员使用和参考。

图书在版编目(CIP)数据

坝工实用检测技术/陈建东,黄文鹏主编.—郑州:黄河水利出版社,2009.12

ISBN 978-7-80734-752-1

Ⅰ.①坝… Ⅱ.①陈…②黄… Ⅲ.①坝工-检测 Ⅳ.①TV698.1

中国版本图书馆CIP数据核字(2009)第209717号

出 版 社:黄河水利出版社

地址:河南省郑州市顺河路黄委会综合楼14层 邮政编码:450003

发行单位:黄河水利出版社

发行部电话:0371-66026940、66020550、66028024、66022620(传真)

E-mail:hhslcbs@126.com

承印单位:黄河水利委员会印刷厂

开本:787 mm×1 092 mm 1/16

印张:14

字数:320千字 印数:1—1 000

版次:2009年12月第1版 印次:2009年12月第1次印刷

定价:36.00元

前　言

我国的坝工修建工作起步早，随着科学技术的进步，发展迅速，目前无论是从坝工类型、数量和规模上，还是从技术进展上，都处于国际领先水平。在建设实践过程中，从引进吸收国际先进技术开始，到结合国内各种坝型的具体情况，进行全面的技术创新和发展，积累了非常丰富的经验。为确保坝工建设质量，编者根据国内的有关标准、科研成果、经验资料对各类坝工的检测常见技术及新技术进行了汇编。本书以推动坝工质量控制与管理在水利水电工程中的广泛应用为目的，有较强的系统性、广泛性、实用性，可供从事坝工施工、监理、检测及管理等各类人员参考。

编　者

2009 年 10 月

目　录

第一章　坝工工程建设强制性条文规定

水利水电工程中的坝工工程主要包括土坝、石坝、面板堆石坝、碾压混凝土坝等。水坝工程具有挡水、防洪、灌溉、治涝、发电等水利水电工程的功效。

水利水电工程中的坝工工程按其规模、效益及在国民经济中的重要性分等，其永久建筑物一般是根据工程等级及其在工程中的重要性分级，临时建筑物根据被保护建筑物的级别及本身的规模、使用年限及重要性分级。水利水电工程坝工的等级关系到国计民生，应严格按标准确定，一旦确定后不得轻易改变。所以，自新中国成立以来，我国分别于1959年、1964年先后制定了《水利水电工程设计基本技术规范》、《水利水电工程等级划分及设计标准》(草案1)。1978年、1987年、1994年我国颁发了《水利水电工程等级划分及设计标准(山区、丘陵区部分)》(SDJ 12—78)(试行)、《水利水电工程等级划分及设计标准(平原、滨海部分)》(SDJ 217—87)(试行)、《防洪标准》(GB 50201—94)，2000年又根据国民经济发展及水利水电工程建设技术要求颁布了《水利水电工程等级划分及洪水标准》(SL 252—2000)。

为确保坝工的工程建设质量，国务院在2006年1月30日又发布了《建设工程质量管理条例》。水利部为积极贯彻落实国务院《建设工程质量管理条例》，又发布了“关于加强《工程建设标准强制性条文》(水利工程部分)实施工作的通知”，为建立新的建设工程质量监督管理制度，保证水利水电工程建设质量，提供了有效的法律武器。

为贯彻实施《建设工程质量管理条例》，加强工程建设强制性标准的实施，确保工程质量，《工程建设标准强制性条文》(水利工程部分)对水利水电工程坝工施工的决定：土石坝、混凝土面板堆石坝、碾压混凝土坝等，共有强制性条文69条之多。

第一节　土坝工程的强制性条文规定

土坝是坝工中应用最为普遍的一种坝型，特别是在中小型工程中土坝被广泛采用，针对高土坝填筑技术的一些关键问题，目前，通过“六五”至“九五”的国家科研逐渐得到解决。为反映土坝技术的这些新进展，《碾压式土石坝施工规范》已修订出版，故《工程建设标准强制性条文》根据《碾压式土石坝施工规范》(SDJ 213—83)中有关规定，着重对土坝施工提出如下要求。

一、对料场复查作业的要求

(1)施工单位对勘测设计单位所提供的各类料场勘察报告和调查试验资料进行认真核查。对批准的设计性文件中选定的每个料场的储量与质量应辅以适量的坑探和钻孔取样复核，如发现勘察项目和精度与规定不符，应及时提出意见并会同勘测设计单位进行复查。

(2)施工单位进场以后,必须对筑坝材料的种类、数量、开采地点和地质、地形情况有充分了解,这是使工程顺利进行的基本条件。料场复查前由勘测设计部门做好技术交底,由施工单位做出料场检查方案,经监理工程师批准后进行,发现材料的质量和数量与勘测设计部门提供的存在较大差异时应及时提出意见,并会同勘测设计单位进行复查。

二、对施工试验的要求

土坝施工前的试验项目一般有土料、砂砾料的碾压试验,黏性土料含水量调整试验,以及基础灌浆等。

对于1、2级坝和高土坝工程必须在开工前完成有关试验项目。必须对坝料做碾压试验,确定控制标准和施工参数。如果这项工作拖到开工后进行,就会拖延工期。

三、对坝体填筑作业的要求

坝基处理是隐蔽工程,必须在覆盖前进行坝基处理隐蔽工程验收工作,必须在坝基处理验收合格后才能进行填筑,故坝体填筑必须在坝基处理及隐蔽工程验收合格后才能进行。

四、对坝筑压实作业的要求

压实参数是由碾压试验确定的,严格控制压实参数是保证压实质量的必要条件。但对坝壳料及土料除严格控制压实参数外,还必须按规定取试样检查合格后,才准铺筑上层材料,故强制性条文规定:必须严格控制压实参数;压实机具的类型、规格等符合施工规定;压实合格后才准铺筑上层新料。

五、对坝体心墙、斜墙填筑作业的要求

土坝的心墙、斜墙的填筑作业是确保土坝工程质量的关键工序,对其施工程序和方法的规定是在长期和大量的土坝工程的实践工程中逐步总结归纳出来的,是确保填筑质量的精典要求,在土坝施工中一定要严格执行。因此,条文中规定,心墙应同上下游反滤料及部分坝壳平起填筑,按顺序铺筑各种坝料。优先采用先填反滤料后填土料的平起填筑法。

斜墙也应同下游反滤料及坝壳平起填筑。斜墙也可滞后于坝体填筑,但需预留斜墙施工场地,且紧靠斜墙的坝体必须削坡至合格面,方允许填筑。

六、对反滤层排水设施施工的质量要求

反滤层排水设施是土坝中的重要结构和设施,其质量的好坏将直接影响到土坝是否能正常发挥其功能,故强制性条文规定:

(1)反滤层厚度、铺筑位置及反滤料的粒径、级配、不均匀系数,含泥量等,均应符合设计要求。

(2)对已铺筑好的反滤层应作必要的保护,禁止车辆、行人通行,抛掷石料以及其他物件,防止土料混杂,污水浸入。在反滤层上堆砌石料时,不得损坏反滤层,与反滤层接触的第一层堆石应仔细铺筑,其块径应符合设计要求,且应防止大块石集中。

(3)排水设施所用的石料必须质地坚硬,其抗水性、抗冻性、抗压强度、几何尺寸均应满足设计要求。目的是确保结构的排水通畅。

七、对填筑层面进行处理的质量要求

土坝施工时应对填筑层面特殊部位进行处理,如果对填筑面上的干硬光面不加处理,就很容易形成填筑层之间的缝隙,对坝体质量不利。为了保证填筑层面之间的结合质量,应严格按照下面要求:填筑面进料运输线路上散落的松土、杂物以及车辆行驶、人工践踏形成的干硬光面,特别是汽车经常进入防渗体的道路,应在铺土前清除或彻底处理。

第二节　浆砌石坝的强制性条文要求

浆砌石坝的施工,必须按照《浆砌石坝施工技术规定》(SD 120—84)(试行)中的要求,严格执行。

一、对石料的质量控制要求

石料是砌石坝工程所用的主要材料,其质量的优劣将直接影响砌石工程的施工质量,特别是砌石坝的安全性和耐久性,所以要求如下:

(1)护坡石料须选用质地坚硬、不易风化的石料,其抗水性、抗压强度、几何尺寸等均应符合设计要求。

(2)砌坝石料必须质地坚硬、新鲜,不得有剥落层或裂纹,并注意以下几点:

①进场石料应进行检查验收并作为一项内部管理制度严格执行,以杜绝不合格材料进入施工现场。

②对石料质量的基本要求:

ⓐ粗料石一般为矩形,应棱角分明,六面基本平整,同一面高差应控制在石料长度的1%~3%。长度宜大于50 cm,宽、厚不小于25 cm,长厚比不宜大于3。异形石应经专门加工,且必须符合设计要求的特定形状和尺寸。

ⓑ用于砌石坝工程的石料,其石质应坚硬、密实、无裂纹、不易风化,遇水不易泥化和崩解,含水饱和极限抗压强度应符合设计要求,软化系数宜在0.75以上。

ⓒ块石应有两个基本的平行面,且大致平整,无尖角、薄边,厚度宜大于20 cm。

ⓓ毛石无一定规则形状,单块重宜大于25 kg,砌坝用的毛石(用于坝体腹石部位),其中部厚度不宜小于20 cm。

(3)自行爆破采石,必须严格执行安全生产法规和安全操作规程,每次爆破后应认真观察,分析了解爆后情况,及时处理瞎炮,清除危石,以确保人员安全。所爆破的石料必须符合设计要求。

二、对胶结材料的质量控制要求

胶结材料是砌石坝工程的重要材料之一,针对水利工程的特点,胶结材料的种类有水泥砂浆和小骨料混凝土两种,其质量的优劣直接影响砌石坝工程的质量。因此,对胶结材

料的质量控制,应作为对砌石坝工程的质量控制的重点。因此,对胶结材料的质量控制提出以下要求:

(1)水泥强度等级不低于32.5级。

(2)使用混合材料和外加剂,应通过试验确定,混合材料宜优先选用粉煤灰,其品质指标应参照有关规定及试验确定。

(3)混凝土灌砌块石所用的石子粒径不宜大于20 mm。

(4)配置砌石用的水泥砂浆和小石子混凝土应按设计等级强度提高15%,配合比应通过试验确定,同时应具有适宜的和易性。

(5)砂浆和混凝土随用随拌,常温拌成后应在3~4 h内使用完毕,如果气温超过30 ℃,则应在2 h内使用完毕,使用中如果发现泌水现象,应在砌筑前再次拌和,并在施工时重视和掌握以下几个问题:

①胶结材料使用时的配置强度$f_{cu,o}$必须符合下列规定

$$f_{cu,o} = f_{cu,k} + 0.84\sigma \tag{1-1}$$

式中 $f_{cu,k}$——设计的胶结材料强度的标准值,MPa;

σ——施工单位的胶结材料强度标准差,MPa。

考虑到胶结材料的不均匀性,以使胶结材料的强度保证率能满足80%的最低标准要求,以上公式是保证胶结材料强度能通过合格评定所采取的最基本技术措施。

式(1-1)中胶结材料的标准差σ应由强度等级、配合比相同和施工工艺基本相同的抗压强度资料统计求得,试块统计组数宜大于或等于25组。或根据已建工程的经验,对强度等级小于C20的混凝土,其强度标准差σ可取用4 MPa,对强度等级为M7.5、M10、M15等的水泥砂浆,其强度等级标准可依次分别取用1.88 MPa、2.5 MPa和3.5 MPa。

②胶结材料的配合比设计与试验,应以胶结材料的施工配置强度为依据,通过优化对比试验,选择合理的配合比,并以质量表示。胶结材料各组分的计量允许偏差值见表1-1。

表1-1 胶结材料各组分的计量允许偏差

材料名称	允许偏差
水泥	±2%
砂、砾(碎石)	±3%
水、外加剂	±1%

③在胶结材料中掺用外加剂,产品应有出厂合格证书、产品检验报告及使用说明,且外加剂的包装应说明名称、规格、型号、净重、产地及有效日期、出厂日期等,并对进入现场的各种外加剂质量进行抽检,进行外加剂的质量试验。

④胶结材料应采用机械拌制,且运输、存放时间不宜过长,应随用随拌,这是对胶结材料的基本要求。

三、对坝基处理的质量控制要求

根据《浆砌石坝施工技术规定》(SD 120—84)(试行)的要求,坝基清理后,必须按

"水利基本建设工程验收办法"进行验收,并掌握以下几点:

(1)岩基开挖邻近基石处必须根据岩基特性采用预留保护层的开挖措施。

(2)建基面的几何尺寸、高程应符合设计要求,无松动岩块和爆破产生的裂缝。

(3)坝基处理范围内的断层、裂缝密集带、软弱夹层、缓倾角夹泥裂缝地质缺陷处理,应符合设计要求。

(4)坝基开挖处理完成后,地质勘探单位应及时提供坝基竣工地质图,并详细进行地质描述,施工单位应及时提供坝基竣工地形图,缺少该项资料,后续工序不得施工。

四、对坝体砌石的质量控制要求

对坝体砌石质量要严格控制,并着重注意以下要求:

(1)坝体砌筑应采用铺浆法。

(2)在胶结材料初凝前,允许一次连续砌筑两层石块,严格执行上下错缝、铺筑及填浆饱满密实的规定。

(3)溢流坝面的头部曲线及反弧段,宜用异形石及高标号砂浆砌筑。廊道顶拱宜用拱石砌筑,如用粗料石,可调整砌缝宽度,砌成拱形。

(4)拱坝、连拱坝内外弧面石,可以采用粗料砌缝宽度,砌成弧形,但同一砌缝两端宽度差,拱坝不宜超过1 cm,连拱坝不宜超过2 cm。

(5)当最低气温在0~5 ℃时,砌筑作业应注意表面保护,最低气温在0 ℃以下时应停止砌筑。

(6)无防雨棚的仓面在施工中遇大雨、暴雨时,应立即停止施工,妥善保护表面,雨后应先排除积水,并及时处理受雨水冲刷的部位,如表层混凝土或砂浆尚未初凝,应加铺水泥砂浆连续砌筑,否则应按工作缝处理。

(7)坝体面石与腹石砌筑,一般应同步上升。如不能同步砌筑,其相对高差不宜大于1 m,结合面应作竖向工作缝处理,不得在面石底面垫塞片石。

(8)当坝体外表面为竖直平面时,其面石宜用粗石料,按丁顺交错排列。当为顺坡斜面时,宜用异形石砌筑。如倾斜面允许呈台阶状,可以采用粗料石水平砌筑。

(9)拱坝、连拱坝内外弧面石,可采用粗料石,调整竖缝宽度变成弧形,但同一砌缝两端缝宽度差,拱坝不宜超过1 cm,连拱坝不宜超过2 cm。

(10)拱坝砌筑应遵守下列规定:

①拱筒与支墩用混凝土连接时接触面按工作缝处理。

②诸拱筒砌筑应均衡上升,当不能均衡上升时,相邻两拱筒的允许高差必须按支墩稳定要求核算。

③倾斜拱筒采用斜向砌筑时,宜先在基岩上浇筑具有倾斜面(与拱筒倾斜面垂直)的混凝土拱座,再在其上砌石,石块的砌筑面应保持与斜拱的倾斜面垂直。

(11)坝面倒悬施工,应遵循下列规定:

①采用异形石水平砌筑时,应按不同倒悬度逐块加工,编号对号砌筑。

②采用倒阶梯砌筑时,每层挑出方向的宽度不得超过该石块宽度的1/5。

③粗料石垂直倒悬面砌筑时,应及时砌筑腹石或浇筑混凝土。

第三节　混凝土砌石坝体的砌筑强制性条文规定

在浆砌石坝中，混凝土砌石宜用于坝体腹石部位，经多年的实践证明，坝体腹石用混凝土砌筑，不仅经济合理，技术上可行，而且砌缝胶结材料可以采用振捣器振捣，对提高砌缝体密实度和施工质量有重要意义。因此，对混凝土砌石有关规定如下：

(1)坝体腹石用混凝土砌筑时，面石应用砂浆砌筑，用砂浆砌筑面石，除有利于控制坝体外形尺寸、外观质量和坝面勾缝防渗外，同时对腹石砌缝混凝土振捣起模板作用，有助于砌体施工质量的提高。

(2)腹石用混凝土砌筑时，为有利于整体性和密实性，应执行以下规定：

①粗料石砌筑，同层和上下层应整齐有序错缝排列。

②毛石、块石砌筑，同层和上下层应错缝，砌缝宽度应符合规定，石块间不得出现线面接触。

③竖缝混凝土振捣应有序进行，不得漏振。

(3)坝体特殊部位的砌筑要求：

①拱坝、连拱坝内外弧的面石，可选用粗料石，调整其径向宽度砌成弧形。径向竖缝两端面的高度差，拱坝不宜大于1 cm，连拱坝不宜大于2 cm。以矩形粗料石代替加工费用较高的扇形石，用控制竖缝两端面的宽度差，对扇形灰缝进行径向的调整，达到砌筑弧面的目的。

②连拱坝拱筒砌筑应掌握以下几个环节：

连拱坝拱筒砌筑应均衡上升，当不能均衡上升时，相邻两拱筒的砌筑高差必须按支墩稳定要求进行核算，以确保砌筑中拱筒能保持自身安全和稳定。

倾斜拱筒斜砌筑时，宜在基岩面上浇筑与拱筒倾斜面垂直的混凝土拱座，再在拱座面上坐浆砌石，保持砌石底面始终与倾斜拱筒的倾斜面垂直。这一规定不仅方便斜拱砌筑，也有利于砌体结构的安全。

③拱石砌筑：必须两端对称进行，各排拱石互相交替错缝，距离不小于10 cm。当拱跨在5 m以下时，一般可采用块石砌拱，用缝宽度调整拱度，要求下缝宽度不得超过1 cm，水泥砂浆强度不低于M7.5。拱跨在10 m以下，可按拱的全宽和全厚，自拱脚同时对称、连续地向拱顶砌筑。拱跨在10 m以上时，应作施工设计，明确拱圈加荷次序，并按次序施工。另外，还应注意砌石拱圈的拱座面应为径向，同时应根据设计要求以及拱圈跨径、矢高、厚度及支撑拱架情况确定拱圈的砌筑程序，砌筑时应随时观测拱架变形，防止拱架失稳。

(4)坝体倒悬面砌石应注意以下问题：

①采用异形石水平砌筑坝体倒悬面时，应事先按不同倒悬度逐块加工异形石，并编号和对号进行砌筑。

②采用矩形粗料石倒阶梯水平砌筑时，每层粗石料挑出的悬长不得超过该石长度的1/5。

③采用粗料石垂直坝体倒悬石砌筑时，应用可靠措施确保悬石砌石体的稳定和安全。

值得注意的是，上述①、②两点施工中较易控制。第③点必须十分精心施工方能确保安全。一般为防止面石失稳,开始两层宜采用较长丁石伸入坝内,并及时砌筑腹石,浇筑腹石与丁石之间的混凝土,上层面石砌筑时,底层胶结材料必须有足够的强度,至少达到2.5 MPa以上。当坝面倒悬度大于0.3时,设计应有措施,一般设有紧贴上游坝面的与坝体隔离的独立隔离刚体支承。

第四节　混凝土面板堆石坝的强制性条文要求

随着混凝土面板堆石坝应用现代工程技术和机械设备的发展,混凝土面板堆石坝技术形成了系列配套的筑坝技术,故强制性条文根据《混凝土面板堆石坝施工规范》中的有关规定着重对以下几点提出具体要求。

一、对施工时挡水度汛的要求

在施工期间,混凝土面板堆石坝允许利用坝体进行挡水度汛,甚至可以适量允许过水,为工程的导流度汛带来极大的便利和经济优势。但当确定未浇筑混凝土面板的坝体积挡水时,必须对上游坡面进行碾压砂浆、喷射混凝土或喷洒阳离子乳化沥青等防渗固坡处理。

(1)碾压砂浆固坡。在垫层面进行斜坡碾压后摊铺5~8 cm厚的水泥砂浆,用振动碾压实,以形成坚固的表层,能取得良好的挡水效果。

(2)喷射混凝土固坡。在碾压后的垫层表面喷5~8 cm厚的混凝土,以起到防渗固坡的作用。

(3)喷洒阳离子乳化沥青固坡。在碾压后的垫层表面喷洒2~3层乳化沥青,各层间并撒以河沙,进行碾压,形成坚实表层。

二、对混凝土面板堆石坝碾压试验的要求

混凝土面板堆石坝进行碾压填筑开始前,应进行填料碾压试验,优化相应的填筑压实参数。碾压试验的压实参数,主要为铺料厚度、碾压遍数、加水量等。

三、对混凝土面板堆石坝填筑的质量要求

施工中应严格控制填筑压实参数,并进行抽样检查,对规定的铺料厚度应经过仪器检查。依靠严格掌握压实参数来保证填筑质量,以减少施工干扰,提高施工效率。

四、对混凝土面板堆石坝碾压的质量要求

坝料碾压必须用振动碾,并按材料分区分段进行,碾压过程中应保证振动碾的规定工作参数。

垫层区的水平碾压,振动碾距上游边缘的距离不宜大于40 cm。面板堆石坝主要的设计原则是控制堆石坝体的变形,尽量使堆石坝料碾压密实。因此,堆石坝填筑与碾压是控制工程质量的最关键工序,也是保证工程进度的重要环节。

由于堆石填筑包括卸料、铺料、洒水、压实等多道工序,所以规定坝面填筑分区、分段进行,适当划分工作面,在各填筑块上依次完成各道工序。

五、对混凝土面板堆石坝防渗体系的要求

混凝土面板是混凝土面板堆石坝的唯一防渗设施。混凝土面板、趾板、止水系统及坝下防渗体构成一个完整的防渗体系，是防止坝体渗漏和保证工程发挥蓄水效益的关键。因此，强制性条文对防渗体系的施工质量做出了如下规定：

(1)面板混凝土配合比除满足面板设计性能外，尚应满足施工工艺要求：

①水灰比应通过试验确定，一般宜为0.45~0.55。

②掺用减水、引气、调凝等外加剂及适量的掺合料时，其掺量应通过试验确定。

③坍落度应根据混凝土的运输、浇筑方法和气温条件决定。

(2)在混凝土中掺用适量的外加剂能显著改善混凝土的和易性，减少离析和泌水，提高密实性和抗裂性，并明显改善抗冻融性能。

六、对趾板混凝土浇筑的质量要求

趾板位于上游堆石坝体的前下部，是面板的基础，按程序应按隐蔽工程验收，并在相邻区堆石填筑前进行浇筑混凝土，故着重对混凝土面板堆石坝趾板浇筑的质量提出以下要求：趾板混凝土浇筑应在基岩开挖处理完毕，并按隐蔽工程质量要求验收合格后方可进行；趾板混凝土浇筑应在相邻区堆石填筑前完成。

七、对止水片施工的质量控制要求

要求保证金属止水片准确就位，精心施工，防止在施工过程中止水片遭到破坏，产生位移，并对聚氯乙烯垫片接触的缝隙作防止混凝土砂浆浸入其间的密封处理。因此，强制性条文规定：金属止水片就位后，与聚氯乙烯垫片接触的缝隙必须作防止混凝土砂浆浸入其间的封闭处理。金属止水片中心线与设计线的最大偏移量不得超过5 mm。浇筑混凝土时，应防止止水片产生形变、变位或遭到破坏。

第五节　碾压混凝土坝强制性条文规定

碾压混凝土筑坝技术是基于土石坝施工方法的一种干硬性混凝土坝施工方法，采用振动碾对坍落度为0的干硬性混凝土，通过在坝体的铺筑、碾压而成型的工艺，具有温控简单、施工速度快等优点。其主要特点是高掺粉煤灰、富胶凝材料、低水泥用量、不设或少设横缝。采用单设防渗或采用二级配碾压混凝土防渗，达到简化坝体结构和温控措施，全断面连续施工的条件，使碾压混凝土技术得到快速发展，成为重点推广坝型之一。为确保其工程质量，根据《水工碾压混凝土施工规范》(SL 53—94)中的有关规定提出了以下的要求。

施工前应通过现场碾压试验验证碾压混凝土配合比的适应性，并确定其施工工艺参数，解决碾压混凝土施工中的具体问题，为此必须做到以下几点：

(1)验证碾压混凝土配合比的合理性。由于水利水电工程处于不同的工程环境，相应每个工程所选用的原材料都不同，虽然在配合比设计的室内试验成果方面有一些规律

可以借鉴,但与现场大批量的实施情况相比,代表性相对较差,通过现场试验可以验证配合比的可拌性、可碾性、和易性、抗分离性,并可现场取样加工试件,验证各种力学指标是否满足要求。

(2)检验原材料生产系统、生产工艺是否合理,开采、加工、倒运、仓储等环节是否满足要求;检验该系统的生产能力是否满足施工组织设计、浇筑计划和工程总体进度的需要;检验原材料产品质量是否达到有关规定和配合比设计的要求,粗细骨料质量指标应符合《水工混凝土施工规范》(SDJ 207—82)的规定。砂料宜质地坚硬,级配良好,人工砂的细度模数宜为2.2~2.9,石粉($D<0.16$ mm)含量宜控制在10%~20%,人工粗骨料的石粉包裹情况现场应给予特别关注,天然砂细度模数宜为2.0~3.0,含泥($D\leqslant0.08$ mm)量应小于5%。

(3)检验混凝土制备系统运转,包括称量设备和含水率测定装置的检定,混凝土拌和及成品混凝土质量,特别是搅拌顺序、拌和时间、拌和均匀性、拌和机的灰浆黏附情况及拌和能力,来验证混凝土生产系统在保证质量的情况下的生产能力,有利于调整生产计划,合理布置施工仓面,配置运输车辆,以及大坝整体的施工计划及进度安排。

(4)验证混凝土的运输系统、平仓方法、平仓机具、碾压设备等运行的可靠性及配套性。根据国内经验,碾压混凝土运输系统采用自卸汽车、皮带运输机、负压溜槽已经比较成熟,缆机、门机、塔机作为辅助工具。验证现场运输道路平整度,入仓前车辆携带泥水情况,适合入仓口结构和封堵要求的施工工艺;皮带运输时的灰浆损失率应控制在0.2%之内,其转运次数、骨料分离、清扫装置、储料斗容积、转料斗起拱情况等也需现场验证;负压溜槽的坡度和拟定的防分离措施需要通过现场试验进行调整确定。

平仓的方法。一般有平层通仓法、斜层平摊法和台阶法。一般多采用平层通仓的方法。为防止骨料分离,保持层厚均匀是卸料和平仓工序现场试验研究的重点。

总之,现场试验应根据具体工程的特点、仓面的大小、生产能力的大小,对碾压混凝土的运输、摊铺、碾压进行配套性检验,并根据实际情况进行调整,使其互相匹配,达到最佳功效。

(5)通过现场试验,确定适合本工程的合理施工工艺参数,如碾压厚度、碾压遍数等。碾实遍数与碾压机具直接相关,如振动碾的自重、激振力、振频、振幅、碾压速度等。在配合比一定时,振动碾的激振力增大或始终使混凝土接近共振状态的碾压,则振实能量会增高,振实时间会减少。因此,设备确定、振频和碾压速度一定时,振实混凝土所需要的减压遍数是 VC 值的函数,该函数是一个分段连续的非线性函数。VC 值可分 8 s 以下、8~25 s、26 s 以上三个阶段,在 8~25 s 时,碾压遍数与 VC 值之间接近线性函数关系。

所以,对具体的工程特点和气候条件,VC 值和碾压厚度、碾压遍数在现场试验时均需调整确定。

(6)层间结合问题一直是碾压混凝土施工质量的关键,现场试验时应选择不同的试验块区域,分别对不同层面处理方法进行试验研究,主要有下面几点:

①层面允许直接铺筑的情况要特别注意表面的风干现象;

②加垫层拌和物后的允许直接铺筑情况;

③形成冷缝经处理后再铺筑的情况。

试验块达到龄期后,应现场取样进行外观检查和室内力学试验,确定层间结合是否满足设计要求。

总之，现场试验关系到碾压混凝土工程施工各个环节的检验和各道工艺、各项参数的选定。正式铺筑前进行现场试验是必要的。

(7)对碾压层间允许间隔时间的控制要求。为了确保混凝土层间更好地结合，使碾压混凝土工程形成一个整体结构，必须控制施工层间间隔时间，间隔时间的控制标准直接关系到层间结合质量的好坏。为此，要注意以下几点：

①混凝土初凝时间。水泥与水拌和后即为水泥浆，初凝前水泥浆的结构为凝聚结构。施工现场由于受不同气候条件的环境温度、湿度的变化和水分蒸发等因素的影响，所以一般先进行不同配合比室内初凝时间测定和用现场测定的不同情况下的初凝时间，作为施工时控制指标。

②现场初凝时间的测定，一般利用现场初凝时间测定仪进行，具体步骤如下：

ⓐ在拌制混凝土的同时，按混凝土中的砂浆配合比材料，拌制砂浆试样 50 L(其中砂要事先筛除大于 5 mm 的石子)。

ⓑ在现场平仓后的碾压混凝土某一预定位置，挖一面积不小于 40 cm × 40 cm，深度 25 ~ 90 cm 的坑，将砂浆试样倒入坑内，此时试样表面应略高于混凝土面。

ⓒ在砂浆试样周围设置标记，在砂浆试样表面覆盖一层尼龙编织袋，让砂浆试样与混凝土拌和物同时承受碾压并一起保护，注意防止碾压过程中将石子带进砂浆试样中，碾压完毕，除去尼龙编织袋。

ⓓ预先根据室内初凝时间测定结果，计算初凝时间对应的贯入压力，减去测定仪滑杆质量后为现场实施时的附加压重。

ⓔ现场施测时，每次布置 3 个点，以施加附加压重的贯入深度平均值为测试结果。

ⓕ从混凝土拌和加水至贯入深度为 25 mm 所经历的时间即为混凝土拌和物的初凝时间。当现场初凝时间测定仪贯入深度小于 25 mm 时，说明混凝土已超过初凝。相反，贯入深度大于 25 mm 时，说明混凝土拌和物未初凝。

(8)对施工缝进行处理的质量控制要求。施工缝是根据施工要求而设置的缝，包括水平缝和垂直缝。冷缝是由于停工或不能连续施工而造成的缝，连续上升铺筑的混凝土层面超过允许铺筑时间时，其层面也按冷缝处理。缝面在间隔期间应保证湿润，并做好养护。所以，规定施工缝及冷缝必须进行层面处理，合格后方能连续施工。具体的要求是施工缝和冷缝要认真处理，工艺正确，层面混凝土不受损坏。

(9)对相对压实度控制的质量要求。碾压混凝土经过振动压实后的容重与设计理论容重之比称为相对压实度，在一定范围内随着碾压遍数的增加而增加，直到接近理论容重，其后再增加碾压遍数会起到相反的作用。

碾压混凝土必须达到一定的密实程度，才能具备其力学性能，才能达到工程结构设计所要求的抗压、抗拉、抗剪、抗渗、弹模等方面的基本要求。因此，规定相对压实度属评价碾压混凝土压实质量的指标，对于建筑物的外部混凝土，相对压实度不得小于 98%，对于内部混凝土，相对压实度不得小于 97%。

第二章　坝基处理及连接结构

坝基处理概括起来大致有开挖、加固及坝基面的加固等三方面的工作，三者是互相联系的，在设计中应统一考虑。坝基的处理即为坝体与地基的连接处理。

第一节　坝基处理

一、碾压式土石坝坝基处理

（一）一般要求

坝基（包括坝头）处理应满足渗流控制（包括渗流稳定和控制渗流量）、静力和动力稳定、容许沉降和平均沉降等方面的要求，保证坝的安全性和经济效益。

（1）对于现代土石坝，在正常设计和施工的前提下，工程运行中坝基（包括坝体与地基接触面）出现渗漏和渗透破坏等问题的几率远大于坝体，有些坝体的裂缝也是坝基沉降和不均匀沉降过大所引起的。

坝基的处理对渗流控制、稳定和变形三方面的要求，针对不同的地质条件，侧重点可能有所差别，故在实际的施工中应根据当时的具体情况分别采取相应的措施。

（2）对于砂砾石坝基，应先查明砂砾石的平面和空间分布情况，以及级配、密度、渗透系数、允许渗透比降等物理力学指标。在地震区，还应了解标准贯入击数、剪切波速、动力特性指标等。

（3）当岩石坝基有较大透水性软弱夹层、风化破碎或有机化学溶蚀，以致通过地层的渗漏量影响水库效益，影响坝体及坝基的稳定及渗透稳定时，对坝基应进行处理。

（二）坝基处理研究应特别注意的事项

对下列八种地基的处理研究事项分述如下：

（1）对于深厚砂砾石坝基的渗漏处理：①国内外均以采用混凝土防渗墙的较多，并具有较丰富的经验；②采用造孔机械和浇筑混凝土方法，建造防渗墙即钻孔灌注桩法，质量也有良好保证；③因目前混凝土防渗墙施工机械和施工工艺已逐步成熟，常采用帷幕灌浆处理。

（2）对于软土地基的处理，应首先考虑挖除，当厚度较大、分布较广难以挖除时，可以采取打砂井、插塑料排水带、加荷预压、真空预压、振冲置换及调整施工速率等措施。采取这些措施进行处理的目的是使大量沉降在大坝施工的填筑以前完成，并通过预压以提高坝基的强度和承载力，控制填筑速率，使荷载的增长与坝基软黏土强度的增长相适应，以保证坝基的稳定。

（3）湿陷性黄土主要由粉粒组成，是棕黄色或黄褐色，具有大孔隙或垂直节理等特性，湿陷性黄土作坝基时，需论证其沉降、湿陷和溶滤对土石坝的危害。湿陷性黄土坝基多采用挖除、翻压强夯等方法进行处理，其目的是在坝体填筑前消除其湿陷性，以免对工程造成危害。

黄土中常有陷穴、动物巢穴、窑洞、墓坑等地下空洞，必须查明处理。

(4)对于疏松砂土及少黏性土(黏粒含量小于15%)坝基的处理，除一般的沉降和渗透破坏问题应引起重视以外，在地震区其主要问题是液化问题，经判别可能液化的土层常采用以下方法进行处理：

①浅层加固。一般要首先考虑挖除后换填好土或采用振动压密和重锤夯实等人工加密措施处理，其有效深度为1~2 m，如用重型振动碾，则可达2~3 m，压实后土层可达中密或紧密状态。

②深层加固。常采用的加固处理方法有以下几种：

ⓐ振冲法，是在振冲造成的孔中投入碎石或卵砾石，形成一系列排水体，使振动孔隙水压力加速消散，从而使液化现象大为减轻。该方法适用于黏性土含量少于10%的砂粒，砂和黏性土加固深度可达20 m。经辟孔振冲处理，相对密度可提高0.7~0.8以上，可以达到防止液化的程度。

ⓑ强夯法，是用很重(国内一般为8~25 t)的锤从高处(国内一般为8~25 m)自由落下，给地基以冲击和振动，使地基土层加密的一种方法。我国从1978年以来已开始应用于加固砂土、碎石土、杂填土、湿陷性黄土、非饱和黏性土等。加固深度与夯击能量有关，一般可达到10余m，使松砂层达到紧密状态。

ⓒ挤密砂桩法，是采用冲击法或振动法在砂土中沉入桩管，并逐步边拔管边灌砂边振动，从而形成一系列砂桩，使周围砂层产生挤密和振密作用。处理深度可达20 m，处理后砂层可达到密实状态。加固效果与砂桩的置换率有关，置换率愈大，则加固效果愈好。在黏性土中置换率可达70%。

③盖重排水，作用是提高地基液化土层的约束应力，从而提高抗液化的能力，加强排水可使土体内的地震孔隙水压力加速消散，减小孔隙水的压力峰值，有利于地震时土体稳定，加强排水还可降低浸润线，减轻震害。

(5)岩溶是指可溶性岩层被水长期溶蚀而形成的各种地质现象和形态。在岩溶地区筑坝，对不同情况常采用的处理方法如下：①大面积溶蚀未形成溶洞的可做铺盖防渗；②浅层的溶洞宜挖除或挖除洞内的破碎岩石和充填物，用浆砌石或混凝土堵塞；③深层岩的溶洞，可采用灌浆的方法处理或做混凝土防渗墙；④防渗体下游宜做排水设施；⑤库岸边处可做防渗设施隔离。

工程实践中，根据岩溶发育情况、充填物、水文地质条件、水头大小、覆盖层厚度和防渗要求等，可采用以上一项或多项措施。

(6)断裂破碎、透水性强或有不稳定泥化夹层的岩石，坝基范围内有断层、破碎带、软弱夹层等地质构造时，应根据产状、宽度、组成物性质、延伸长度及所在部位，研究其渗漏、管涌、溶蚀和滑动的影响，确定其处理措施。

对断层和破碎带的处理主要是防止渗漏、管涌及溶蚀问题，除做好接触面的表面处理外，还常采取灌浆、混凝土塞、混凝土防渗墙、铺盖、扩大排水槽底宽等处理办法。主要目的是延长渗径，断层与坝的防渗体接触带，可用混凝土盖板分隔开来，以防止接触冲刷，在防渗体下游断层出露处设置排水反滤层设施，可以防止断层破碎带内颗粒流失和管涌破坏。

对有软弱夹层的岩基，主要解决滑动稳定问题，浅层一般挖深，深层或多层可采取锚固、压坡等处理措施，能够彻底解决问题，或采用建筑物开挖堆石压坡，效果也很好。

(7)含有大量可溶盐类的岩石和土，这类地基的主要问题是在渗水流作用下的淋蚀，过量的淋蚀会加大地基的沉降量，一般对浅层采用挖除彻底解决问题。当挖除工作量很大时，也可采取加大截水槽底宽和坝顶超高的措施。

(8)透水坝基下游坝址处有连续的透水性较差的覆盖层，对于这类坝基一般采取透水盖重和排水两种措施处理。排水设施的形式很多，应根据坝基的地质情况，并结合坝体排水选用。简单介绍如下，供参考应用：

①透水性均匀的单层结构的坝基及上层渗漏系数大于下层的双层结构坝基，可采用水平排水垫层，也可在坝脚处结合贴坡排水体做反滤排水沟。

②双层结构透水坝基，当表层为不太厚的弱透水层，且其下的透水层较浅，渗透性较均匀时，宜将坝底表层挖穿做反滤排水暗沟，并与坝底水平排水垫层相连，将水导出。此外，也可在下游坝脚处做反滤排水沟。

③对于表层弱透水层太厚或透水层成层性较差者，宜采用减压井深入强透水层。如表层弱透水层不太厚，可结合减压井做反滤排水沟。

二、混凝土面板堆石坝及重力坝的坝基处理

各种天然岩层受地质构造运动和长期的风化及冲刷、侵蚀等影响，多少存在一些缺陷。天然地基往往不能满足要求，因此必须进行坝基的处理，故《工程建设标准强制性条文》主要提出坝基处理的一般要求和对帷幕灌浆的具体规定。

一般要求，坝基处理后必须符合下列要求：

①具有足够的强度，以承受坝体的压力；②具有足够的整体性和均匀性，以满足坝基抗滑稳定性要求和减少不均匀沉陷；③具有足够的抗渗性，以满足渗透稳定的要求；④具有足够的耐久性，以防止岩体性质在水的长期作用下发生变化。

为满足以上要求，通常采用以下处理方法：

(1)坝基开挖。坝基开挖有岩石强度和坝基面形状两个方面的要求。将坝基覆盖层及风化破碎的表层开挖予以挖除，使坝体坐落在具有较高强度的岩基上，以能够承受坝体的应力。坝基岩石的开挖应根据坝基的应力、岩石的强度和完整性，结合上部结构对坝基的要求确定，高坝一般需要开挖至新鲜岩层或微风化岩层的下部，中坝一般开挖至微风化岩层或弱风化岩层下部。坝基面形状应根据上部结构和地形、地质条件确定，一般坝断面的上下游高差不宜过大，并尽量倾向上游。

(2)基岩固结灌浆。开挖后的基岩一般发育有张开裂缝和节理，为提高岩石的整体承载能力，固结灌浆往往是必须进行的工作。固结灌浆工作不仅能提高坝基岩层的整体承载力，还可以提高岩石的均匀性和抗剪强度，从而减少地基的不均匀沉降和提高坝体稳定性，同时也能减少坝基渗漏。固结灌浆的孔，排距应根据地形条件并经灌浆试验确定，初步拟定可采用3～4 m，孔深一般5～8 m，高坝可适当加深，帷幕上游区可结合帷幕灌浆

加深深度,一般为 8 ~ 15 m。

固结灌浆的基本要求:

①岩石基础灌浆必须按先固结后帷幕的顺序进行。

②固结灌浆宜在有混凝土覆盖的情况下进行。钻孔灌浆必须在相应部分混凝土达到50% 设计强度后,方可施工。

③为确保固结灌浆的施工质量,设计施工单位应在施工总进度上合理安排,并采取有效措施,保证固结灌浆的顺利进行。

④固结灌浆孔裂隙冲洗,当钻孔互不串通时,可采用帷幕灌浆孔的冲洗方法进行,多孔串通时,可采用风水联合群孔冲洗的方法。冲洗要求不应低于帷幕灌浆孔。

⑤固结灌浆孔的压水试验应在岩石裂隙冲洗后进行,试验孔数一般不少于总孔数的5% ,压力试验的总压力值宜采用 0.3 MPa,如此值大于灌浆压力,则应采用灌浆压力。

⑥固结灌浆孔压水试验吸水量的稳定性标准,可按帷幕灌浆孔适当放宽。单位吸水量(w)是在试验压力下平均每米高水柱压力、每米试验段长度、每分钟内的压入流量,其计算公式为

$$w = \frac{Q}{SL} \tag{2-1}$$

式中 w——单位吸水量,L/(min·m·m);

L——试验段长度,m;

S——试验压力,按水柱高计,m;

Q——压入流量,L/min。

⑦固结灌浆宜采用孔内循环法灌浆,其射浆管距离孔底不宜大于 0.5 m。当吸浆量大时,宜一泵一孔灌注;当吸浆量小时,可采用群孔并联灌注,严禁串联,并联灌浆的孔数不宜多于 3 个,群孔灌浆时,应注意控制压力,防止台动。

⑧固结灌浆,在设计规定的压力下,如灌浆段的吸浆量不大于 0.4 L/min,继续灌注 30 min,灌浆工作即可结束。群桩灌浆,其结束标准应考虑一次灌注的总段长等因素确定。

固结灌浆的质量检查,宜采用直接测量岩石弹性模量的方法。岩石弹性模量的改变程度应符合设计要求。检查工作宜在该部位灌浆结束 14 d 后进行。也可采用压水试验的方法,检查工作宜在该部位灌浆结束后 3 ~ 7 d、14 d、28 d 后进行,检查孔的数量应为灌浆孔总数的 5% 左右,其孔段合格率应在 80% 以上,其余孔段的指标值不超过设计所规定数值的 50%(如设计值为 0.01,则不超过 0.015),即可认为合格,否则应由设计单位商定方案处理,直至合格为止,如个别孔段的指标值大于设计所规定数值的 50% ,经灌浆后是否需要再作处理,由设计、监理单位确定。

(3)坝基帷幕灌浆和排水。设置防渗灌浆帷幕和坝基排水系统可以有效地减少渗漏和降低压力,是提高坝体稳定性能的主要措施。一般岩石条件良好的坝基均设坝基排水系统。但在坝基发育有软弱泥化夹层,及其他较差的地质条件下,设置排水必须考虑管涌问题,以免发生渗透破坏。当下游水位较高时,也有的采用抽排降水降压。当坝基岩石岩性极不均匀或有可能产生管涌、化学侵蚀、溶解或不具备监测和检修维护等条件时,不能

采用抽排降压措施。

(4)断层破碎带和软弱夹层处理。对坝基范围内的断层破碎带和软弱夹层，应根据其所在的部位、产状、宽度、组成物性质等，分析研究对其上部结构的影响，结合施工条件采用适当的方法进行专门处理，以满足整体性和均匀性的要求。断层破碎带规模不大时，可采用混凝土塞加固；规模较大的断层破碎带，应进行专门研究处理，可结合有限元分析、模型试验，以及已建工程的经验等研究处理措施。

(5)防渗帷幕。防渗帷幕的作用在于减少坝基和绕坝渗漏，防止其对坝基及两岸边坡产生的不利影响，防止在软弱夹层、断层破碎带、岩石裂隙充填物以及抗水性能差的岩层中产生管涌，在帷幕灌浆和坝基排水作用下，使帷幕后坝基面渗透压力降至允许值以内，同时还起着固结附近区域基岩的作用。

通常对于岩基上的重力坝，大多数采用帷幕灌浆方式来作为基础防渗措施。但在多泥沙河流上，经论证，淤积物的渗透系数及坝上游的淤积厚度能符合设计要求，确保防渗作用时，设计中可考虑其效果，但应确保大坝的初期运行安全。

帷幕灌浆的基本要求：

(1)帷幕钻孔灌浆必须按分序加密的原则进行。由三排水孔组成的帷幕一般应先进行边排孔的钻孔和灌浆，然后进行中排孔的钻孔和灌浆；由两排孔组成的帷幕，一般宜先进行下游的钻孔和灌浆，然后进行上游的钻孔和灌浆。

同一排的灌浆孔一般应分为三个次序施工，在岩石特别好的情况下也可以分两个次序施工。

(2)施工过程中不得在帷幕线上进行可能导致不良结果的灌浆试验工作。

(3)在灌浆地区，宜安设变形观测装置，灌浆过程中应随时观测。当发现异常情况时，应立即降压，报告监理人员并作详细记录。

(4)钻帷幕灌浆孔时，应保证孔向准确，一般宜埋孔口管，孔口管的方向必须符合设计要求。

钻孔过程中必须进行孔向测量，如发现偏斜超过要求应及时纠正。对于孔深超过 20 m 的孔，应特别注意控制上部 20 m 范围的偏斜。终孔段必须测斜。

(5)垂直的或顶角小于 5°的帷幕孔，其孔向的偏差值不得大于表 2-1 中的规定。

表 2-1　孔向允许偏差值

孔深(m)	20	30	40	50	60
最大允许偏差值(m)	0.25	0.50	0.80	1.15	1.5

孔深大于 60 m 时，最大允许偏差值按工程实际情况具体确定，一般不宜大于孔深的 2.5%，包括因顶角和方位角偏移而发生的偏差值。

顶角大于 5°的倾斜孔，其孔向的偏差值可根据实际情况按表 2-1 适当放宽。钻孔时，应特别注意控制方位角，其偏差值不宜大于 5°。

经孔斜资料分析，对于不符合上述要求的部位，应结合单位吸水量和灌浆单耗等全面分析,认为将影响帷幕质量时,应采取补救措施。

(6)帷幕灌浆孔裂隙冲洗可根据不同地质条件选用压水冲洗、脉冲冲洗、风水联合冲洗等方法,直至回水澄清,延续 10 min 即可结束,但总的冲洗时间不宜少于 30 min,冲洗压力不宜大于本段灌浆压力的 80%。

岩溶、断层大裂隙等地质条件复杂的地区,帷幕灌浆孔的裂隙冲洗方法应根据灌浆试验确定,如不进行裂隙冲洗,应有专业人员专门论证。

当采用自下而上分段灌浆法时,钻孔裂隙冲洗的方法应根据具体情况确定。

(7)帷幕灌浆孔的压力试验应在岩石裂隙冲洗结束后进行,先导孔必须逐段做压水试验,其他孔段如何安排,可根据工程实际情况确定,原则上以多做一些为宜。

压水试验的压力值应视工程具体情况确定,但为便于成果分析对比,所采用的压力标准应尽量一致。

压水试验总应力值一般宜采用 1 MPa,当灌浆压力小于 1 MPa 时宜采用 0.3 MPa。

(8)帷幕灌浆孔压水试验吸水量的稳定标准:将压力调到规定数量并保持稳定后,每 5 min(或 10 min)测读一次压入流量,当试验成果符合下列标准之一时,试验工作即可结束,以最终流量读数作为计算流量。

①当流量大于 5 L/min 时,连续 4 次读数,其最大值与最小值之差小于最终值的 10%;

②当流量小于 5 L/min 时,连续 4 次读数,其最大值与最小值之差小于最终值的 20%;

③连续 4 次读数,流量均小于 0.5 L/min。

(9)帷幕灌浆时,每一个灌浆长度段一般宜采用 5 m,如遇特殊情况,可视需要适当缩短或加长,但段长不得大于 10 m。

(10)帷幕灌浆时,坝体混凝土与基岩接触段应单独先行灌浆,并待凝 24 h 后,方可进行以下各段的钻孔灌浆工作。接触段段长不得大于 2 m,灌浆塞应位于基岩面以上 0.5 m 左右。

(11)帷幕灌浆应优先采用孔内循环法灌浆,其射浆管距离孔底不宜大于 0.5 m。

①帷幕灌浆中,当某一级水灰比浆液的灌入量已达 300 L 以上,而灌浆压力及吸浆量均无改变或改变不显著时,应改浓一级灌注。

②帷幕灌浆,当某注入量大于 30 L/min 时,可根据具体情况适当越级变浓。

③帷幕灌浆在设计规定的压力下如灌浆段吸浆量不大于 0.4 L/min,继续灌注 60 min(自下而上分段灌浆时采用 30 min),灌浆工作即可结束。如灌浆接近结束而发生回浆变浓不能达到结束标准时,宜查清原因,并根据情况采取措施,按具体情况确定结束标准。

④帷幕灌浆孔采用自上而下分段灌浆法或综合灌浆法时,在全孔灌浆结束后,宜将全孔作为一段或分为数段进行复灌,施工工艺与要求应根据工程具体情况确定。

⑤岩石基础灌浆的质量应以分析压水试验成果、灌浆前后物探成果、灌浆有关施工资料为主,结合钻孔取心、大口径钻孔观测、孔内摄影、孔内电视资料等综合评定。

⑥帷幕灌浆检查孔应按以下原则布置:

ⓐ在帷幕中心线上;

ⓑ岩石破碎,有断层、洞穴及耗灰量大的部位;

ⓒ钻孔偏斜过大、灌浆不正常和灌浆过程中出现过事故等,经资料分析认为对帷幕质量有影响的部位;

ⓓ沿帷幕轴线 20 m 左右的范围内,应有一个检查孔。

⑦帷幕灌浆孔数,一般应按灌浆孔总数的 10% 左右布置。

⑧帷幕灌浆质量检查,应在该部位灌浆结束后 14 d 进行。

⑨对帷幕灌浆检查孔应进行压水试验和采取岩心。对岩心应加以描述,并根据需要确定是否保留。

压水试验压力应与先导孔所用压力相同,或采用 1.5 倍设计水头值,压水试验结束后应按设计要求进行灌浆和封孔。

⑩帷幕灌浆质量的检查应以单位吸水量为主,检查孔接触段及其下一孔段的合格率应为 100%,以下孔段的合格率应在 90% 以上,其余不足 10% 孔段的指标值应不超过设计所规定数值的 100%(如设计值为 0.01,则不应超过 0.02),且不应集中,即为合格,否则应由设计、监理单位商定方案处理,直至合格为止。如果个别孔段的指标值大于设计所规定数值的 100%,经灌浆后是否需要再作处理,由设计、监理单位确定。

(12)对于岩基上的重力坝的基础处理,大都采用帷幕灌浆的方式为基础防渗措施,但防渗帷幕的深度应遵守下列规定:

①当坝基下存在明显的相对隔水层时,一般情况下,防渗帷幕应伸入到该岩层内 3 ~ 5 m,不同坝高的相对隔水层的单位吸水量标准按规范规定。

②当坝基下相对隔水层埋藏较深或分布无规律时,帷幕深度符合规范的要求,并参照渗流计算和已建工程经验研究,通常可在 0.3 ~ 0.7 倍坝高范围内选择。

③岩溶地区的帷幕深度,应根据溶洞及渗漏通道的分布情况和防渗要求确定。

④两岸坝头部位,防渗帷幕伸入岸坡的范围、深度以及帷幕轴线方向,应根据工程地质、水文地质条件确定,并应与河床部位的帷幕保持连续性。为解决岸坡部位的防渗问题,经研究论证可采取明挖或洞挖后回填混凝土的防渗墙等措施。

在防渗帷幕体内,岩体的透水性根据不同坝高应降低到下列单位吸水量:

高坝单位吸水量值 <0.01 L/(min · m · m);

中坝单位吸水量值 0.01 ~ 0.03 L/(min · m · m);

低坝单位吸水量值 0.03 ~ 0.05 L/(min · m · m)。

单位吸水量 w = 0.01 L/(min · m · m),相当于目前采用的单位吸水率 1 Lu。重力坝坝内必须设置基础灌浆廊道,帷幕灌浆通常都在基础灌浆廊道内进行的。原因是帷幕灌浆要求质量高、工期长,为了不致与大坝浇筑发生干扰,故设置坝内基础廊道灌浆,并在廊道内设置排水孔,安装观测设备并进行观测,监视坝体的运用情况。

混凝土拱坝的坝基处理要求:

(1)一般要求。混凝土拱坝的地基处理应达到下列要求:

①具备足够的整体性和稳定性,保证抗滑安全;

②具有足够的强度和刚度,能承受拱坝传来的力和各种荷载,不发生不容许的变形;

③具有足够的抗渗性和有利的渗流场,满足渗透稳定的要求,降低渗透压力;

④具有足够的耐水性,以免在水的长期作用下恶化;

⑤坝体和地基接触面的形状适宜,避免不利的应力分布。

(2)坝基的处理措施。坝基的处理设计必须根据坝址地质条件和基岩的物理力学性质,综合考虑坝体和地基之间的相关关系(包括坝轴线的位置、坝体形状与构造等)、泄洪建筑物的布置、施工技术等因素,认真研究,选择安全、经济和有效的处理方案。对岩溶地区的坝基处理应进行专门研究,坝基处理的措施有些与混凝土重力坝相似,通常有风化破碎岩石的挖除、基坑形状的控制、固结灌浆、接触灌浆、防渗帷幕、坝基排水、断层破碎带与软弱夹层的处理(包括用混凝土置换等),以及用预应力加固基岩等。但应引起注意的是,由于拱坝与重力坝的受力特点不同,对两岸拱端基岩的要求较高,应特别注意。

防渗帷幕的透水性控制:防渗帷幕及其下部岩体的透水性,根据不同坝高应达到下列标准,如表 2-2 所示。

表 2-2 防渗帷幕的透水性

坝高	单位吸水量 w (L/(min·m·m))	渗透系数 K(cm/s)
高坝	≤0.01	$\leqslant 1\times10^{-5}$
中坝	≤0.03	$\leqslant 6\times10^{-5}$
低坝	≤0.05	$\leqslant 1\times10^{-4}$

(3)两岸拱座基岩的加固处理。拱坝所承受的荷载,主要经由拱圈的作用传递到两岸拱座岩体,拱坝的安全稳定主要取决于拱座岩石体的稳定程度。在设计中要防止由于拱座岩体的变形和滑动而影响大坝或基础的安全,所以《工程建设标准强制性条文》规定,必须特别重视两岸拱座基岩的加固处理,当两岸拱座岩体内存在断层破碎带、层间错动面等软弱结构面,使拱基岩体的稳定安全受到影响时,应采取适当的处理措施(如抗滑键、预应力锚固和高压固结灌浆等)。如采用高压固结灌浆,应进行现场试验,以防止掀起基岩并取得最好效果,对高坝和重要性较大的工程,处理方案应通过相应的计算或模型试验论证。

拱坝的稳定、变形和受力状态对两岸拱座的变形非常敏感,这是与其他坝型的不同之处。以上所提出的处理措施是工程中常用的。此外,应引起注意的是,两岸拱座岩体的变形特征有较大差异时,拱坝内部应力将因两岸拱座的不均衡变形(这种变形随时间增长而有逐渐加大的趋势)而作重新调整,当其超过一定限值时,就会出现裂缝。

第二节 坝体与基础和其他建筑物的接缝

坝体与坝基及岸坡的连接是坝的关键部位,处理措施不当是坝破坏的根源之一。概括起来连接处理不当可能出现以下问题:

(1)连接面或靠近连接面发生水力劈裂,连接面处表面层的岩石节理和裂隙大量渗漏,引起坝体管涌。

(2)岸坡(包括与其他建筑物的接坡)形状和坡度不当时,由于坝体与岸坡之间的不均匀变形,坝体与岸坡脱开、裂缝。

(3)连接面或靠近连接面残存软弱面,影响坝坡稳定。

因此,坝体与坝基和其他建筑物的连接处理的措施如下。

一、对坝体与土质地基和岸坡的连接处理

(1)碾压式土石坝的清理和压实的要求。规定地基和岸坡上的草皮、树根、含有植物的表土、蛮石、垃圾及其他废料的清除,并将清理后的地基表面土层压实,是常规的坡面处理工作。目前,因采用大型机械施工,往往不能彻底清理干净,必须辅以人工清理。要求对清理后的地基表面土层进行压实,可以提高其抗渗破坏能力,防止出现软弱面,对提高稳定性有利。

(2)对坝断面范围内的低强度、高压缩性软土及地震时易于液化的土层进行清除或处理。因低强度、高压缩性软黏土易形成软弱夹层,对坝坡稳定不利,压缩性较大时可引起大的沉降和不均匀沉降,易使坝体形成裂缝。在工程施工过程中,需根据具体情况通过经济技术比较,决定采取挖除或其他工程措施处理。对地震区的土石坝应重视土石液化问题。

(3)防渗体必须坐落在相对不透水的土基上,否则应采取适当的防渗处理措施。当防渗体坐落在相对不透水土基上时,一般仅进行表面刨毛和压实处理。当坝基渗透系数较大时,需进行防渗处理。

(4)地基覆盖层与下游坝壳粗粒料接触处之间的粒径关系往往不满足反滤准则,而坝基覆盖层与下游坝壳粗粒料接触处实际发生的渗透比降往往大于允许比降,故要求地基覆盖层与下游坝壳粗粒料(如堆石等)接触处应符合反滤料要求,否则必须设置反滤层,以防止地基土流失到坝壳中。

二、对坝体与岩石地基岸坡的连接处理

对于坝体与岩石地基及岸坡的连接必须做到土质防渗体和反滤层与相对不透水的新鲜或弱风化岩石相连接。在开挖清理完毕后,用混凝土或砂浆封堵清理后的张开节理裂隙和断层。基岩面上一般宜设混凝土盖板、喷混凝土或喷砂浆,将基岩与土质坝防渗体分隔开来,以防止接触冲刷,并规定有两个层次的要求:第一,土质防渗体和反滤层部位的岩石地基应开挖到何种程度;第二,开挖后岩石地基应如何处理。

(1)开挖。对于土质防渗体和反滤层,应与相对不透水的新鲜或弱风化岩石相连接,因此就需要考虑采取开挖和处理两类不同的措施。当然,若不透水的新鲜或弱风化岩石埋藏较浅,还是应规定将上部不满足要求的岩石挖除,将土质防渗体与反滤层和相对不透水的新鲜或弱风化岩石相连。

(2)处理措施。开挖清理后,采取用混凝土或砂浆封堵清理后的张开裂隙和断层,以及设混凝土盖板、喷混凝土或喷砂浆将基岩与土质防渗体分隔开来等各种处理措施。

一般说来,岩层的处理可分为基岩面、表层岩石和深层岩石三种不同层次的处理。张开节理和断层表面的封堵,设混凝土盖板、喷混凝土或喷浆层皆属于基岩面处理。对于裂

隙节理发育的表面岩石进行固结灌浆。对深层岩石采用帷幕灌浆处理。喷混凝土和喷砂浆一般适用于较陡的边坡。对防渗体和反滤层与岩石地基的连接，主要是指基岩面、表层岩石的处理，其目的是将坝基岩石与土质防渗体和反滤层分隔开来，以防止接触冲刷。

三、对岸坡坡度、平整度等几何形状的要求

(1)岸坡大致平顺，不应成台阶状、反坡或突然变坡，其目的是不言而喻的。即要求岸坡上缓下陡时，凸出部位的变坡角应小于20°。

(2)与防渗体连接的岩石岸坡坡度，宜不陡于1:0.5～1:0.75，陡于此坡度应有专门论证，并采取相应的工程措施。

四、对土石坝与混凝土建筑物的连接处理

土石坝与混凝土坝、溢洪道、船闸、涵管等混凝土建筑物的连接必须防止接触面的集中渗流。根据不均匀沉降而产生的裂隙，以及水流对上下游坝坡和坝脚的冲刷等因素的有害影响等定性的原则要求，土石坝与混凝土建筑物的连接应处理好以下三方面的问题：

(1)防渗体与其他建筑物的连接，能否满足安全运行要求主要与连接面的渗径长度和允许渗透比降大小两种因素有关。这两种因素是密切相关的。渗径长度加长，蓄水运用实际产生的渗透比降较小，不容易产生接触冲刷；反之，接触面接触紧密，允许的渗透系数、比降增大，连接长度可相应减小。这两方面若处理不当，可能事与愿违。如过分强调增加渗径长度，连接形式过于复杂，不易保证连接面附近防渗体土料的压实质量，连接面的允许渗透比降减小，反而容易产生渗透变形和接触冲刷。

(2)防渗体下游的反滤保护。影响连接面质量的因素较多，任何一个环节的疏忽都可能出现问题，因此加强防渗体下游的反滤层保护是必要的。

(3)上下游坝坡、坡脚的保护。当土石坝与泄水建筑物连接时，若上下坡脚的保护措施不当，在长期的运行中水流将可能淘刷坝脚，引起滑坡，危及土石坝的安全。

为此，对不同的建筑物，适用的连接形式可能不完全相同，现分述如下：

(1)土石坝与混凝土坝的连接常采用侧墙式(重力墩式或翼墙式等)、插入式，因侧墙式连接结构形式简单，便于机械化施工，对保证结合填土质量有利。

(2)土石坝与船闸、溢洪道等混凝土建筑物的连接多采用侧墙式。

(3)软基上的坝下埋管历来是土石坝较忌讳的问题，除非是在不得已的情况下，一般不采用这种建筑物的形式，尤其是对高中坝不应采用布置在软基上的坝下埋管形式，低坝采用软土埋管时，也应进行充分的技术论证。地震区的坝采用坝下埋管应按SL 203—97的有关规定执行。坝下埋设涵管时，一般要求土质防渗体下与涵管连接处应扩大防渗体断面。涵管本身设置永久伸缩缝和沉降缝时，必须做好止水，并在接缝处设反滤层，在防渗体下游面与坝下涵管接触处，应做好反滤层，将涵管包起来。

五、对混凝土面板堆石坝与坝基的连接处理

对于面板或心墙与坝基的连接要求：混凝土防渗面板或心墙必须嵌入建基面1～2 m并与坝基防渗设施连成整体。

第三节 坝基清理及防渗墙的施工检测

一、坝基清理

坝基清理是指坝体填筑之前，基础与岸坡表面的清理。一般包括筑坝范围内的基础清理和土坝防渗部分的坝体与基础结合面的清理。前者关系到土坝的稳定安全，后者关系到土坝的防渗效果。

（一）清理要求

（1）凡有机质含量大于2%的表层土，应予以清除；耕作土层表层0.3～0.5 m厚的腐殖土，给予清除，以降低土体的压缩性，提高其抗剪强度。

（2）表层较浅范围内自然容重小于1.48 kg/cm^3 的细砂和极细砂应予清除；对于某些特别基础、岸坡，如湿陷性黄土地基、细砂层地基、岸坡冲沟等，应按专门的设计要求清理。

（3）表层所有草皮、树木、坟墓、乱石、地道、水井、淤泥及其他杂物等，均应彻底清除和填塞。

（4）坝基与岸坡开挖的用于勘探的试坑，应把坑内积水与杂物全部清除，并用筑坝土料分层回填夯实。

（5）土坝坝体与两岸岸坡结合部位应避免造成绕坝渗流、坝体裂缝和坍陷等不良后果。坝坡与塑性心墙、斜墙或均质坝体连接部位，均应清理至不透水层。对于岩石岸坡，其清理坡度不应陡于1∶0.75，并应挖成坡面，不得削成台阶或反坡，也不可有突出的变坡点；回填前应涂3～5 mm厚的黏土浆（土水质量比为1∶(2.5～3)），以利结合。如有局部反坡而反坡方量又大，可采用混凝土补坡处理。对于黏土或非湿陷性黄土岸坡，要求挖成不陡于1∶1.5的坡度。山坡与非黏性土连接部分，其清理坡度不得陡于岸坡土在饱和状态下的稳定坡度，并不得有反坡。

（6）坝壳范围内的岩石岸坡风化清理深度，应根据其抗剪强度来决定，以保证坝体的稳定。对于岩石坝基，只要其抗剪强度不低于坝壳区的抗剪强度或不会产生较大的压缩变形，变形上无特殊缺陷（如对不均匀变形不利），都可作为坝壳的基础，不必开挖。对于心墙、斜墙与岩石基础、岸坡相连处，必须清除风化层。

（7）对于易风化的灵敏性土类，当清理后不能及时回填时，应根据土类的性质预留保护层。

（二）常用的清基方法

（1）人工清理，手推车运输。这种方法适用于小范围或狭窄场面的清理，当缺乏必要的机械设备时，亦可用于大面积清理。

（2）推土机清理。适用于大面积清理，经济运距约为50 m。

（3）铲运机清理。适用于基础表面大面积清理。铲运机路线可布置成环形或“∞”字形，运土距离为100～200 m，运距以500 m左右为宜。

（4）机械组合清理。当清理厚度大于2 m，且范围、方量较大时，可用推土机集料、装载机装车、自卸车运输，以加速清理的进度。

如清理的材料符合筑坝要求，则应结合坝体填筑有计划地进行，也可考虑用以筑堰。

二、防渗墙施工

防渗墙是土石坝基础防渗处理的一种最有效的设施，从 1958 年开始应用于我国水利水电建设。因其具有结构可靠、防渗效果好、能适应各种不同的地层条件、施工方便、工程造价低等优点，所以得到广泛应用。

混凝土防渗墙的施工工序一般可分为造孔前的准备工作、泥浆固壁进行造孔、终孔验收与清孔换浆、浇筑混凝土、全墙质量验收等。

混凝土防渗墙在坝剖面中的典型位置如图 2-1 所示。混凝土防渗墙的基本型式是槽孔型，它是由一段段槽孔套接而成的地下连续墙，先施工一期槽孔后施工二期槽孔。其槽孔型式如图 2-2 所示。

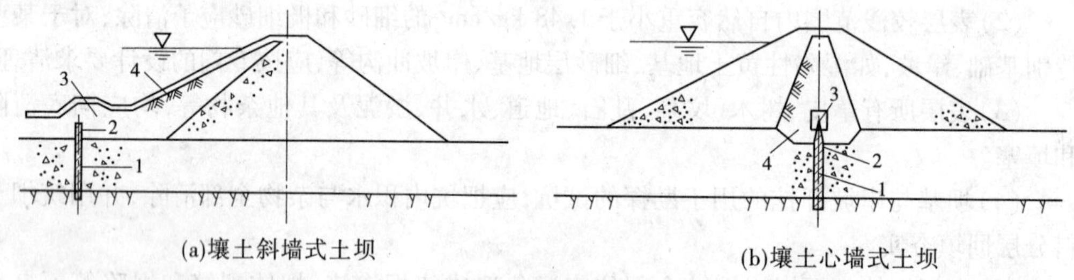

图 2-1　防渗墙在坝部面中的典型位置

1—坝基混凝土防渗墙；2—顶部人工立模浇筑的楔形体；3—塑性土料区；4—黏土心墙

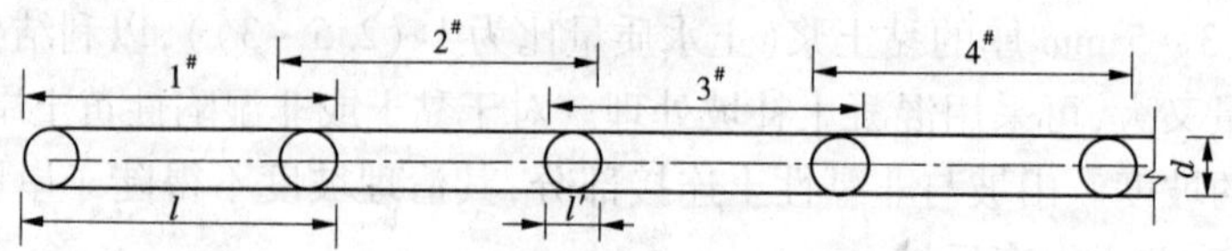

图 2-2　槽孔型防渗墙

1#、3#—一期槽孔；2#、4#—二期槽孔

(一)造孔前的准备工作

根据防渗墙的设计要求和槽孔长度的划分做好槽孔的测量定位工作，并在此基础上，设置导向槽。

1. 槽段的长度的确定

槽段长度的划分，原则上为减少槽段的接头，尽可能采用比较长的槽段。但由于墙基地形地质条件的约束，以及施工能力、施工机具等因素的影响，槽段又不能太长，故必须满足下述条件：

$$L \leqslant \frac{Q}{KBv} \tag{2-2}$$

式中　L——槽段长度，m；

Q——混凝土生产能力，m^3/h；

B——防渗墙厚度，m；

v——槽段混凝土的上升速度,一般要求小于2 m/h;

K——墙厚扩大系数,可取1.2~1.3。

槽段长度一般为10~20 m。

2. 导向槽的施工要点

导向槽沿防渗墙轴线设在槽孔上方,支撑上部孔壁,其净宽一般等于或略大于防渗墙的设计厚度,深度以1.5~2.0 m为宜。导向槽可用木料、条石、灰拌土或混凝土做成。灰拌土导向槽如图2-3所示。为了维持槽孔的稳定,要求导向槽底部应高出地下水位0.5 m以上。为防止地表积水倒流和便于自流排浆,其顶部高程要高于两侧地面高程。

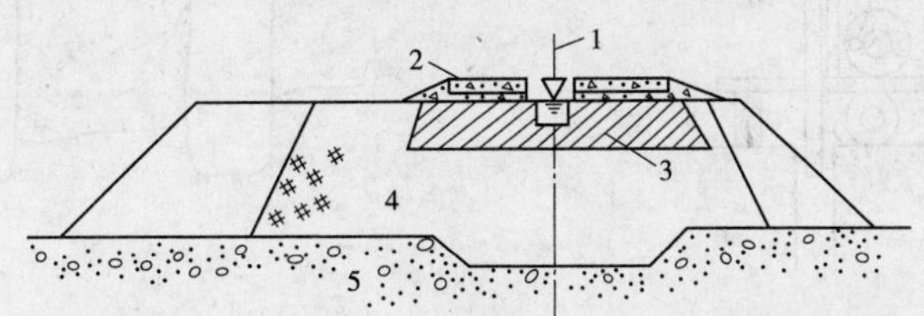

图2-3　灰拌土导向槽

1—防渗墙轴线;2—钻机轨枕;3—灰拌土;4—黏土心墙;5—透水砂卵石

导向槽安设好后,在槽侧铺设钻机轨道,安装钻机,修筑运输道路,架设动力和照明线路及供水供浆管路,做好排水排浆系统,并向槽内充满泥浆,保持液面在槽顶以下30~50 cm,即可开始造孔。

(二)造孔

槽孔开挖通常采用冲击式钻机,如图2-4所示,钻头重1.5~3.0 t。开挖时借偏心工作轮2的回转,通过连杆3带动活动滑轮4使钻头6作上下运动,冲击地层。开挖过程中采用泥浆固壁,且借泥浆循环将孔中的渣屑带出。

(1)造孔方法:用冲击式钻机开挖槽孔时,一般采用钻劈法,如图2-5所示。即"主孔钻进,副孔劈打",先将一个槽段划分为主孔和副孔,利用钻机钻头自重冲击钻凿主孔,然后用同样的钻头劈打副孔两侧,用抽砂筒或接渣斗出渣。

(2)泥浆固壁的要点:泥浆在造孔中主要起固壁作用,其具有较大的比重(一般为1.1~1.2),以静压力作用于槽壁,借以抵抗槽壁土压力及地下水压力。此外,还能冷却钻头、护壁防渗及辅助出渣等,它直接影响墙底与基岩、墙段间结合的质量。一般槽内泥浆面应高出地下水位0.6~2.0 m。

对制浆黏土的基本要求是:黏粒含量大于50%,塑性指数大于20,含砂量小于5%,氧化硅与三氧化二铝含量的比值以3~4为宜。

(三)终孔验收和清孔换浆

造孔结束以后,应进行终孔验收,其验收项目及质量要求如表2-3所示,可供参考。

造孔完毕后的孔内泥浆常含有过量的土石渣,影响混凝土与基岩的连接。因此,必须清渣清孔换浆,以保证混凝土浇筑质量。清孔换浆的要求为孔底淤积厚度≤10 cm,泥浆比重≤1.3,黏度≤30 s(指体积为500 cm^3 的浆液从标准漏斗中流出来的时间),含砂量≤15%,且清孔换浆后4 h内应开始浇筑混凝土。

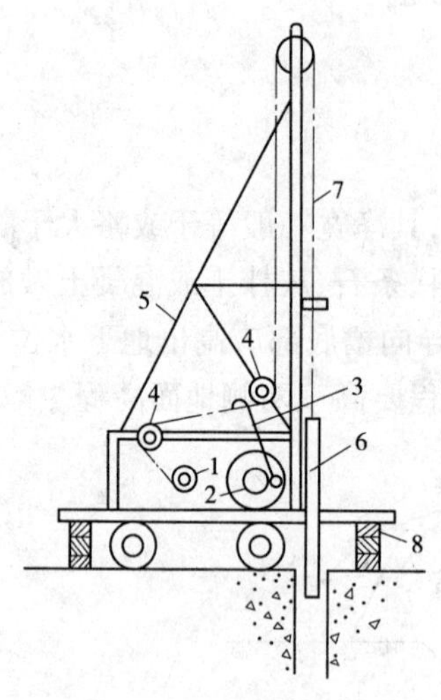

图 2-4　冲击式钻机

1—卷扬机;2—偏心工作轮;3—连杆;
4—滑轮;5—钻架;6—钻头;
7—钢丝绳;8—垫木

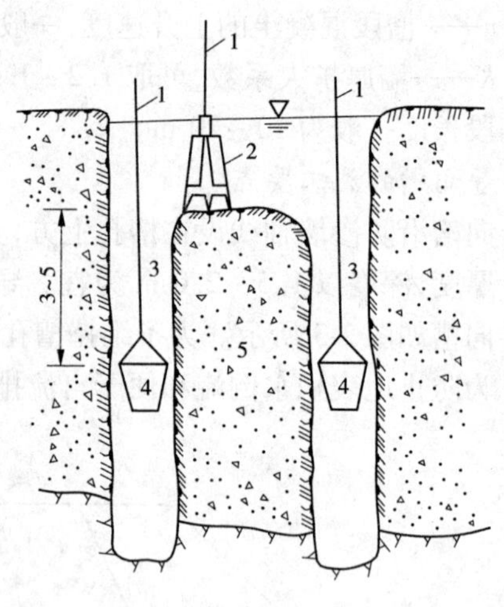

图 2-5　主孔钻进副孔劈打法　(单位:m)

1—钢丝绳;2—钻头;3—主孔;
4—接渣斗;5—副孔

表 2-3　终孔验收项目及质量要求

终孔验收项目	终孔验收要求
孔位允许偏差	±3 cm
孔宽	≥设计墙厚
孔斜	≤4‰
一、二期槽孔搭接孔位中心偏差	≤1/3 设计墙厚
槽孔水平断面上	没有梅花孔、小墙
槽孔嵌入岩层深度	满足设计深度

(四)混凝土浇筑

(1)泥浆下浇筑混凝土的主要特点:①不允许泥浆和混凝土掺混成泥浆夹层;②确保混凝土与基础以及一、二期混凝土间的结合;③一气呵成,连续不断地浇筑。

(2)泥浆下浇筑混凝土的方法:常采用导管提升法。导管由若干根 ϕ20 ~ 25 cm 的钢管用法兰盘连接而成,导管顶部为受料斗,每根钢管长 2 m 左右,整个导管悬挂在导向槽上,并通过提升设备升降,导管布置如图 2-6 所示,由于防渗混凝土坍落度一般为 18 ~ 22 cm,其扩散半径为 1.5 ~ 2.0 m,导管间距以小于 3 ~ 4 m 为宜。

(3)浇筑前的准备工作要求:制定方案,准备好导管及孔口用具,下设导管,检查混凝土搅拌与运输机械设备及提升导管机械的完好情况,搭设孔口料台,准备好孔内混凝土顶面深度测量用具及混凝土顶面上升指示图,制定好孔内泥浆排放与回收方案等。

浇筑前,应仔细检查导管的形状、接头和焊缝的质量,过度变形和破损的不能使用,并

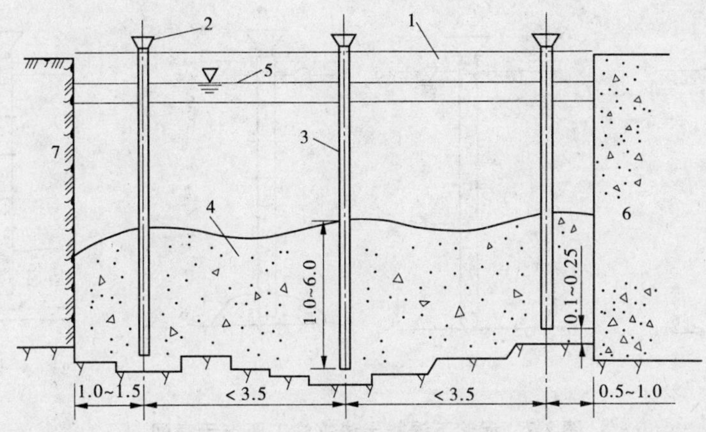

图 2-6　导管布置　（单位:m）

1—导向槽;2—受料斗;3—导管;4—混凝土;5—泥浆液面;6—已浇槽孔;7—未挖槽孔

按预定长度在地面进行分段组装和编号,然后安装布置到槽段中。

(4)导管浇筑的原则:开浇顺序应严格遵循先深后浅,即从最深的导管开始,由深到浅一个个依次开浇,直到全槽混凝土面浇平以后,再全槽均衡上升,相邻混凝土面高差控制在 0.5 m 范围内。

(5)孔口料台的技术要求:结构稳固又简单,能够方便、均匀地分料给每根导管,并应在清孔验收合格后 2 h 内搭设完毕。一般使用钢管装配式孔口料台,孔内混凝土顶面常用钢丝心测绳或细钢丝绳吊起测锤测量,测锤绳索上的刻度标记应准确且要经常校核。

(6)泥浆下混凝土的浇筑要求:①每个导管开浇时将导管下放至槽底 10 ~ 25 cm,管内放一直径略小于导管内径的能浮在浆面上的木球,以便在开浇时坝混凝土与泥浆隔开;②开始时先用坍落度为 18 ~ 20 cm 的水泥砂浆,再用稍大于整根导管容积、同样坍落度的混凝土,一次把木球压至管底;③混凝土满管后,提管 20 ~ 30 cm,使球体跑出管外,混凝土流入槽内,再立即把导管放回原处,使导管底孔插入已浇混凝土中;④迅速检查导管底口埋入混凝土内 1 ~ 6 m 的深度,直至将混凝土顶面浇筑至规定高程,如图 2-7 所示。

施工要点可归纳为压球、满管、提管排球、埋管、查管、连续浇筑、终浇等工序。

当混凝土面上升到距槽口 4 ~ 5 m 时,由于混凝土柱压力减小,槽内泥浆浓度增加,混凝土扩散能力相对减弱,易发生堵管和加泥等,这时可采取稀释泥浆、抬高漏斗、增加起拔次数、经常提动导管及控制混凝土坍落度等措施来解决。

(五)全墙质量检查验收

检查的方法:一般采用钻检查孔来评定浇筑混凝土的质量,也可与开挖法结合来检查评定。全墙质量检查包括以下内容:

(1)每个墙段墙身混凝土质量的检查。

(2)墙段与墙段间直接质量与间距质量的检查,墙底与基岩结合质量的检查。

(3)墙身预留孔及埋设质量的检查。

(4)成墙防渗效果的检查。

先进工艺简介:制造高压水、压缩空气的射流,冲设地层土体,使底层劈裂,同时注入

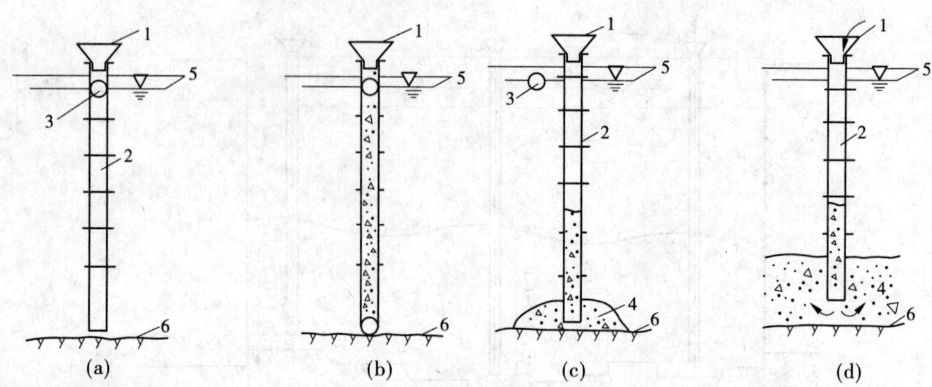

图 2-7　泥浆下混凝土浇筑施工要点示意图

1—浇筑漏斗；2—导管；3—木制或塑料制球体；4—已浇入孔内的混凝土；
5—泥浆液面；6—基岩面

水泥浆液，使砂浆与土冲搅混合，形成一道地下连续墙，使防渗墙的施工工艺得到新的改进。

第三章　土坝实用检测技术

土坝是最古老的水工建筑物。1 000 多年前，我国就已经利用泥土筑堤防洪，筑堤蓄水。由于土坝的取材容易、便利，造价低廉，而且建筑时无论人力、简单机械还是最新式的各种机械均可利用，故世界各国也都普遍盛行。因为近代土力学有新的发展，建筑理论有很大的进步，施工经验丰富，而且随着时代的变迁，高度生产力的机械促使修筑高达 100 m 以上的土坝。我国自新中国成立后，在毛主席一定要把淮河治理好的号召下，亦修筑了很多土坝，如官厅水库、白沙水库、南湾水库、薄山水库等坝的高度均超过 40 m。

由于千百年来的工程经验，人类创造了各种结构类型的土坝。按照施工方法，土坝可分为半水力充填式、分层碾压式、水力冲填式三种。如果按照土坝的高度又可分为低坝、中坝和高坝三种。土坝高度在 15 m 以下的为低坝，15 ~ 30 m 的为中坝，超过 30 m 的为高坝。

按建筑材料及结构的不同，土坝又可分为下面几种类型：

(1) 均质土坝：其断面一般为梯形，坝身基本上由性质相同且透水性又小的黏质土料所组成（见图 3-1）。

(2) 组合土质坝：坝体由许多不同性质的土料组成（见图 3-2）。

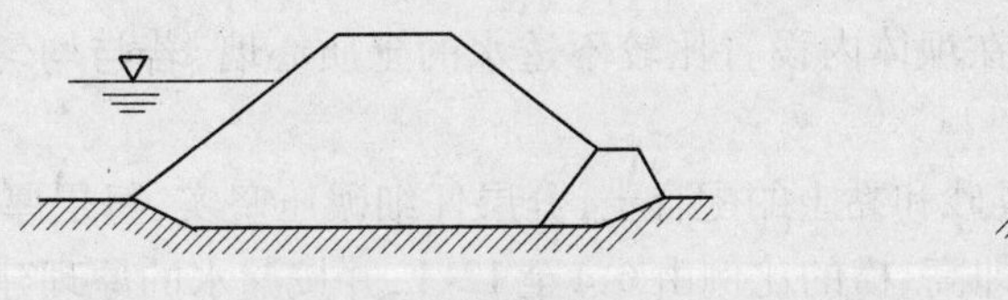

图 3-1　均质土坝

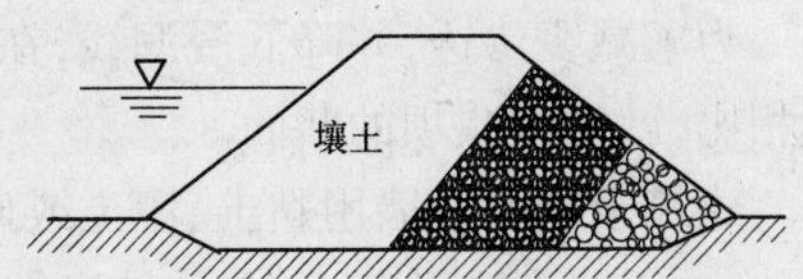

图 3-2　组合土质坝

(3) 塑性心墙坝：用透水性较小且相对密实的土料（如黏土）在坝心作心墙，坝身其他部分由透水性的土料如砂土、砂和卵石等组成（见图 3-3）。

(4) 塑性斜墙坝：用透水性较小的土料（如黏土）在坝的迎水面做防止漏水的斜墙（见图 3-4）。

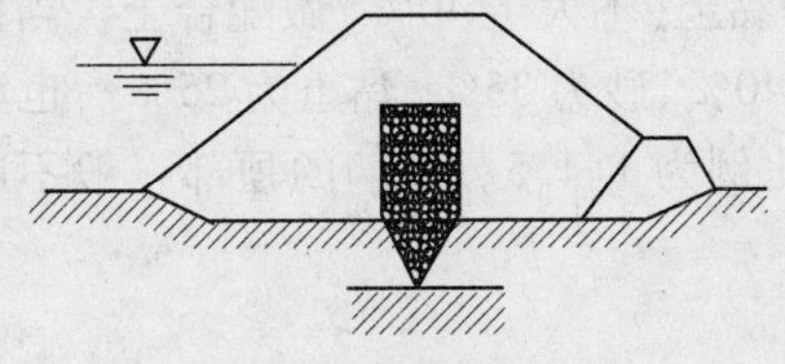

图 3-3　塑性心墙坝

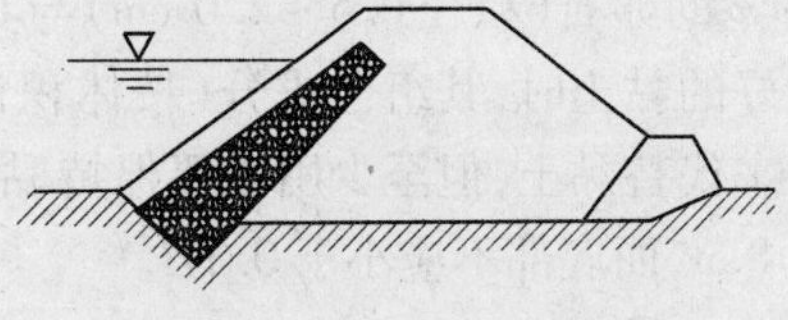

图 3-4　塑性斜墙坝

此外，还有刚性心墙坝和刚性斜墙坝，是用混凝土来做坝的心墙和斜墙，甚至是用金属或木板来做心墙的，因其建筑技术复杂、材料昂贵，故很少使用。

第一节　各类土坝选择土料的基本条件

一、均匀土质坝

均匀土质坝的土料应该具备足够的不透水性。建筑均匀土质坝最好的土料是壤土，含砂的质量成分为30% ~70%，含黏土的质量成分为30% ~50%。壤土的含砂质量成分增加至75%以上时，由试验得知坝身的渗透量就要大大增加。如果黏土所占的质量成分能够把砂的全部空隙填满，即以25%左右质量成分的黏土把25%左右质量成分的空隙都填密实。

含有大量黏土成分(50% ~60%)的壤土，对于坝体很合适，但在填筑时必须用含有砂的砾石土沿坝坡及坝顶做保护层，免得干裂。

坝体采用纯黏土是不行的，因为纯黏土虽然具有很好的不透水性，但遇到潮湿容易滑陷，而干时则易龟裂。因此，用黏土做坝时，不掺砂子是不合适的。淤泥土也不能筑坝，因为它只有在斜坡非常平缓时才能稳定，而且沉陷极不平衡。

砂土的透水性大，因此用砂土填筑时，横断面要加大，故土方数量大，因而增加造价。如使用砂土做坝体，应将它配置在背水坡。但迎水坡应填以透水性小的壤土。

粉砂粒径小又无凝聚力，筑坝是不合适的。

二、塑性心墙坝

为了减少渗透，并降低浸润线，在坝体内设置比较不透水的土质心墙，若与均匀土质坝相比，就能缩减坝的断面。

建筑土坝的心墙用黏土、壤土或砂和黏土的配合土，分层仔细碾压坚实，每层厚10 ~15 cm。心墙为梯形断面，它的坡度即高、横的比例由6:1至12:1，并按漏水的原理建筑坝的其余部分，即靠近心墙部分用较细密的土料，离心墙愈远，土料颗粒愈大，并且要用易透水的材料做背水坡的坡脚。应该在不透水层(黏土类)或岩石地基上建筑心墙，而且必须特别注意心墙与地基的结合。心墙的位置或者位于坝的中心，或稍偏于上游面，但不超出其坝顶下面的范围内。心墙的外形应该采用梯形，从上到下没有任何突出部分。

建筑心墙若缺乏适合的黏土，可使用黏土与砂和卵石的配合土，通常按其体积比例，用40%的卵石(粒径0.5 ~2.0 cm)与60%的砂和黏土(不大于40%)做配合土。当使用质量好的黏土时，其组合成分(按体积计)卵石为40%、砂为35%、黏土为25%。也可用壤土来代替黏土，但至少用砂要保持黏土与砂的比例为1:1.5。心墙的顶部一般不应小于0.8 m，而底部不应小于0.1H。

三、塑性斜墙坝

在土坝迎水坡面设置透水性小的土料做成斜墙，因通过斜墙的关系，可把浸润线降低。斜墙以外的坝身，一般是用较易透水的土粒做成，使已浸入坝身的水分容易泌出，因此有着良好的稳定性。

斜墙所用的土料与心墙一样，为使斜墙不致发生冻裂或干裂，则应在斜墙上覆盖保护层。保护层可用砂、砂壤土、砾石和碎石做成，在坝基处厚度不小于1～1.5 m，并不得小于冻层的深度。

斜墙应高出水库的最高水位0.5 m，上部厚度应不小于0.8 m，下部厚度应等于蓄水高度的1/10左右，或不小于2 m。

为了减少坝基或坝体的渗漏，可在坝前塘底或库底铺筑黏土护堤作为水平防渗层（又叫铺盖层）。这种防渗层往往就是斜墙或坝体迎水面的延长部分，它的做法应与斜墙的做法一样。

水平层的防漏层长度通常应为水头的3～4倍，但有时达到水头的15～20倍。防漏层的厚度应该根据所用土料的透水性质以及地基上的性质来决定，一般低坝的防漏层不小于0.5 m，中坝的不小于0.75 m，高坝的不小于1.0 m。

四、组合土质坝

这种坝是由各种土料结合而成的，上游部分用渗透性小的壤土，下游部分用渗透性大的土料如砂、卵石或砾石，坝趾则筑反滤层。在有适当的土料而取石料又方便的地方，建筑这种坝是有利的。

第二节　土坝筑坝材料的选择原则

水利水电工程中土坝的筑坝材料基本上就地取材。其基本要求是坝料的选择、试验、开挖、运输、填筑、碾压等。

一、防渗材料的基本性质要求

对防渗土料的基本性质要求，主要包括渗透系数、水溶盐含量和有机质含量三个方面。

（一）渗透系数

心墙坝和斜墙坝的土料渗透系数一般不大于10^{-6} cm/s，均质坝不大于10^{-5} cm/s，但强制性条文规定均质坝不大于10^{-4} cm/s，心墙坝和斜墙坝不大于10^{-5} cm/s是合适的。防渗土料的渗透系数的选择与水库的渗漏量要求有关，以供水、发电为主的水库，希望采用渗透性更小的防渗土料，以防洪为主的水库，防渗土料的渗透系数相对可适当大一些。当然，防渗土料的料源条件起着重要的作用。

（二）水溶盐含量

水溶盐一般分为易溶盐、中溶盐和难溶盐三类。易溶盐包括氯盐、重碳酸盐、碳酸钠和硫酸钠等；中溶盐主要是石膏；难溶盐包括碳酸钙、碳酸镁等。难溶盐在非侵蚀性材料中淋洗速度很慢，引起的填土性质变化一般可以不计。在常用的筑坝土料中规定易溶盐的含量不大于3%，但石膏在长期渗透水作用下的淋洗使土料性质变坏，会产生附加沉降，是施工中必须考虑的主要问题。为降低淋洗速度，常在工程中采取提高压实密度、降低渗透系数和减小渗透比降等措施。针对石膏淋洗将会产生附加沉降的情况，常采取加高的工程措施。

(三)有机质含量

土中有机质含量有两种:①未完全分解的植物残渣、树皮、草根等,这些有机质的继续分解可以在土中形成孔洞,其产生的化学变化能改变土的性质;②完全分解的有机质,这些有机质对土壤的影响与其处于分散或凝聚状态有关。苏联规定未完全分解的有机质含量不大于5%,完全分解的有机质含量不大于8%。日本坝工规范只说有机质含量高不好,没有定量规定。相比之下规定的均质坝不大于5%,心墙坝和斜墙坝不大于2%。这一规定已沿用多年,我国虽没有统计资料证明可提高的幅度,但经论证后可适当提高。

二、砾石土的要求

用于填筑防渗体的砾石土,其粗料(粒径大于5 mm的粒径)含量一般不超过50%,其最大粒径一般不超过10~15 cm或铺土厚度的2/3,且不得发生粗料集中架空的现象。

砾石土包括风化砾石土、风化岩石开挖碾压后形成的砾石土和人工掺和的砾石土。作为防渗料的砾石土,最大粒径一般为75~150 mm,国内多在100 mm以下,故强制性条文规定不超过100~150 mm,在一般工程经验的范围之内。所以,要求最大粒径不大于层厚的2/3,是考虑到不同碾压机械实用的填筑分层不同。

砾石(粒径大于5 mm)含量值称含砾量。开始起骨架作用的含砾量为第一特征含砾量(用P_5^{I}表示),砾石完全起骨架作用的含砾量为第二特性含砾量(用P_5^{11}表示)。当含砾量等于P_5^{11}时,砾石土的渗透系数增大很多,往往不能满足要求,同时由于砾石已完全起骨架作用,细颗粒不能得到充分压实,在渗透水作用下很不容易产生渗透变形。砾石土的P_5^{11}并不是一个常数,大多数为40%~60%。因此,规定一般不超过50%,即是粗料含量满足要求。若发生粗骨料架空现象,也有可能使局部渗透系数过大,或产生渗透破坏,所以规定不得发生粗骨料架空现象。对于天然的风化形成的砾石土,最大粒径可能较大,且颗粒分布往往也非常不均匀,在选用时一定要采取筛分和掺和等措施进行处理。

在工程的实践应用中,黏土质砾石土和土质砾石均有采用。黏土质砾石土的临界渗透比降较高,不易发生渗透变形。粉土质砾石土临界渗透比降较低,级配不良时易发生渗透变形,所以应在工程施工中引起重视。

三、反滤层、过渡层和排水层土石料的要求

(1)排水设备和反滤层的位置、尺寸、土料粒径及各层厚度应与设计相符。反滤层所用的材料有碎石、卵石、砾石和砂。砂的含泥量不得大于5%。

(2)反滤层各层的颗粒级配,根据当地现有的材料在设计中规定:

①反滤层及排水设备各层颗粒的有效粒径不应超过与之相邻的较细一层反滤层(或坝体土料)的控制粒径D_{50}的5倍。小于某种粒径的土重为10%或大于某种粒径的土重为90%时的粒径称为有效粒径,以D_{10}表示;如小于某种粒径的土重为50%,称为控制粒径,以D_{50}表示;不均匀系数n为小于某种粒径的土重为60%的粒径D_{60}与D_{10}之比,即$n=\frac{D_{60}}{D_{10}}$。

②为了避免细土粒从层内冲走，每层反滤层颗粒的不均匀系数 n 不应超过 5。

③为了防止反滤层被堵塞，不准采用粒径小于 0.1 mm 的土粒。而且反滤层所用的材料用筛分法使其按不同粒径分开，材料上若粘有淤泥或黏土粒则应用水冲洗。

④反滤层、过渡层、排水层的材料应具有要求的级配，且粒径小于 0.1 mm 颗粒含量不大于 5%，并具有透水性要求。

⑤反滤层、过渡层、排水层的材料应质地致密坚硬，具有高度的抗水性和抗风化能力。风化料一般不能用做反滤料，如必须用时应具有充分论证。

⑥反滤层宜尽量利用天然砂砾石筛选，在缺乏天然砂砾料时也可采用人工砂或碎石料，但应选用抗水性和抗风化能力强的母岩轧制。

⑦铺筑反滤层所用的细粒料应浇以充足的水量，并用人工夯进行夯打，铺筑时应考虑到相当于每层厚度的 5% 的沉陷量。

⑧反滤层铺设应借助样板来控制各层间厚度和质量，以免任意堆筑失去反滤的作用。目前有不少工地将砂石杂乱堆放，或以石渣、风化石来代替砂砾石，将不能达到滤水的作用，相反地会造成土料的冲蚀，因此反滤层和排水设备的施工时应特别注意。

（3）级配要求：具有要求的颗粒级配，即按设计要求的级配。对于反滤层，应采用连续级配，这样有利于防止粗细颗粒分离，对于 D_{60} 以下的颗粒，要求下包线与上包线的 D_n（$n \leqslant 60\%$）之比不大于 5，其目的也是防止由于下包线与上包线范围过宽，在施工中发生粗细颗粒分离。粒径小于 0.1 mm 颗粒含量的多少影响反滤料的透水性。

（4）抗水性和抗风化能力的要求。若抗水性差，在渗透水的作用下，粗颗粒会进一步软化破碎。若抗风化能力较差，在堆存、填筑过程中和填筑于表层时，可能会因颗粒进一步风化，颗粒变细。这两种情况均会导致细粒不满足要求，反滤层透水性减小。质地致密坚硬的材料，对提高抗水性和抗风化性能有利，所以规定应具有高度的抗水性和抗风化能力，风化料一般不能用做反滤料。

第三节　土的工程分级及分类

土坝修筑的主要材料就是土，土的工程分级其方法很多，一般可根据施工的困难程度将土分为 4 级，如表 3-1 所示。

表 3-1　土的工程分级

土质级别	土壤名称	自然湿密度（t/m^3）	外形特征
Ⅰ	砂土、种植土	1.65 ~ 1.75	疏松，黏着力差或易透水，略有黏性
Ⅱ	壤土，含根、淤泥种植土	1.75 ~ 1.85	开挖时能成块并易打碎
Ⅲ	黏土、干黄土、干淤泥、含砾质黏土	1.80 ~ 1.95	黏手，干硬，看不见砂砾
Ⅳ	坚硬黏土、砾质黏土、含卵石黏土	1.90 ~ 2.10	土壤结构坚硬，分裂后成块，含黏粒、砾石较多

一、土的定义

地面上松散的卵石、砂砾石及堆存的黏土都属于土的范围,这是自然界的岩石经常年风化、搬运、堆积等天然程序造成的。母岩成分、风化性质、搬运和堆积环境是决定土的组成的主要因素。土有无凝聚性较粗颗粒与有凝聚性较细颗粒两类,也就是说,是由大、中、小形状不同的颗粒组成的。

二、土的组成

土是由固体颗粒、水和气体三部分组成的,通常称为三组成。工程上常把大小相近的土粒合并为组,称为粒组。工程广泛采用的粒组有漂石粒、卵石粒、砾粒、砂粒、黏粒。把粒径大于 60 mm 土粒称为巨粒组,粒径 60 ~ 0. 075 mm 土粒称为粗粒组,粒径小于 0. 075 mm 的称为细粒组,各粒组的划分如表 3-2 所示。

表 3-2　粒组划分

粒组统称	粒组划分		粒径 d(mm)
巨粒组	漂石(块石)组		$d>200$
	卵石(碎石)组		$200\geqslant d>60$
粗砾组	砾粒(角砾)	粗砾	$60\geqslant d>20$
		中砾	$20\geqslant d>5$
		细砾	$5\geqslant d>2$
	砂粒	粗砂	$2\geqslant d>0.5$
		中砂	$0.5\geqslant d>0.25$
		细砂	$0.25\geqslant d>0.075$
细粒组	粉粒		$0.075\geqslant d>0.005$
	黏粒		$d\leqslant 0.005$

三、巨粒土和含巨粒土的分类

巨粒土实际上是土石混合料,分为巨粒土、混合巨粒土和巨粒混合土三种。按土中粒径大于 60 mm 的巨粒含量区分,若土中巨粒含量为 15% ~50% ,则该土属于巨粒混合土;若土中巨粒含量大于 75% ,则该土属于巨粒土;若土中巨粒含量为 50% ~75% ,则该土属于混合巨粒土。

巨粒土、混合巨粒土、巨粒混合土再结合漂石含量进一步细分,如表 3-3 所示。

四、粗粒土的分类

岩石中巨粒含量大于 15% ,则剔除巨粒,根据余土再按粗粒土或细粒土分类,若土中粒径大于 0. 075 mm 的粗粒组含量大于 50% ,则该土属于粗粒土,粗粒土分砾类土和砂类土;若土中粒径大于2 mm的砾粒含量大于50%,则该土层属砾类土,否则属砂类土。

砾类土或砂类土按土中粒径小于0.075 mm的细粒含量,液限、塑限和土的级配可进一步细分,分类方法如表3-4所示。

表3-3 巨粒土和巨粒含量的分类

土类	粗粒含量		土代号	土石名称
巨粒土	巨粒含量 75%~100%	漂石含量>50%	B	漂石
		漂石含量≤50%	Cb	卵石
混合巨粒土	巨粒含量 50%~75%	漂石含量>50%	BSI	混合土漂石
		漂石含量≤50%	CbSI	混合土卵石
巨粒混合土	巨粒含量 15%~50%	漂石含量>卵石含量	SIB	漂石混合土
		漂石含量≤卵石含量	SICb	卵石混合土

表3-4 砾类土分类

土类	粗粒含量		土代号	土名称
砾	细粒含量<5%	级配 $C_u \geqslant 5, C_c = 1 \sim 3$	GW	
		级配不同时满足上述要求	GP	
含细粒土砾	细粒含量5%~15%		GF	
细粒土质砾	15%<细粒含量≤50%	细粒土为黏土	GC	
		细粒土为粉土	GM	

注:表中细粒土质砾土类,应根据细粒土在塑性图中的位置定名。

五、砂类土的分类

砂类土的分类如表3-5所示。

表3-5 砂类土的分类

土类	粒组含量		土代号	土名称
砂	粗粒含量<5%	级配 $C_u \geqslant 5, C_c = 1 \sim 3$	SW	级配良好砂
		级配不同时满足上述要求	SP	级配不良砂
细粒土质砂	15%<细粒含量≤50%	细粒土为黏土	SC	黏土质砂
		细粒土为粉土	SM	粉土质砂
细粒土砂	细粒含量5%~15%		SF	含细粒土砂

注:表中细粒土质砂土类,应按细粒土在塑性图中的位置定名。

六、细粒土的分类

若土中粒径小于0.075 mm,细粒含量大于或等于50%,且粗粒含量少于25%,则该土属于细粒土。土中含有部分有机质(有机质含量$5\% \leqslant C_u \leqslant 10\%$)的土称为有机土。

细粒土可按塑性图进一步细分,塑性图中横坐标为液限,纵坐标为塑性指数,若土的液限和塑性指数落在图中的A线以上,且I_p大于或等于10,表示土的塑性高,属黏土或有机质黏土,若土的液限和塑限指数落在 A 线以下及 I_p 小于10,表示土的塑性低,属粉土或有机质粉土。土的液限高低可间接反映土的压缩性高低,即土的液限高,它的压缩性也高,反之,液限低,压缩性也低。因此,塑性图上又用一条竖线 B 把黏土和粉土细分为两类。细粒土的分类如表3-6所示。

表3-6　细粒土的分类

土的塑性指标在塑性图中的位置		土代号	土名称
塑性指数(I_p)	液限(w_L)		
$I_p \geqslant 0.73(w_L-20)$ 和 $I_p \geqslant 10$	$w_L \geqslant 50\%$	CH	高液限黏土
	$w_L < 50\%$	CL	低液限黏土
$I_p < 0.73(w_L-20)$ 和 $I_p < 10$	$w_L \geqslant 50\%$	MH	高液限粉土
	$w_L < 50\%$	ML	低液限粉土

若细粒土内含部分有机质,则土名前加"有机质",土代号后加"O",如有机质高液限黏土(CHO)、有机质低液限粉土(MLO)。

若细粒土内细粒含量为25%~50%,则该土属含粗粒的细粒土。当粗粒中砾粒占优势时,该土属含砾细粒土,并在土号后加"G",如含砾高液限黏土(CHG)、含砾低液限粉土(MLG)。

若粗粒中砂粒占优势,则该土属含砂粗粒土,并在代号后加"S",如含砂高液限黏土(CHS)、含砂低液限粉土(MLS)。

七、黄土、膨胀土和红黏土的判别

黄土、膨胀土和红黏土等特殊土类,在塑性图中的基本位置在液限50%处左右,具体初步判别如表3-7所示。

表3-7　黄土、膨胀土和红黏土的初步判别

土的塑性指标在塑性图位置		土代号	土名称
塑性指数(I_p)	液限(w_L)		
$I_p \geqslant 0.73(w_L-20)$	$w_L < 40\%$	CLY	低液限黏土(黄土)
	$w_L > 50\%$	CHE	高液限黏土(膨胀土)
$I_p < 0.73(w_L-20)$	$w_L > 55\%$	MHR	高液限粉土(红黏土)

特殊土分类定名应遵照的相应规范如下:

(1)有机土分类:《岩土工程勘察规范》(GB 50021—94)附录一;

(2)黄土的分类:《湿陷性黄土建筑规范》(GBJ 25—90);

(3)膨胀土分类:《膨胀性地区建筑技术规范》(GBJ 112—87);

(4)红黏土分类:《岩土工程勘察规范》(GBJ 112—87)附录八;

(5)盐渍土分类:《岩土工程勘察规范》(GB 50021—94)附录十一。

土类基本代号如表3-8所示。

表 3-8　土类基本代号

土名称	代号	土名称	代号	土名称	代号
漂石(块石)	B	黏土	C	黄土	Y
卵石(碎石)	Cb	细粒土(C 和 M 合称)	F	红黏土	R
砾(角砾)	G	混合土(粗、细粒土合称)	SI	盐质土	Sc
砂	S	膨胀土	E	级配良好、不良好	W、P
粉土	M	有机质土	O	高液限、低液限	H、L

第四节　土壤的工程特性

土的基本物理性质指标可分为如下几项:

(1)质量密度:单位体积的质量,也简称土的密度,用符号 ρ(t/m³)表示。

$$\rho = \frac{m}{V} \tag{3-1}$$

式中　V——土的总体积,m³;

m——土的总质量,t。

(2)重力密度:单位体积土所受的重力称为土的重力密度,用符号 γ(kN/m³)表示。

$$\gamma = \frac{W}{V} \tag{3-2}$$

式中　W——土的总重力,kN,$W = mg$;

g——重力加速度,取 $g = 9.8\ \mathrm{m/s^2}$。

由 $W = mg$,则有 $\gamma = \rho g$。

(3)相对密度:土粒单位体积的质量与 4 ℃时蒸馏水的密度之比,用符号 d_s 表示。

$$d_s = \frac{m_s}{V_s \rho_w} \tag{3-3}$$

式中　m_s——土的固体颗粒的质量,t;

V_s——土的固体颗粒的体积,m³;

ρ_w——蒸馏水的密度,$\rho_w = 1\ \mathrm{t/m^3}$。

(4)干密度:土的单位体积内颗粒的质量,用符号 ρ_d 表示。

$$\rho_d = \frac{m_s}{V} \tag{3-4}$$

式中　m_s——土的固体颗粒的质量,t;

V——土的体积,m³。

(5)含水率:土中水的质量与颗粒质量之比,用符号 w 表示。

$$w = \frac{m_w}{m_s} \times 100\% \tag{3-5}$$

式中　m_w——土中水的质量,t;

其他符号含义同前。

(6)饱和密度:土中孔隙完全被水充满时土的密度,用符号 ρ_{sat} 表示。

$$\rho_{sat} = \frac{m_s + V_v\rho_w}{V} \tag{3-6}$$

式中　V_v——土中孔隙的体积,m^3;

其他符号含义同前。

(7)饱和容重:土中孔隙完全被水充满时土的容重,用符号 γ_{sat} 表示。

$$\gamma_{sat} = \rho_{sat}g \tag{3-7}$$

式中符号含义同前。

(8)孔隙率:土中孔隙体积与土的体积之比,用符号 n 表示。

$$n = \frac{V_v}{V} \times 100\% \tag{3-8}$$

式中符号含义同前。

(9)饱和度:土中水的体积与孔隙体积之比,用符号 S_r 表示。

$$S_r = \frac{V_w}{V_v} \times 100\% \tag{3-9}$$

式中　V_w——土中水的体积,m^3;

其他符号含义同前。

(10)土壤干松性:自然状态下的土经开挖后因变松散而使体积增大的特性。可用可松性系数 K 表示,即

$$K = \frac{V_2}{V_1} \tag{3-10}$$

式中　V_2——土经开挖后的松散体积,m^3;

V_1——土在自然状态下的体积,m^3。

土的可松性系数用于计算土方量、进行土方填挖平衡计算和确定运输工具数量。各种土的可松性系数如表 3-9 所示。

表 3-9　土的可松性系数

土的类别	自然状态		挖松后	
	密度(t/m^3)	可松性系数	密度(t/m^3)	可松性系数
砂土	1.65～1.75	1.0	1.50～1.55	1.05～1.15
壤土	1.75～1.85	1.0	1.65～1.70	1.05～1.10
黏土	1.80～1.95	1.0	1.60～1.65	1.10～1.20
砂砾土	1.90～2.05	1.0	1.50～1.70	1.10～1.40
含砂砾壤土	1.85～2.00	1.0	1.70～1.80	1.05～1.10
含砂砾黏土	1.90～2.10	1.0	1.55～1.75	1.10～1.35
卵石	1.95～2.15	1.0	1.70～1.90	1.15

(11)自然倾斜角:自然堆积的土壤表面与水平面间所形成的角度。挖方和填方边坡的大小与土壤的自然倾角有关。确定土壤开挖边坡和填土边坡应慎重考虑,一般开挖安全边坡可参考表3-10。

表3-10 挖深在5 m以内的窄槽未加支撑的安全施工边坡

土的类别	人工开挖	机械开挖	说明
砂土	1:1.0	1:0.75	1. 必须做好防水设施,雨季应加支撑 2. 附近如有强烈振动,应加支撑
轻亚黏土	1:0.67	1:0.50	
亚黏土	1:0.50	1:0.33	
黏土	1:0.33	1:0.25	
砾石土	1:0.67	1:0.50	
干黄土	1:0.25	1:0.10	

第五节 坝料的各项试验要求

土是一种古老又普通的建筑材料,并作为建筑物的天然地基和介质。土坝、土堤等的兴建是否合理、经济,大部分取决于工程的性质,其科学的程序是勘探与测试、试验与分析,并利用土力学的理论计算及设计,然后施工,并且要对施工过程及使用时期进行监测。因此,土工试验是岩土工程规划设计的前期工作。

人们均知道土是天然的产物,不同于钢材、混凝土、合成塑料等人工材料,其性质受到密度、湿度、粒度以及孔隙中化学成分等诸多因素的影响。所以,综合上述,为了使土工试验比较正确地反映实际土的性状,要求试验人员必须了解和掌握以下五方面的情况:

(1)试验的目的和依据原理。

(2)使用仪器设备的方法、步骤。

(3)试验所获取的数据,分析的结论。

(4)试验中的注意事项,误差的初步分析。

(5)分析试验、设计与实际问题的联系。

因此,要具备基本的理论知识和技能,以满足设计、施工的需要。

一、土工试验的项目

土工测试大致分为两大部分:①在现场直接测定,也叫原位测定,包括十字板试验、静动力触深、标准仪贯入试验、载荷试验、波速测定以及旁压仪试验等;②从现场采取土样送至实验室的试验。

实验室可分为两类试验:

(1)土的化学性试验:包括土的矿物鉴定,易溶物和难溶盐试验,有机质测试,酸碱度试验,硅、铝、铁、钙、镁、钾含量分析及阳离子交换量试验等。这些试验用于分析土的物质成分、土粒与介质溶液间的物理化学作用以及土的结构对其力学性质的影响。

(2)土的物理性试验:包括土的密度、湿度、粒度试验等。具体试验项目如表3-11所示。

表 3-11 土工试验项目

种类	试验项目	试验成果	成果的应用	说明
土的物理性试验	含水率试验	含水率(w)	计算土的基本物理性质指标	
	界限试验 液限试验 塑限试验 收缩试验	液限(w_L) 塑限(w_P) 塑性指数(I_P) 液性指数(I_L) 缩限(w_S) 收缩比 体缩 线缩	利用塑限图进行土的工程分类 判断土的状态	
	密度试验	土的密度 ρ 土的干密度 ρ_d	计算土的基本物理性质指标及土的压实性	土的容重 $\gamma=\rho g$
	比重试验	土粒比重(G_s)	计算土的基本物理性质指标	
	相对密度试验 最大孔隙比 最小孔隙比	相对密度(D) 最小干密度($\rho_{\min}$) 最大干密度($\rho_{\max}$)	判断砂砾土的状态	
	颗粒大小分析 筛分析 沉淀法分析	颗粒大小分配曲线 有效粒径(D_{10}) 不均匀系数(C_v) 曲率系数(C_c)	用于土的工程分类及作为材料的标准	
土的力学性试验	击实试验 CBR 试验	含水率与干密度曲线 最大干密度($\rho_{d\max}$) 最小干密度($\rho_{d\min}$)	用于填土工程施工方法的选择和质量控制 用于路面设计	
	渗透试验 常水头、变水头试验	渗透系数(K)	用于有关渗透问题的计算	
	固结试验	孔隙率与压力曲线 压缩系数(a_p) 体积压缩系数(m_a) 压缩指数(C_t) 先期压力(P_t) 固结系数(G_v)	计算黏性土体的沉降速率和沉降量	
	剪切试验 直接剪切试验	抗剪强度参数 内摩擦角(φ_q) 凝聚力(c_q)	计算地基、斜坡、挡土墙等的稳定性	
	无侧限抗压强度	抗压强度(q_u) 灵敏度(S_1) 压力应变关系		

续表 3-11

种类	试验项目	试验成果	成果的应用	说明
土的力学性试验	三轴剪切试验	内摩擦角(φ_u) 凝聚力(c_u) 孔隙水压力系数 A、B 压力—应变关系		

二、各种土工试验项目的要点

(一)土的颗粒分析试验方法

为了确定土的级配,室内常用两种试验方法,即筛分法和比重计法,粒径大于 0.075 mm 的土粒适用于筛分法,粒径小于 0.075 mm 的土粒适用于比重计法,有时两种也可联合使用。

1. 筛分法

粗筛:60 mm、40 mm、20 mm、10 mm、5 mm、2 mm;

细筛:2.0 mm、1.0 mm、0.5 mm、0.25 mm、0.1 mm、0.075 mm。

方法:将一套筛子按孔径大小排列,将称量过的样品放入最上层筛中,经过 15 min 振摇,把留在各级筛上的土粒分别称量,准确至 0.1 g。

要求各级筛上的土粒质量即底盘内土粒质量总和与筛前所取试样质量之差不大于 1%。

计算:算出小于某粒径的土粒含量,用以确定土内各粒组含量。

$$x = \frac{m_A}{m_B}d_x \tag{3-11}$$

式中 x——小于某粒径的试样质量占试样总质量的百分数(%);

m_A——小于某粒径的试样质量,g;

m_B——试样总质量,g;

d_x——粒径小于 2 mm 或粒径小于 0.075 mm 的试样质量占总质量的百分数。

2. 比重计法

比重计法是根据土粒在悬液中沉降的速度与粒径平方成正比的斯托克斯公式来确定各颗粒相对含量的方法。将一定质量(mg)的干土制成一定体积(V)悬液密度就可以得到不同粒径及其对应的累计百分含量。

(二)颗粒分析试验的用途

按颗粒分布曲线可求得:

(1)土中各粗粒的含量,用于粗粒土的分类和大致估计土的工程性质。

(2)某些特征粒径,用于建筑物的选择和评估土级配的好坏。根据某些粒径特征,可以得到两个有用的指标,即不均匀系数 C_v 和曲率系数 C_c,它们的定义如下:

不均匀系数

$$C_v = \frac{d_{60}}{d_{10}} \tag{3-12}$$

曲率系数 $$C_c = \frac{d_{30}^2}{d_{10}d_{60}} \tag{3-13}$$

式中 d_{10}、d_{30}、d_{60}——粒径分布曲线上小于某粒径的土粒含量分别为10%、30%、60%时所对应的粒径。

通常把d_{10}称为有效粒径，把d_{60}称为限制粒径。不均匀系数C_v反映大小不同粗组分布的情况，$C_v<5$的土称为均粒土。C_v值越大，表示粒组分布范围比较广，土的级配良好。但如果C_v值过大，表示可能缺少中间粒径，属不良级配，故需同时用曲率系数来评价。曲率系数是描述累计曲线整体形状的指标。

(三)土的主要物理性质试验

土的物理性质可以分为两类：一类是必须通过试验确定的，如含水率、密度、比重等；另一类是通过测定换算的，如孔隙率、孔隙比等。

1. 含水率试验

土的含水率是在105~110 ℃下烘至恒重时所失去的水分和达到恒重后土质量的比值，用百分数表示。其试验的方法有烘干法、酒精法等。

(1)烘干法。取15~30 g的土样，放入皿盒称重，再放入烘箱，在105~110 ℃下烘至恒重，将烘干后试样和盒取出放入干燥缸内冷却至室温，称干土重。烘干时间：黏质土8 h，砂类土6 h。有机质超过10%的土，应将温度控制在65~70 ℃烘至恒重。

(2)酒精法。取代表性试样(黏土5~10 g，砂土20~30 g)，放入皿盒称湿土重，将酒精倒入皿盒内，点燃盒中酒精，烧至火焰熄灭，冷却数十分钟后，重复上述步骤两次，当第三次火焰熄减时，称其干土重。

(3)计算：不论烘干法和酒精法均用同一公式计算。

取两次平均测定值

$$w = \left(\frac{m}{m_d} - 1\right) \times 100\% \tag{3-14}$$

式中 w——含水率(%)；

m——湿土重，g；

m_d——干土重，g。

含水率测定允许平行差值如表3-12所示。

表3-12 含水率测定允许平行差值

含水率(%)	允许平行差值
<10	0.5
10~40	1.0
>40	2.0

2. 密度试验

土的密度为单位体积土的质量。试验的方法有环刀法、蜡封法、灌砂法、灌水法、核子水分-密度仪法等。

(1)环刀法。把环刀内涂一层凡士林,环刀口向下放在土样上,用切土刀将土样切成大于环刀直径的土柱,将环刀垂直下压,边压边切,直到土层下部,将土样和环刀一同取出,并削去两端余土,修平环刀两端,称环刀加土重,并取剩余土样测定含水率,由公式求得试样密度。

$$\rho = \frac{m}{V} \tag{3-15}$$

$$\rho_d = \frac{\rho}{1 + w} \tag{3-16}$$

式中 ρ——试样密度,g/cm^3;

ρ_d——试样干密度,g/cm^3;

m——湿土质量,g;

w——含水率(%)。

需进行两次平行测定,平行差值不大于 0.03 g/cm^3。

(2)灌砂法。主要测定原位土的密度和对填方工程进行质量控制。

在试验地铲平一块 40 cm×40 cm 的地面,除去表层松散土层,找出试坑口轮廓线,向下挖到一定深度,将试坑内的试样装入塑料袋内称重,并测量试样含水率。

容砂瓶装满砂,称瓶和砂重,并将密度测定装置倒置于挖好的坑口上,打开阀门,使砂注入试坑,当砂注满试坑时关阀门,称容砂瓶和余砂重,并计算出注满试坑所用的标准砂质量。标准砂应在试验前校核其密度。

$$\rho_0 = \frac{m_p}{\dfrac{m_s}{\rho_d}} \tag{3-17}$$

$$\rho_d = \frac{\rho_0}{1 + w} \tag{3-18}$$

式中 m_p——试坑内的试样质量,g;

m_s——注满试坑所用标准砂质量,g;

ρ_d——试样干密度,g/cm^3;

ρ_0——试样密度,g/cm^3。

(3)灌水法。基本同灌砂法,在试坑挖好后用塑料袋平铺试坑内,然后往坑内注水,其他同灌砂法。灌砂法、灌水法如图 3-5、图 3-6 所示。

对黏性土,粒径试坑尺寸较小,试验的地表面易于平整。用灌砂法砂石与地面易于整平,测定的试坑体积误差较小。对于粒径较大的材料,如砂砾石等,试坑直径较大,试验的地表面预先不易整平。为了能精确地测定试坑体积,试验时,增加一个套环,在套环上定一个参考平面(灌砂法一般以套环顶面作为参考平面),大致将试验的地表整平,放上套环,先用砂或水量测参考平面至地表面间的体积 V_1,然后在套环内将土挖出试坑,挖好试坑后再测量参考平面至试坑周边间的体积 V_2,试坑体积等于 $V_2 - V_1$。至于灌水法,一般不论试坑尺寸大小,均需用套环。

(4)蜡封法。蜡封法的步骤如下:

参考水平面
钢套环
地表面不平整而且倾斜

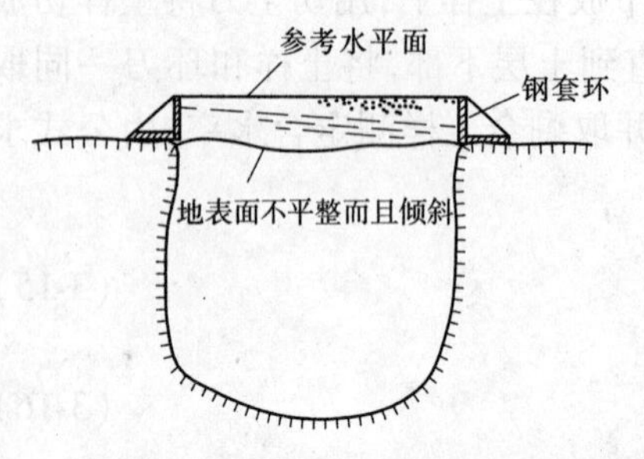

图 3-5 灌砂法、灌水法有套环图

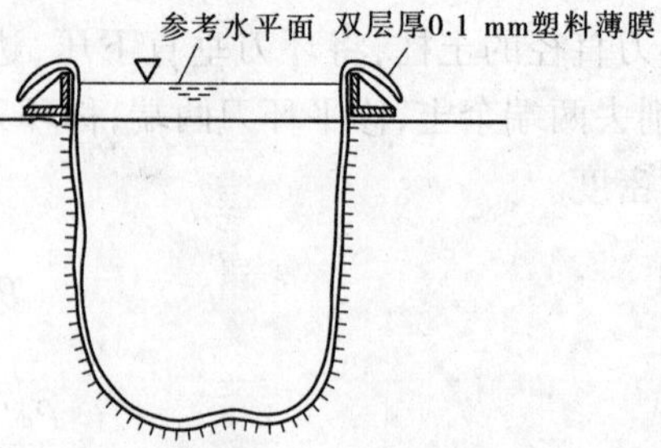

参考水平面
双层厚0.1 mm塑料薄膜

图 3-6 灌水法容重试验

①切取约 30 cm^3 的试样，削去松浮表土及尖锐棱角后，系于细线上称量，准确至 0.1 g，取代表性试样测定含水率。

②持线将试样徐徐浸入刚过熔点的蜡中，待全部沉浸后立即将试样提出，检查涂在试样周围的蜡中有无气泡存在，若有则用热针刺破并涂平孔口。冷却后称土加蜡质量，准确至 0.1 g。

③用线将试样放在天平一端，并使试样浸没在纯水中称量，准确至 0.1 g，并测记纯水的温度。

④取出试样，擦干蜡表面的水分后再称量一次，检查试样中是否有水浸入，如有水浸入应重做，按下式计算湿密度、干密度

$$\rho = \frac{m}{\dfrac{m_1 - m_2}{\rho_{wt}} - \dfrac{m_1 - m}{\rho_n}} \tag{3-19}$$

$$\rho_d = \frac{\rho}{1 + 0.01w} \tag{3-20}$$

式中 ρ——湿密度，g/cm^3；

ρ_d——干密度，g/cm^3；

w——含水率（%）；

m——湿土质量，g；

m_1——土加蜡质量，g；

m_2——土加蜡在水中的质量，g；

ρ_n——蜡的密度，g/cm^3；

ρ_{wt}——纯水在 t ℃时的密度，g/cm^3，准确至 0.01 g/cm^3。

（5）填土最大干密度计算。填土的密实度在一定的压力功能条件下与压（夯）实时的含水率有关。压（夯）实填土的最大干密度 ρ_{max} 是当最优含水率时，通过标准的击实试验确定的。当无试验资料时，黏性土、粉土的最大干密度可按下式计算

$$\rho_{max} = n\frac{\rho_w d_s}{1 + w_{op} d_s} \tag{3-21}$$

式中 ρ_{max}——压实填土的最大干密度，g/cm^3；

n——经验系数，对于黏土取 0.95，粉质黏土取 0.96，粉土取 0.97；

ρ_w——水的密度，g/cm^3，取 $\rho_w = 1$；

d_s——土的相对密度（颗粒比重），一般黏土取 2.74 ~ 2.76，粉质黏土取 2.72 ~ 2.75，粉土取 2.70 ~ 2.71，砂土取 2.65 ~ 2.69，或由试验求得；

w_{op}——土的最优含水率（%），可按当地经验或取 $w_{op} = w_P + 2\%$，粉土取 14% ~ 18%，w_P 为土的塑限。

（6）相对密度试验。相对密度是黏性土处于最松状态的孔隙比与天然状态的孔隙比之差和最松状态的孔隙比与最紧密状态的孔隙比之差的比值。

试验的目的是测定无黏性土的最大孔隙比与最小孔隙比，用于计算相对密度。最大孔隙比试验宜采用漏斗法和量筒法。最小孔隙比试验采用振动锤击法。

①最大孔隙比试验步骤：

ⓐ取代表性的烘干土或风干试样约 1.5 kg，用手搓或用木棒（圆木）在橡皮板上碾碎，并拌和均匀。

ⓑ将锥形塞杆自漏斗口下穿入，并向上提起，使锥体堵住漏斗管口，一并放入体积 100 mL 量筒中，使其下端与筒底接触。

ⓒ称试样 200 g，准确至 1 g，均匀倒入漏斗中，将漏斗管口与塞杆同时提高，然后下放塞杆，使锥体略离开管中，管口经常保持高出砂石 1 ~ 2 cm，使试样缓缓且均匀分布地落入量筒中。

ⓓ待试样全部落入量筒后，取出漏斗与锥形塞，用砂石拂平器将砂面拂平，勿使量筒振动，然后测读砂样体积，估读至 5 mL。

ⓔ用手掌或橡皮板堵住量筒口，将量筒倒转，然后慢慢地转回原来位置，如此重复几次，记下体积最大值，估读至 5 mL。

ⓕ取上述两种方法测得的较大体积计算最大孔隙比。

ⓖ土的孔隙比公式

$$e = \frac{V_v}{V_s} = \frac{d_s\rho_w}{\rho_d} - 1 \tag{3-22}$$

式中 e——孔隙比；

V_v——土中空隙的体积，m^3；

V_s——土粒体积，m^3。

②最小孔隙比试验步骤：

ⓐ取代表性试样 4 kg，用手搓或用圆木棍在橡皮上碾碎，并拌和均匀。

ⓑ分 3 次倒入容器进行振击。选取上述试样 600 ~ 800 g（其数量应使振击后的体积略大于容积的 1/3）倒入 1 000 mL 容器内，用振动仪以 150 ~ 200 次/min 的速度敲打容器两侧，并在同一时间内用击锤于试样表面每分钟锤击 30 ~ 60 次，直至砂样体积不变为止（一般击 5 ~ 10 min）。敲打时要用足够力量，使试样处于振动状态，锤击时粗砂可用较少击数，细砂应用较多击数。

ⓒ按步骤ⓑ规定，进行两次装样、振动和锤击，第三次装样时，应先在容器口安装套环。

ⓓ最后一次振毕，取下套环，用修土刀齐容器顶面削去多余试样，称容器内试样质量，

准确至 1 g,并记录试样体积,计算最小孔隙比。

ⓔ最小密度与最大密度,均需进行两次平行测定,取其算术平均值,其平行差值不得超过 0.03 g/cm³。

ⓕ计算。按下式计算最小密度与最大密度

$$\rho_{\min} = \frac{m_d}{V_{\max}} \tag{3-23}$$

$$\rho_{\max} = \frac{m_d}{V_{\min}} \tag{3-24}$$

式中 m_d——试样干质量,g,计算至 0.01 g/cm³;

$V_{\max}$——试样最松散时的体积,cm³;

$V_{\min}$——试样最密实时的体积,cm³。

按下式计算最大孔隙比与最小孔隙比

$$e_{\max} = \frac{\rho_w G_s}{\rho_{\min}} - 1 \tag{3-25}$$

$$e_{\min} = \frac{\rho_w G_s}{\rho_{\max}} - 1 \tag{3-26}$$

式中 ρ_w——水的密度,g/cm³;

G_s——土粒比重,计算至 0.01。

按下式计算相对密度

$$D_r = \frac{e_{\max} - e_0}{e_{\max} - e_{\min}} \tag{3-27}$$

$$D_r = \frac{(\rho_d - \rho_{d\min})\rho_{\max}}{(\rho_{d\max} - \rho_{d\min})\rho_d} \tag{3-28}$$

式中 D_r——相对密度;

e_0——天然孔隙比或填土的相对孔隙比。

(7)黏性土的状态与界限含水率。

土从泥泞到坚硬经历几个不同的物理状态,含水率很大时就成了泥浆,是一种黏滞流动性的土,称为流动状态。含水率逐渐减小时,黏滞运动的特点逐渐消失而显出塑性,所谓塑性就是指可以塑成任何状态而不发生裂缝,并在外力解除以后能保持已有形态而不恢复原状的性质。黏土的可塑性是一个十分重要的性质,对于陶瓷工业、农业和土工程都有重要的意义。当含水率连续减小时,则土的可塑性逐渐消失,从可塑状态变为半固体状态。从一种状态变到另一种状态的分界点称为界限含水率。流动状态与可塑状态间的分界含水率称为液限 w_L;可塑状态与半固体状态的分界含水率称为塑限 w_P;半固体状态与固体状态间的分界含水率称为缩限 w_S。

①塑性指数。可塑性是黏土区别于砂土的重要特征。可塑性的大小可用土处在塑性状态的含水率变化范围来衡量。从液限到塑限,含水率的变化范围愈大,土的可塑性越好,这个范围称塑性指数 I_P。

$$I_P = w_L - w_P \tag{3-29}$$

②液性指数。土的天然含水率是反映土中的含水率指标，在一定程度上说明土的软硬与干湿状态，但仅含水率却不能确切地说明土处于什么状态。如果有几个含水率相同的土样，但它们的塑限、液限不同，那么这些土样所处的状态可能不同。黏性土的状态可用液性指数来表示

$$I_L = \frac{w - w_P}{I_P} \tag{3-30}$$

可塑性状态的土的液性指数为 0 ~ 1，液性指数越大表示土越软，液性指数大于 1 的土处于流动状态，液性指数小于 0 的土则处于固体状态和半固体状态。

液塑限试验有搓条法和液塑限联合法：

ⓐ搓条法。塑限试验取试样一小块，先用手捏到接近塑限，然后在毛玻璃板上搓土条，当土条直径达 3 mm 时断裂，取合格断裂土条 3 ~ 5 g，放入皿盒内，测定含水率，这时的含水率即为塑限 w_P。

ⓑ液塑限联合测定法。常用的仪器是光电式液塑限联合测定仪。采用风干土样过 0.5 mm 筛内 200 g，分成 3 份，按接近液限、塑限和二者之间的状态，制成不同稠度的土膏，静置 24 h，采用天然含水率土样时，应剔除大于 0.5 mm 的颗粒。

将制备好的土膏用调土刀调拌均匀，密实装入试样杯中，高出试样杯的余土用土刀刮平，随即将试样杯放在仪器底座上。控制圆锥仪下降深度为 4 ~ 5 mm、9 ~ 10 mm、16 ~ 18 mm 的含水率，记录下沉深度，并测定相应的含水率。以含水率为横坐标、圆锥入土深度为纵坐标，在对数坐标纸上绘制关系曲线，在含水率与圆锥下沉关系图上可以查得圆锥仪下沉 2 mm 时的相应含水率即为塑限，下沉 17 mm 时的含水率即为液限。

(8)击实试验。用标准的击实方法测定土的密度与含水率的关系，从而确定最大干密度与最优含水率，可用轻型和重型击实试验两种方法。击实仪的尺寸应符合表 3-13 的规定。

表 3-13　击实仪主要部件尺寸规格

试验方法	锤底直径 (mm)	锤质量 (kg)	落高 (mm)	击实筒内径 (mm)	击实筒高度 (mm)	击实筒容积 (cm^3)	护筒高度 (mm)
轻型	51	2.5	305	102	116	947.4	≥50
重型	51	4.5	457	152	116	2 103.9	≥50

击实试验的步骤如下：

①试样制备，分为干法制备和湿法制备两种。

ⓐ干法制备。取一定量的代表性风干土样（轻型约为 20 kg，重型约为 50 kg）放在橡皮板上，用木碾碾散（也可用碾土器碾碎），并按下列方法备样：

(i)轻型击实试验过 5 mm 筛，将筛下土料拌匀，并测定土样的风干含水率。根据土的塑限预估最优含水率，按依次相差约 2% 的含水率制备一组（不少于 5 个）试样，其中应有 2 个含水率大于塑限，2 个含水率小于塑限，1 个含水率接近塑限，并按下式计算应加水量

$$m_w = \frac{m}{1 + w_0}(w - w_0) \tag{3-31}$$

式中　m_w——土样所需加水质量,g;

w——土样所要求的含水率(%);

m——风干含水率时的土样质量,g;

w_0——风干含水率(%)。

ⅱ重型击实试验过 20 mm 筛,将筛下土拌均匀,并测定土样的风干含水率,按依次相差约 2% 的含水率制备一组(不少于 5 个)试样,其中至少有 3 个含水率小于塑限的试样,然后按式(3-31)计算加水量。

ⅲ将一定的土样平铺于不吸水的盛土盘内(轻型取土样约 2.5 kg,重型取土样约 5.0 kg),按预定含水率用喷水设备往土样上均匀喷洒所需加水量,拌匀并装入塑料袋内或密封于盛土器内静置备用,静置时间分别为高液限黏土(CH)不得少于 24 h,低液限黏土(CL)可酌情缩短,但不应少于 12 h。

ⓑ湿法制备。取天然含水率的代表性土样(轻型为 20 kg,重型为 50 kg)碾碎,按重型和轻型击实要求过筛,将筛下土样拌匀,分别风干或加水到所要求的不同含水率,制备试样时必须使土样中含水率分布均匀。

②试样击实:

ⓐ将击实仪安放在坚实的地面上,击实筒内壁和底分别涂一薄层润滑油,连接好击实筒与底板,安装好护筒,检查仪器各部件及配套设备性能是否正常,并做好记录。

ⓑ从制备好的一份试样中称取一定量土料,分 3 层或 5 层倒入击实筒内,并将上面整平,分层击实。对于分 3 层击实的轻型击实法,每层土料的质量为 600 ~ 800 g(其量应使击实后试样的高度略高于击实筒的 1/3),每层 25 击;对于分 5 层击实的重型击实法,每层土料的质量宜为 900 ~ 1 100 g(其量应使击实后试样的高度略高于击实筒的 1/5),每层 56 击。如用手工击实,应保证使击锤自由下落,锤击处必须均匀分布于土面上。如为机械击实,可将定数拨到所需的击实处,按动电钮进行击实,重型击实试验应保证作用到击实筒中央土层上的功能与周围土层相等(击实仪中心点每圈加 1 击)。击实后的每层试样高度应大致相等,两层交接面的土面应刨毛,击实完成后,起初击实筒顶的试样高度应小于 6 mm。

ⓒ用修土刀沿护筒内壁削挖后,扭动并取下护筒,测出超高(应侧取多个值,平均精确至 0.1 mm),沿击实筒顶细心修平试样,拆除底板。

ⓓ用推土器从击实筒内推出试样,从试样中心处取 2 个一定量土料(轻型为 15 ~ 20 g,重型为 50 ~ 100 g),平行测定土的含水率,称量准确至 0.01 g,含水率平行误差不得超过 1%。

ⓔ按上述规定对其他含水率的土样进行击实,一般不重复使用土样。

③计算及制图:

ⓐ计算。按下式计算击实后各试样的含水率

$$w = \left(\frac{m}{m_d} - 1\right) \times 100\% \tag{3-32}$$

式中　w——含水率(%);

m——湿土重,g;

m_d——干土重，g。

按下式计算击实后各试样的干密度

$$\rho_d = \frac{\rho}{1 + w} \tag{3-33}$$

式中 ρ_d——干密度，g/cm^3，计算至 0.01 g/cm^3；

ρ——湿密度，g/cm^3；

w——含水率(%)。

按下式计算土的饱和含水率

$$w_w = \left(\frac{\rho_w}{\rho_d} - \frac{1}{G_s}\right) \times 100\% \tag{3-34}$$

式中 w_w——饱和含水率(%)；

G_s——土粒比重；

ρ_w——水的密度，g/cm^3；

其余符号含义同前。

ⓑ制图。

(i)以干密度为纵坐标、含水率为横坐标，绘制干密度与含水率的关系曲线。曲线上峰值点的纵、横坐标分别代表土的最大干密度和最优含水率(量)。如果曲线不能给出峰值点，应进行补点试验。

(ii)按式(3-33)计算数个干密度和按式(3-34)计算数个相应含水率，以含水率为横坐标、干密度为纵坐标，绘制 $\rho_d \sim w$ 关系图(见图 3-7)。

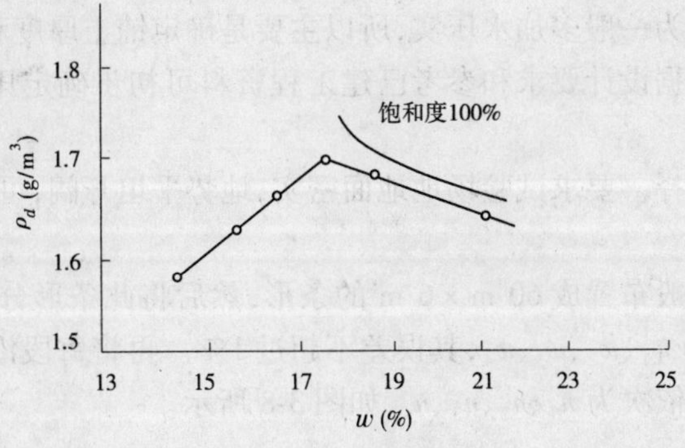

图 3-7 $\rho_d \sim w$ 关系曲线

ⓒ校正。

(i)在轻型击实试验中，当粒径大于 5 mm 的颗粒含量小于 30% 时，应按下式计算校正后的最大干密度

$$\rho'_{d\max} = \frac{1}{\frac{1 - \rho}{\rho_{d\max}} + \frac{\rho}{G_{s2}\rho_w}} \tag{3-35}$$

式中 $\rho'_{d\max}$——校正后的最大干密度，g/cm^3，计算至 0.01 g/cm^3；

ρ_w——水的密度，g/cm^3；

$\rho_{d\max}$——粒径小于 5 mm 试样的最大干密度,g/cm³;

ρ——粒径大于 5 mm 颗粒的密度;

G_{s2}——粒径大于 5 mm 颗粒的干比重。

(ⅱ)在轻型击实试验中,当粒径大于 5 mm 的颗粒含量小于 30%时,应按下式计算校正后的最优含水率

$$w'_{op} = w_{op}(1 - \rho) + w_2 \tag{3-36}$$

式中 w'_{op}——校正后最优含水率(%),计算至 0.01%;

w_{op}——粒径小于 5 mm 土粒的最优含水率(%);

w_2——粒径大于 5 mm 土粒的吸着含水率(%)。

(9)压实参数的选择及现场碾压试验。坝面的铺土压实,除根据土料的性质正确选择压实机具外,还应合理地确定黏性土料的含水量、铺筑厚度、压实遍数等各项压实参数,以便使坝体达到要求的密实度,而消耗的压实功能又最少。由于影响土料压实的因素很复杂,目前还不能通过理论计算或由实验室确定各项压实参数,宜通过现场压实试验进行选择,现场压实试验应在坝体填筑以前,土料和机具确定的情况下进行。

①压实标准。土坝的压实标准是根据设计要求通过试验提出来的。对于黏性土,在施工现场是以干密度作为压实指标来控制质量标准的。对于非黏性土,则是以土料的相对密度来控制的。由于在施工场地用相对密度来进行施工质量控制不便,往往将相对密度换算成干容重作为现场控制质量的依据。

②压实参数的选择。当初步选定压实机具类型后,即可通过现场碾压试验进一步确定为达到设计要求的各项压实参数。对于黏性土,主要确定含水量、铺土厚度和压实遍数;对于非黏性土,因为一般多加水压实,所以主要是确定铺土厚度和压实遍数。

③碾压试验。根据设计要求和参考已建工程资料可初步确定压实参数,并进行现场碾压试验。

(ⅰ)试验场地的选择。要求试验场地地面密实,地势平坦开阔,可在建筑物附近或在建筑物的不重要部位。

(ⅱ)场地布置。一般布置成 60 m×6 m 的条形,然后将此条形分为 4 段,每段长度 15 m,各段含水量依次为 w_1、w_2、w_3、w_4,其误差不超过 1%。再将每段沿长边等分为 4 块,段内各块规定碾压遍数依次为 n_1、n_2、n_3、n_4,如图 3-8 所示。

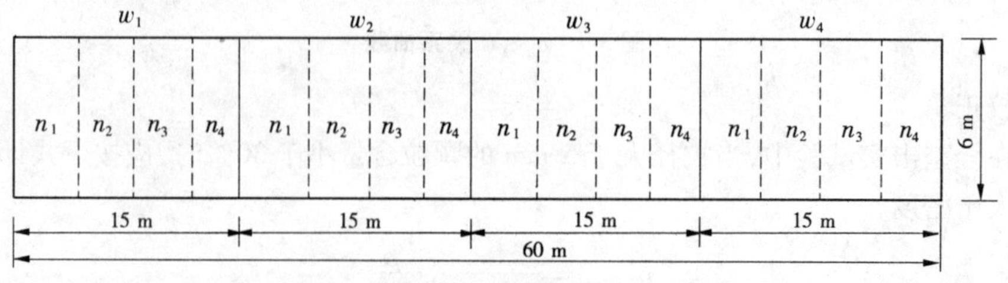

图 3-8 土料压实试验场地布置示意图

压实试验土料的含水量应根据土性分别确定。黏性土料一般采用 4 种含水量:$w_1 = w_P - 4\%$,$w_2 = w_P - 2\%$,$w_3 = w_P$,$w_4 = w_P + 2\%$。w_P 为土的塑性下限。

土料的含水量应与设计规定的最优含水量一致。误差的范围为3%。

若取土场的土料含水量小于最优含水量，即土料中应加水。土料的加水工作可预先在土场取土，在施工过程中或在运土期间进行，也可综合采用这些方法。

在取土场加水时，所加的水量应稍多一些，以使土料运到工地时，仍具有合乎设计要求的含水量。

填筑地点的土料加水可用喷嘴浇水法。但不得使用过湿的土料填筑土坝。土场的土料过湿应预先挖翻晾晒。

试验的铺土厚度和碾压遍数，可参照表3-14的数据使用。

表3-14 试验的铺土厚度和碾压遍数

序号	压实机具名称	铺松土厚度（cm）	碾压遍数 n	
			黏性土	非黏性土
1	80型履带拖拉机	10－13－16	6－8－10－12	4－6－8－10
2	10 t平碾	16－20－24	4－6－8－10	2－4－6－8
3	5 t双联羊脚碾	19－23－27	8－11－14－18	
4	30 t双联羊脚碾	50－58－65	4－6－8－10	
5	13.5 t振动平碾	50－75－100－150		
6	25 t气胎碾	28－34－40	4－6－8－10	2－4－6－8
7	50 t气胎碾	40－50－60	4－6－8－10	2－4－6－8
8	2～3 t夯板	80－100－150	2－4－6	2－3－4

(iii)现场碾压试验记录。试验时依次按规定碾压遍数进行碾压。将每段压 n 遍的小块各取9个试样，组成一组。依次对各段压 n_2、n_3、n_4 遍的小块各取9个试样，组成相应的组。然后分别测定其含水量和干容重。以上试验在同一铺土厚度下进行，如果要确定不同铺土厚度压实参数，试验应在不同铺土厚度的地段进行，试验土料的土质、含水量应与筑坝土料一致。现场碾压试验记录可填入干容重测定成果表。

根据上述碾压试验成果，进行综合整理分析，以确定满足设计干容重要求的最合理的碾压参数。其步骤如下：根据干容重测定成果表，绘制不同铺土厚度、不同压实遍数土料含水量和干密度的关系曲线；从图中查出最大干密度对应的最优含水量，填入最大干密度与最优含水量汇总表；根据表绘制出铺土厚度、压实遍数和最优含水量、最大干密度关系曲线；根据设计干容重 γ_d，从图中曲线上分别查出不同铺土厚度时所对应的压实遍数 a、b、c 和最优含水量 d、g、f，分别计算 h_1/a、h_2/b 及 h_3/c 之值（即单位压实遍数的压实厚度）进行比较，以单位压实遍数的压实厚度最大者为最经济合理。

对非黏性土料的压实试验，也可用上述类似的方法进行，但因含水量的影响较小，也可不作考虑。根据试验结果，按不同铺土厚度绘制干密度与压实遍数的关系曲线，然后根据设计干密度即可由曲线查得在某种铺土厚度情况下所需要的压实遍数，再选择其中压实工作量最小的,即以单位压实遍数的压实厚度最大者,取其铺土厚度和压实遍数作为施工依据。

选定经济压实厚度和压实遍数后,应首先核对是否满足压实标准的含水量要求,然后将选定的含水量控制范围与天然含水量比较,看是否便于施工控制。否则可适当改变含水量和其他参数,有时对同一种土料采用两种压实工具、两种压实遍数是最经济合理的。

三、核子水分－密度仪对土坝现场测试的方法

利用核子法测定土石等材料的原位密度和含水量是一项迅速发展起来的无损快速检测技术。核子水分－密度仪分为表层型核子水分－密度仪和深层型核子水分－密度仪两种,现分别介绍如下。

(一)表层型核子水分－密度仪的使用和原理

1. 总则

利用γ射线源和γ射线探测器同时放置在被检测材料的表面,其间利用铅屏蔽,利用γ射线背向散测法测定被测材料表面的密度。或将γ射线源插入被测材料内一定深度,利用γ射线透射法测定该深度以上部位材料的密度。或将γ射线探测器和γ射线源平行向下,同步地插入被检测材料的相同深度,即利用γ射线透射法测定该深度处材料的密度。也可将中子源和热中子探测器同时放置在被测材料表面,利用快中子被氢原子慢化的方法测定被测材料的表层含水量。

用表层型核子水分－密度仪测定材料密度和含水量是一种间接物理测量方法。其测量依据是仪器所记录到的γ射线或热中子计数率分别与被测材料密度或含水量测量有确定的相关性。通过预先建立适合仪器进行密度或水分测量的标定曲线,可根据仪器现场测量所记录到的γ射线或热中子计数率按相对应的标定曲线确定被测材料的密度或含水量。

表层型核子水分－密度仪在出厂前已经过厂家标定,并用标定曲线或标准曲线的数学表达式和相关常数表示。厂家提供的仪器标定曲线应适合一般土石材料,混凝土和沥青混凝土在密度为 $1.2 \sim 2.7\ g/cm^3$、水分为 $0 \sim 0.6\ g/cm^3$ 的范围内测量。

由于厂家标定所采用的模拟密度和水分标样材料与现场被测材料化学成分上的差异,碾压施工工艺和测量条件不同,以及使用过程中仪器的电器与机械部件变化等因素,都会给测量结果带来一定的误差。所以,以表层型核子水分－密度仪在现场测试前和进行现场连续测试一定时间后,都应由用户进行现场标定,以便对仪器的测量结果进行校核。一般应每隔3~6个月进行一次现场标定。每当被测材料化学成分有明显改变时,应及时进行现场标定。

仪器经过一段时间的使用,其机械部件(如底板源杆和滑板)变形和磨损,会造成γ射线到达探测器的路径发生变化以及仪器内部探测器的灵敏性能改变。这些因素会造成仪器探测条件的改变,引起标定曲线的变化。仪器大修时探测器更换或机械部件的修正,也会造成仪器探测条件的改变,引起标定曲线的变化。因此,仪器需要定期或在大修后进行标定。仪器标定工作是一项要求很高的专业工作,需要专用的标定设备和仪器,并由具有相应资质的专门机构进行。大修的间隔时间一般为18个月。

2. 基本要求

(1) 表层型核子水分－密度仪的使用、保管、运输和报废应符合国家辐射防护有关法规和标准的规定。

(2) 在现场测试前或对仪器工作状态产生怀疑时，都应对仪器标准计数进行测量和检验。检验合格后方可使用。

(3) 每次测量标准计数所采用的方式和测量条件完全相同，并符合仪器使用说明书的有关要求。

(4) 标准块可放置在干燥、平坦的压实土石、混凝土、沥青混凝土和其他建筑材料表面，其密度不宜小于 1.6 g/cm^3，含水量不宜大于 0.24 g/cm^3。对某些型号的仪器，标准块也可放在所配置的运输箱子上。

(5) 进行标准计数测量时，将仪器放置在标准块上，并将仪器杆打在安全位置，标准块表面和仪器底面应无油垢、尘土，使两者有良好接触。

(6) 进行标准计数测量时，仪器周围 8 m 以内不应有放射源，3 m 以内不应有大型建筑，测量人员应与仪器保持 2 m 以上距离。

(7) 当室外温度很高时，仪器应放在现场放置 20 min 后进行标准计数测量，测取标准计数的环境温度与现场测量的环境温度应相近似，测试当日温度变化很大时，宜在现场测试过程中适当增加标准计数测量次数。

(8) 在仪器整个使用期间应完整记录和保留仪器标准计数及有关资料(如时间、地点和环境等)，并建立档案长期保存。

3. 标准计数检验

(1) 标准计数手动单次测量方法测取标准。如果新测取的密度或水分标准计数符合下列规定，视为合格，否则视为不合格

$$|n - n_0| \leq 2.0\sqrt{n_0/f} \tag{3-37}$$

式中 n——新测取的密度或水分标准计数；

n_0——仪器先前已测取的 4 个密度或水分标准计数的平均值；

f——预置比例因子。

(2) 用手动单次测量方法所测取新的标准计数的密度或水分标准，计数分别符合下式的规定范围，则为合格，否则视为不合格

$$|n - n_0| \leq 0.01n_0 \tag{3-38}$$

$$|n - n_0| \leq 0.02n_0 \tag{3-39}$$

(3) 如密度还没有测取和储存合格的标准计数，或者已有，但是在两个月以前测取的，或者新的测量地区其环境放射性本底有明显异常，则都应先重新测取 4 个密度或水分标准计数并取其平均值，再进行检验。

(4) 自动连续多次测量方法测取标准计数的检验。用自动连续多次测量方法测取新的标准计数的密度或水分标准计数，若符合下式的规定，则为合格，否则视为不合格

$$0.75 \leq \frac{\sigma}{\sqrt{n/f}} \leq 1.25 \tag{3-40}$$

式中 n——新测取的密度或水分标准计数,即一组所有单次测取的密度或水分标准计数的平均值;

σ——该组单次测取的密度或水分标准计数的标准差;

f——预置比例因子。

综合上述,应根据仪器的型号进行标准计数的检验。如果第一次不合格可再次检验,其间可让仪器开机稳定一段时间,再进行标准计数,如不符合应及时纠正后再连续检验。如果多次检验不合格,则视为该仪器不能正常工作,需要检查和修理。

4. 现场标定的要求

1) 一般规定

(1) 在不同的被测材料和不同的测量条件下,仪器在现场测试前应进行现场标定。相同被测材料在相同测量条件下进行现场连续测试时,每隔 3 ~ 6 个月应进行一次现场标定。

(2) 仪器现场标定可采用密度和水分取样法,也可采用原位取样法。

(3) 仪器现场标定所采用的被测材料和所处的测量条件应与仪器现场测试时被测材料和测量条件相同。被测材料的密度或水分(含水量)范围应包含现场测试中被测材料的密度和含水量变化范围。

(4) 现场标定时仪器应距其他辐射源 8 m 以上,应距大型建筑物 3 m 以上,仪器操作人员在测量过程中应与仪器保持 2 m 以上距离。

(5) 现场标定时,仪器测量时间应取 4 min。

2) 密度和水分标样法现场标定要求

(1) 应采用现场被测材料和使用钢模板制作密度和水分标样,标样应不小于以下尺寸:

背向散射法密度测量:600 mm × 450 mm × 250 mm;

投射法密度测量:600 mm × 450 mm × 350 mm;

水分测量:600 mm × 450 mm × 350 mm。

(2) 密度和水分标样数量分别应有 3 个。

(3) 土石材料密度标样制备应准备 3 个容器,其尺寸应符合(1)的规定。分别向容器内充填现场被测土石材料。充填时应保持原材料具有级配和分布均匀,并分层充填和夯实,分层厚度可为 50 mm 和 100 mm。直到将容器填满夯实到容器顶面并最后刮平。测量容器充填体积和称量所充填的土石材料质量,可计算出每个密度标样的密度。密度值的误差应在 0.005 g/cm^3 范围以内。

(4) 土石材料水分标样制备应准备 3 个容器,其尺寸应符合(1)的规定。分别向容器内充填现场被测土石材料,充填时应分层充填和压实,并使其密实程度与现场情况大体相同。分层厚度为 50 mm 或 100 mm,直到将容器填满压实到容器顶面并最后刮平。充填完成后,应用塑料薄膜覆盖其表面。当仪器对以上各个水分标准测量完成后,应取样并采用烘干法测定出每个水分标样的含水量。

3) 标样法密度现场标定应符合的规定

(1) 仪器开机经预热和自检程序进入工作状态,测量和输入合格的密度标准计数。

(2)将仪器分别放置在已制备好的土石材料的3个密度标样表面,使仪器底面与标样表面在长边方向相一致,并且其位置前后和左右分别对称。

(3)根据土石材料标样不同,应分别对每个材料采用现场选择的测量深度,并采用4 min测量时间,启动仪器,测取3次密度值,取其平均值作为测量结果。

(4)计算每个水分标样的仪器含水量。测量结果与标样实际含水量差值的平均值为仪器含水量测量结果的校正偏差。

5. 原位取样法现场标定

(1)根据被测试材料的种类和性质,可采用不同的原位取样方法,对土石材料的密度测量,可采用灌砂法或环刀法,含水量测量可采用烘干法。

(2)现场标定应选择有代表性的测点,仪器测试与原位取样应在相同位置进行,并在仪器测量后立即进行原位取样。

(3)原位取样法所取心样应为直径200 mm的圆柱体。该圆柱体应正好坐落在仪器γ射线源和γ射线探测器的中间位置。当采用背向散射法密度测量时,圆柱体高度可为75 mm左右,当采用投射法密度测量时,圆柱体高度应为仪器测量深度,当进行含水量测量时,圆柱体高度可为150 mm左右。

(4)可采用相关法确定仪器密度和含水量测量结果分别与原位取样法密度和含水量测量结果的相对关系,对比测定应不少于30个,且相关曲线的相关系数不小于0.9。

6. 原位取样法现场标定规定

(1)仪器开机经预热和自检后进入工作状态,按照规定测取和输入合格的密度和水分标准计算。

(2)在选定测量位置上放置好仪器,对被测材料土石分别采用现场测试深度和采用4 min测量时间,启动仪器进行密度和含水量测量,记录相应的密度和含水量测量结果。

(3)进行原位取样,并将所取试样送实验室测定密度和含水量。

(4)整理和绘制原位取样法密度和含水量测量结果分别与仪器密度和含水量测量结果的相关曲线。

(5)计算所有测点的原位取样法密度测量结果的平均值和仪器密度测量结果的平均值,取两者的差值作为仪器在采用该测量深度时密度测量结果的校正偏差。

(6)计算所有测点的原位取样法含水量测量结果的平均值和仪器含水量测量结果的平均值,取两者之差作为仪器含水量测量结果的校正偏差。

(二)表层型核子水分-密度仪的现场测试

1. 一般规定

(1)现场测试前应检查仪器电源状况,如不能满足现场测试的需要,应及时充电或更换干电池。

(2)现场测试前应对仪器的各项测量功能进行检查,检查结果应符合仪器使用说明书的要求。

(3)现场测试前应按规定进行标定。

(4)现场测试前测取和检验仪器的标准计数,检验合格方可使用。

(5)现场测试前应按被测试材料种类、碾压层厚度、现场标定所确定的校正偏差和测量精度要求等设计和设备仪器相关测量参数。

(6)现场测试时仪器测量地点周围 8 m 以内不应有任何放射源,3 m 以内不宜有大型建筑物,仪器测量人员在测试过程中宜与仪器保持 2 m 以上距离。

(7)当仪器在沟渠内测试时,应按仪器说明书要求确定适合仪器测量的沟渠最小宽度。当沟渠宽度小于规定宽度时,仪器测量结果应按仪器说明书中要求进行校正。

(8)对土石密度测量,仪器测量深度应稍大于或等于碾压层厚度。对薄层压实密度测量,仪器背向散射法测量深度大于该薄面层厚度,应按仪器使用说明书要求对该仪器测量结果进行校正。

(9)当碾压层厚度大于或等于 100 mm 时,宜采用透射法密度测量方式。当被测材料不宜或不易成孔时,则可采用背向散射法密度测量方式。

(10)采用背向散射法测量密度时,测量时间应不少于 1 min。无论采用背向散射法或是透射法,只要是包含有含水量测量,测量时间均不应少于 4 min。如进行单一的含水量测量,仪器源标宜设置在背向散射法测量位置。

(11)仪器测量精度和测量误差应符合工程实际要求。仪器测量精度和误差分析如下:

测量精度。仪器测量精度是指仪器测量计数一个标准差幅度的变化量所引起的密度或含水量测量值变化量。仪器测量精度取决于仪器测量计数标准差和仪器标准曲线斜率,应按下式计算

$$\rho = \frac{\sigma}{s} \tag{3-41}$$

式中 ρ——仪器密度或水分测量精度,g/cm^3;

σ——仪器密度或水分测量计数的标准差;

s——密度或水分测量标定曲线斜率计数,g/cm^{-3}。

对密度测量而言,仪器测量计数与被测材料密度是非线性相关,不同密度在密度标定曲线上对应斜率 s 是不同的。对确定的仪器,测量计数标准与测量计数相关,给定仪器测量精度应同时说明被测材料的密度、含水量、测量时间和测量计数。延长测量时间和增大测量计数可减小测量计数的标准差,提高仪器的测量精度。

仪器测量精度可按以下任一种方法计算:

①对有确定精度和含水量的被测材料,固定仪器测量位置进行连续多次测量,如 10 次或 20 次,分别计算出仪器密度或水分测量计数标准差 σ;再根据被测材料密度或含水量,分别查出密度或水分标定曲线上对应的斜率 s,分别计算出仪器密度或含水量测量精度。

②对有确定密度和含水量的被测材料,固定仪器测量位置进行一次性测量。若其密度和水分测量计数为 N,则以公式 $\sigma=\sqrt{N}$ 估算密度或水分测量计数标准差 σ,再根据被测材料密度或含水量,查出密度或水分标定曲线上对应的斜率 s,分别计算仪器密度或水分测量精度。对直读式仪器,其测量精度可采用下列方法直接确定,即对有确定密度或含水量的被测材料,固定仪器位置进行多次测量,计算出该组的密度值或含水量值的标准差,即为仪器测量精度。

对表层型核子水分－密度测量精度一般要求是：当被测材料密度为 2.25 g/cm^3 时，采用背向散射法测量应在 ±0.018 g/cm^3 范围以内，采用透射法测量应在 ±0.005 g/cm^3 范围以内。水分测量精度一般要求是当被测材料含水量为 16% 时应在 ±0.5% 范围以内，检验和新设置仪器标定出线时应确定仪器测量精度，而这项工作应由专业人员来进行。

测量误差。仪器测量误差是指仪器密度或含水量测量值分别与被测材料密度或含水量值之间的偏差。现场测量中，对表面型核子水分－密度仪除仪器测量精度带来的测量误差外，还会有被测材料化学成分变化、侧面不平整，以及人为操作不当等因素带来的测量误差。经现场标定的仪器，进行测试时，对密度误差应在 ±0.03 g/cm^3 范围以内。对含水量测量，当含水量小于 40% 时，测量误差应在 ±1% 范围内；当含水量等于或大于 40% 时，测量误差应在 ±2% 范围内。

(12)现场测试中的仪器使用、保养和运输应符合以下辐射防护安全的要求：

①凡使用核子水分－密度仪的单位均必须办理和取得“放射性同位素工作许可证”和“放射性同位素工作登记证”，并且操作人员应办理和取得“放射性工作人员证”。

②仪器应由受过专业培训的人员使用、维护、保养和保管，严禁拆装仪器内放射源。

③测量时仪器放置地点 3 m 范围内应设置明显警戒线，无关人员应退至警戒线外，并应防止施工机械和其他车辆碰坏仪器。

④仪器在不使用时，应将表层型核子水分－密度仪的手柄置于安全位置，即将 γ 射线源收进铝或钨钢的防护套内，核子水分－密度仪应上锁，放在符合辐射安全规定的专门地方，并由专人保管。

⑤仪器操作人员在使用仪器时必须佩戴个人射线剂量计，监测和记录操作人员所受射线剂量，并建立个人辐射剂量记录档案。

⑥应由用户按厂家要求，或由具有相应资质的专业部门定期对仪器进行放射源泄露检查。一般应每隔 6 个月进行一次，检查结果不符合要求的仪器严禁再投入使用。

⑦仪器交付铁路、公路和民航等运输部门进行运输时，应有省或市、县一级卫生部门的辐射剂量检查证书，并按运输部门有关要求办理托运手续。自备车辆运输时，应有专人监护仪器在运输过程中的安全。

⑧一旦发生核子水分－密度仪被盗或发生仪器放射源损坏事故，有关单位的安全主管部门应立即上报所在地卫生、公安部门有关要求办公室进行协助事故调查和处理。

2. 土石材料密度和含水量现场测试

仪器测试前应做好现场测试前的检查和准备工作。

1)背向散射法

背向散射法测量应符合下列规定：

(1)测量场地准备：

①选择和确定测量位置。

②将测量表面浮土清除干净，使其露出被测土材料表面。

③用导板等工具平整好测点表面，平整面大小以能安放下仪器底面为宜。

④对不易平整的凹地、凸地等不平处，应使用相同的细粒土或细砂填补，填补料厚度

不宜大于 3 mm,填补面积不宜大于仪器底面积的 10%,最后用导板刮平。

(2)仪器测试:

①将仪器放在已准备好的测量表面,仪器底面应与测量表面良好接触。

②检查和确认仪器测量参数设置后,将仪器源杆设置到背向散射法测量位置。

③启动仪器进行测试。在测试过程中,测量人员应退到离仪器 2 m 以外的距离。

④按规定表格填写密度和含水量测试结果数据、相关参数和有关内容。测试结束后,应立即将仪器源杆退回安全位置。

2)透射法

透射法测量应符合下列规定:

(1)做好测量场地的准备。

(2)做好测孔准备和仪器安装位置标记:

①用平板、铁锤和钢针在已准备好的测量表面上按预定测量深度造一个测孔,该测孔应垂直于测量表面。

②在钢针没有推出的情况下,以导板四角为定位标志,画好仪器安放位置标记线。

(3)仪器测试:

①按照已画好的定位标志线,将仪器准确地放在测点位置。

②检查和确认仪器测量参数设置后,将仪器源杆缓缓向下插入测孔至预定测量深度,在源杆下插过程中应避免扰动孔壁和防止测孔坍塌。

③以源杆为轴,左右稍微转动仪器,使仪器平稳地坐落在测面上,其底面应与测顶面良好接触,再轻轻挪动仪器,使源杆紧贴最近仪器 γ 射线探测器一侧的孔壁。

④启动仪器进行测试。在测试过程中测量人员应退到离仪器 2 m 以外的距离。

⑤按规定记录和填写密度与含水量测量结果数据、相关参数和有关内容。测试结束后应立即将仪器源杆退回安全位置。

当采用背向散射法和 200 mm 以内深度的透射法密度测量时,被测土材料最大粒径不宜大于 20 mm;当采用 200 mm 以上深度的透射法密度测量时,被测土料最大粒径不宜大于 40 mm。

当被测土料存在个别超大粒径颗粒或空洞时,应采用以下方式进行校正:在同一测点将仪器沿源杆转动 180°进行第二次测试,如果两次干密度读数差值在 ±0.09 g/cm^3 范围内,应将仪器分别转动到 190°和 270°的位置,再进行两次测试,取四次读数的平均值作为仪器测量结果。

(三)深层型核子水分-密度仪现场测试

1.总则

将深层型核子水分-密度仪探棒通过钻孔和测量导管放至地面下预定深度,分别采用 γ 射线法和快中子被氢原子慢化法测定材料原位密度和含水量,以及固定在同一测点进行重复性测量,监测被测材料的密度和含水量变化。

深层型核子水分-密度仪在出厂前,应经过厂家标定,并应同时具备产品合格证和厂家标定报告。

深层型核子水分-密度仪在用于现场测试前应由用户进行现场标定。当检测材料的化学成分明显变化时，亦应及时进行现场标定。

深层型核子水分－密度仪每隔几个月或大修后应由有资质的机构进行检定，检定合格后可继续使用。

使用这种仪器进行现场测试时，除应符合规程外，尚应符合国家现行有关标准的规定。

深层型核子水分－密度仪的使用、保管、运输和报废应符合国家辐射防护有关法规和标准的规定。

2. 标准计数

1）基本要求

（1）在现场测试前或对仪器工作状态产生怀疑时，都应对标准计数进行测量和检验，检验合格后方可使用。

（2）用于采取标准计数的参数标准体可采用仪器辐射防护体，也可采用充水圆桶，该圆桶内径应不小于 500 mm，高度应不小于 1 000 mm。

（3）每次测量标准计数采用的方式和测量条件应完全相同，并符合仪器使用说明书的有关要求。

（4）在测量标准计数时，仪器周围 10 m 以内不应有放射源，3 m 以内不应有大型建筑物，测量人员应与仪器保持 2 m 以上的距离。

（5）测取标准计数时，仪器周围环境温度应与现场测试时环境温度相近，宜在 10～30 ℃范围。

（6）在仪器使用期间，应完整记录并保留仪器标准计数测量结果及相关资料，如时间、地点、条件和环境等，并建立档案长期保留。

2）标准计数的检验

（1）手动单次测量方法测取标准计数的检验应符合下列规定：

①在测取新的标准计数时，如新测取的密度或水分标准计数符合式（3-37）规定的范围，则该新测取的密度或水分标准计数为合格，否则视为不合格。

②用手动单次测量方法测取新的标准计数时，如新测取的密度和水分标准计数分别符合式（3-38）、式（3-39）的范围，则该新测取的密度或水分标准计数为合格，否则视为不合格。

③如仪器此前还没有存储过合格的标准计数或者已有但是在 2 个月以前测取的，或者新的测量地区其环境放射性本底有明显异常，则都应重新测取 4 个密度或水分标准计数，并取平均值，再按式（3-43）、式（3-44）的规定，对以后新测取的标准计数进行检验。

（2）自动连续多次测量方法测取标准计数的检验应符合下列规定：用自动连续多次测量方法测取新标准计数，如新测取的密度或水分标准计数符合式（3-40）的规定范围，则该新测取的标准计数为合格，否则视为不合格。

（3）根据仪器型号，按规定进行仪器的标准计数的检验。如第一次检验不合格，可再次检验，期间可让仪器开机继续稳定一段时间再检验，并应按规定检查标准计数测取条件，如不符合，应及时纠正后再继续检验。如多次检验不合格，则认为仪器有故障，需要检查和修理。

3. 现场评定

1) 一般规定

(1) 当仪器储存的标准曲线(包括厂家的标定曲线)不适合于现场被测材料和拟采用的测取导管时,仪器应重新进行现场标定。

(2) 现场标定可采用密度和水分标定法,也可采用原位取样法。

(3) 仪器现场标定所采用的被测材料和所处的测量条件应与仪器现场测试时的被测材料和测量条件相同。现场标定时,被测材料的密度和含水量范围应包含仪器现场测试中被测材料的密度和含水量变化范围。

(4) 采用原位取样法进行仪器现场标定时所采取土样的数量不宜少于 20 个。

(5) 原位取样法现场标定不宜在大雨后或暴热天气进行,现场测点应有代表性,在仪器测量和原位取样期间,被测地层的含水量分布稳定。

(6) 原位取样法现场标定时,在沉放仪器探棒前应采用空白探棒检查测量导管,测量导管的测量管应通畅无积水。

(7) 现场标定时,仪器测量时间应采用 4 min。

(8) 现场标定所获得的仪器标定曲线可用曲线或表格表示,也可采用数学表达式及相关标定常数表示。对设置有标定曲线常数计算和输入功能的仪器,可借助仪器完成标定曲线常数计算和输入工作。

2) 密度和水分标样法规现场标定

(1) 密度和水分标样制作应符合下列规定:

①密度和水分标样宜采用圆柱法,标样应不小于以下尺寸:

密度标样:ϕ600 mm×1 000 mm;

水分标样:ϕ1 000 mm×1 000 mm。

②密度标样的数量应有 3 个,即高、中、低密度;水分标样应有 2 个,即高、低含水量,其中的低含水量可为零。

③土料密度标样制作应准备 3 个容器,其尺寸应符合①的规定,在容器中央应预先固定好现场测试拟采用的测量导管,分别向容器内充填土料,充填时应分层充填和夯实,分层厚度可为 50 mm 或 100 mm,直到将容器填平;应通过控制每层充填料的质量和夯实程度制作不同密度的土标样;测量容器充填体积和称量充填的土料的质量可计算出每个标样密度,密度值误差应在 ±0.005 g/cm^3 范围内。

④土料水分标样的制作应准备 2 个容器,其尺寸符合①的规定,在容器中央应预先固定好现场测试拟采用的测量导管,分别向容器内充填含有一定水分的土料,充填时应分层充填和夯实,分层厚度可为 50 mm 或 100 mm,直到将容器填平;通过控制土料的密度,并在仪器标定测量完成后,应从容器里取样,用烘干法测定和计算每个标样的含水量,含水量误差应在 ±0.005 g/cm^3 范围以内。

(2) 标样法密度现场标定应符合下列要求:

①仪器开机,经预热和自检程序,进入工作状态,应按规定测取和输入合格的密度标准计数。

②应选择一套已制作好的土料的密度标样。仪器测量时,探棒应插在标样的测量导

管中,并应使探棒的测量灵敏区位于标样半高处。

③应采用4 min测量时间,启动仪器分别测取各个密度标样的密度测量计数。

④应将每个密度标样测取密度测量计数换算成相应的计算比 *CR*,并以每个标样的密度值为横坐标,以相对应的 *CR* 值为纵坐标,在半对数坐标纸上绘制仪器密度标定曲线。对于设置有计算和输入标定曲线功能的仪器,可按仪器使用说明书要求输入密度标定试验结果有关数据,并记录仪器计算出来的密度测量标定曲线的相应标定常数。

(3)标定法水分现场标定应符合下列要求:

①现场标定地点的选择。应在测试现场选择几处有代表性的测点,在这些测点深度方向密度应有较大的变化范围,而且含水量分布稳定。

②钻孔和测量导管的埋设。钻孔可采用套筒式或麻花式取土钻,取土钻的直径与拟埋设的测量导管外径相同,所钻钻孔应垂直并达到预定测量深度,测量导管下端应封口,并宜为锥状,应将测量导管插入钻孔内,用木槌轻轻敲打至预定深度,测量导管露出地面高度以100~200 mm为宜。

③应使用空白探棒检查测量探管。

④仪器准备和测量。仪器开机,经预热和自选进入工作状态,应按规定测取和输入合格的密度标准计数,将仪器架在测量导管之上,再将探棒沉放到测量导管的预定位置,使探棒的测量灵敏区位于拟定测量深度位置并固定好探棒,采用4 min测量时间,启动仪器,测取相应的密度测量计数。

⑤原位土样钻取和土样密度室内测定,可采用以下任一种方法来钻取原位土样。第一种方法是使用直径和测量导管外径相同的套筒式或麻花式取土钻,在埋设测量导管的钻孔过程中,在各个拟定测量深度上钻取土样。第二种方法是仪器在测量导管内进行标定测量后,在距离测量导管100 ~200 mm范围内,用套筒式或麻花式取土钻在各个测量深度上的导管两侧钻取土样一对,所取土样应送实验室测定土样密度。密度值误差应在 $\pm 0.01\ g/cm^3$ 范围内。

⑥密度标定曲线计算、整理和表示方法。应将各个测量深度上仪器记录到的密度测量计数换算成相应的计算比 *CR* 值,并以测量导管每个测量深度上所取土样的密度值为横坐标,以其相对应的计算比 *CR* 值为纵坐标,在半对数纸上绘制仪器密度标定曲线。密度标定曲线也可用数学表达式和相应标定常数表示。

(4)原位取样法水分标定应符合下列要求:

①现场标定地点的选择。应在测量现场选择几处有代表性的测点,在这些测点沿深度方向含水量应有较大的变化范围,且含水量分布稳定。

②钻孔和测量导管的埋设应按规定进行。

③应使用空白探棒检查测量导管。

④仪器准备和测量。将仪器开机经预热和自检进入工作阶段。按规定测取和输入合格的水分标准计数;应将仪器架在测量导管上,再将探棒沉放到测量导管的预定位置,使探棒的测量灵敏度区位于拟定的测量深度位置,并固定好探棒,采用4 min测量时间。启动仪器测取相应的水分测量计数。

⑤原位土样钻取和土样含水量室内测定。原位土样钻取应按规定进行,所取土样应

送实验室测定土样含水量。

⑥水分标定曲线计算、整理和表示方法。应将各个测量深度上仪器记录到的水分测量计数换算成相应的计数比 *CR* 值,并以测量导管每个测量深度上所取土样的含水量为横坐标,以其相对应的计数比 *CR* 值为纵坐标,在普通坐标纸上绘制水分标定曲线。水分标定曲线也可采用数学表达式和相应标定常数表示。

(四)深层型核子水分-密度仪现场测试的要求

1.一般规定

(1)现场测试前应检查电器电源储电状况,如不能满足现场测试要求,应及时充电或更换干电池。

(2)现场测试前应对仪器的各项测量功能进行检查,检查结果应符合仪器使用说明书要求。

(3)现场测试前应按规定测取和检验仪器标准计数,检验合格后方可使用。

(4)同一测量地区如地下土层地质和成分相同或相近,现场测试中可采用同一条密度或水分测量标定曲线;如土质和成分上有较大差异,应采用适合于这些不同土质的测量标定曲线。

(5)现场测试前仪器应采用拟定的测量导管针对测量地区不同土壤进行现场标定,获得一条或若干条适合于现场测试的密度和水分测量标定曲线。

(6)在将仪器探棒沉放到测量导管内前,使用空白探棒检查测量导管。

2.土材料密度和含水量现场测试

(1)仪器测量前准备。应做好仪器测量前的检查和准备工作。

(2)测量场地的准备。应选择有代表性的测量地点,平整测点及周围,架好工作平台。

(3)钻孔和测量导管埋设。应依据被测材料性质、测量深度选择合适的钻孔工具进行钻孔和测量导管的埋设。

(4)应使用空白探棒检查测量导管。

(5)仪器测试的要求:

①仪器开机经预热和自检进入工作状态,测取和输入合格的水分标准计数。

②应将仪器架在测量导管上,将探棒沉放至测量导管内预定深度。

③对具有标定曲线设置功能的仪器,应预先设置合适的密度和水分测量标定曲线,按设置的测量时间启动仪器进行密度和含水量测试,并按规定表格记录和填写密度及含水量测试结果、相关参数和有关内容。

(6)现场测试结果的确定:

①对具有标定曲线设置功能的仪器,可直接记录到密度和含水量测试结果,确定现场测试结果。

②如标定曲线无法输入仪器内,可根据仪器记录到的密度和水分测量计数,计算出对应的计算比 *CR* 值,再分别根据仪器所适应的密度和水分标定曲线的围线和表格查出所对应的被测土料的密度和含水量测试结果。

(7)现场测试结果影响因素的处理应符合下述规定:

①现场测试所选择的测量标定曲线不适合于现场被测材料和测量导管时，应检查被测材料化学成分和核对测量导管材质和尺寸，并针对该种被测材料和该种测量导管进行现场标定，重新建立测量标定曲线。

②被测材料不均质时，应通过钻孔查看不同深度土层的地质情况，针对不同质地的土层选择更适合的测量标定曲线。

③测量导管周围存在超大粒径和空洞时，应记下测量结果及现场异常现象的相应深度，在现场测试完毕后，用取土器在该深度取样，检查该处超大粒径或空洞存在的情况，并对测量结果予以说明。

④测量导管有接头时，应在埋设测量导管时记录下各个接头部位深度，并避免在该部位测量。

（五）使用核子水分－密度仪（表层、深层）现场测试的基本要求

（1）由于放射性衰变，仪器的 γ 射线源和中孔源的活度会随时间逐渐减弱，同时可推移仪器内部线路和元件也会老化，使得仪器工作点源漂移；同时，不同地区环境的反射性本底也不同。因此，仪器测量计数有一定的不准确性。采用相对法测量（即采用测量计数与标准计数的比值即计数比 *CR*）来表示仪器的测量结果，即可消除以上因素对测量结果的影响。

（2）化学成分误差：

①现场被测材料中原子序数高于 20 的元素（如铁或其他重金属元素）含量偏高会使仪器的密度测量结果高于实际值。

②现场被测材料中有机物形成的氢、水化物或结晶水形态的氢含量偏高，会使仪器含水量（游离水）测量结果高于实际值。

③现场被测材料中有机物氯、硼和镉元素等热中子吸收物质含量偏高，会使仪器含水量测量结果低于实际值。

（3）当采用 γ 射线背向散射法测量材料密度时，其测量深度与仪器测量结构和材料密度大小有关。某些型号仪器的测量深度可为 38 mm，甚至可达 50 mm，可用于混凝土路面薄层测量。对同一仪器，被测材料密度愈大，则测量深度愈小。当采用 γ 射线透射法测量材料密度时，其测量深度取决于仪器源杆插入深度。对大多数型号的表层型核子水分－密度仪，其最大测量深度为 300 mm。某些型号仪器最大测量深度可达 400 mm，甚至更大。当采用快中子慢化方法测量材料含水量时，其测量深度与被测材料含水量大小有关，含水量愈大，测量深度愈小。当被测材料含水量在 0.24 g/cm^3（或 24%）时，其测量深度为 150 mm 左右。

（4）仪器的测量体积既与仪器核探测条件和所采用的放射源射线能量有关，也和被测材料密度或含水量大小有关。对同一仪器在相同核探测条件下，被测材料密度或含水量愈大，仪器测量体积愈小；对相同的被测材料，在相同核探测条件下，仪器采用的放射源射线能量愈高，则仪器测量体积就愈大。

对于具有中等密度（1.8 g/cm^3 左右）和中等含水量的材料，当仪器采用铯 137（^{137}Cs）作为 γ 射线源，采用镅 241－铍（$^{241}Am-Be$）作为中子源时，仪器的测量体积范围大致是以探棒灵敏区为球心，半径为 200～250 mm 的球体。

(5)对一般的土壤和建筑材料,使用浅、深层型核子水分-密度仪进行密度测量,仪器测量获取的密度测量计数比 CR_0 与被测材料密度 ρ 之间关系可用下式表示

$$CR_0 = Ae^{-B\rho} - C \tag{3-42}$$

式中 A、B、C——密度测量标准常数,其中 A、C 与 γ 射线源活度和核探测量条件有关,B 与被测材料对 γ 射线的吸收特征有关;

ρ——被测材料的密度。

采用由高到低已知密度的 3 个密度标样,采用一定材质和尺寸的测量导管将仪器分别对以上每个密度标样测取密度测量计数,并换算成相应的计算比 CR。联立求解方程式(3-42)可得到密度测量标准常数 A、B、C,由于不同的被测材料以及不同材质和尺寸的测量导管对 γ 射线的吸收特性不同,核探测条件也不同,所以所对应的 A、B、C 也应不同。仪器微处理机可调出对应该被测材料和测量导管的一组密度测量标定常数 A、B、C,并按下式计算出被测材料的密度 ρ

$$\rho = \frac{1}{B}\ln\left(\frac{A}{CR_0 + C}\right) \tag{3-43}$$

同样,对一般土壤和建筑材料,仪器测量获取的水分测量计数比 CR_w 与被测材料含水量 w 之间的关系可采用下式表示

$$CR_w = Fw + E \tag{3-44}$$

式中 E、F——水分测量标定常数,与核探测条件以及被测材料和测量导管对中子的慢化吸收特性有关。

已知含水量的 2 个水分标样,采用一定材料和尺寸的测量导管,用仪器分别对以上每个水分标样测取水分测量计数,并换算成相应的计算比 CR_w。联立求解方程式(3-44),可得到水分测量标定常数 E、F,由于不同被测材料以及不同材质和尺寸的测量导管对于中子的吸收慢化特性不同,且探测条件也不同,所以所对应的 E、F 也不同。将对应不同被测材料和不同测量导管对某种被测材料测量,仪器测取并获得水分测量计数比 CR_w,仪器微处理机的功能就在于调出对应该种被测材料和测量导管的一组水分测量标定常数 E、F,并按式(3-45)计算出被测材料含水量 w

$$w = \frac{CR_w - E}{F} \tag{3-45}$$

式中符号含义同前。

厂家标定就是按以上方法采用精度较高的密度或水分标样。采用拟在现场测试中使用的测量导管对仪器进行密度或水分标定,确定相对应的密度标定常数如 A、B、C 和水分标定常数如 E、F。

20 世纪 70 年代的仪器,厂家标定结果仅能以图线和表格表示,需要查对图线或表格才能给出测量结果。20 世纪 80 年代以来,厂家给定结果能以数学表达式和相关标定常数表示,并储存在仪器的微处理机中,所以仪器可以直接读。

第四章　砌石坝实用检测技术

砌石坝工程可分为浆砌石坝和混凝土砌石坝，其所用的材料均是石料，故石料是砌石工程所用的主要材料，其质量优劣将直接影响砌石工程的施工质量，特别是砌石工程的安全和耐久性。为此，首先对材料的质量控制提出具体的要求。

第一节　砌石坝对材料的基本要求

一、对石料质量控制要求

(1)用于砌石工程的石料，其石质应新鲜、坚硬、密实、无裂纹，不含易风化的矿物颗粒，遇水不易泥化和崩解，含水饱和极限抗压强度应符合设计要求，软化系数宜在0.75以上。

(2)粗料石一般为矩形，应棱角分明，六面基本平整，同一面高度应控制在石料长度的1%～3%。长度宜大于50 cm，宽、厚应不小于25 cm，长厚比不宜大于3。异形石应经专门加工，且必须符合设计要求的特定形状尺寸。

(3)块石应有两个基本平行的面，且大致平整，无光角，薄边块厚宜大于20 cm。

(4)毛石无一定规则形状，单块重宜大于25 kg，砌坝用的毛石(用于坝体腹石部位)，其中部厚度不宜小于20 cm，同国家标准《砌体工程施工及验收规范》(GB 50203—98)规定的毛石中厚不宜小于20 cm保持一致。

(5)自行爆破采石，必须严格执行安全生产和安全操作规程，每次爆后应认真观察分析，了解爆后情况，及时处理瞎炮，清除危石，以保证后序作业的施工安全。

(6)对进场石料(成品料)应进行检查验收，并作为一项内部管理制度严格执行，以杜绝不合格料进入施工现场。

二、对胶结材料的质量控制要求

砌石工程所用材料应符合下列规定：

胶结材料是砌石坝工程的重要材料之一，针对水利工程砌石坝的特点，胶结材料有水泥砂浆和小骨料混凝土两种，其质量优劣直接影响砌石坝工程质量。因此，对胶结材料的质量控制应作为砌石坝工程的重点控制。因此，对胶结材料的质量控制提出以下要求：

(1)混凝土灌砌块石所用的石子粒径不宜大于20 mm。

(2)水泥强度等级不宜低于32.5级。

(3)使用混合材料和外加剂，应通过试验确定，混合材料宜优先选用粉煤灰，其品质指标参照有关规定确定。

(4)配制砌筑用的水泥砂浆和小石子混凝土，应按设计强度等级提高15%，配合比应通过试验确定，同时应具有适宜的和易性。

（5）砂浆和混凝土应随拌随用，常温拌成后应在 3 ~ 4 h 内使用完毕，如气温超过 30 ℃，则应在 2 h 内使用完毕。使用中如发现泌水现象，应在砌筑前再次拌和。

执行以上要求时应重视和掌握以下几个问题：

（1）胶结材料的施工配置强度 $f_{cu,o}$ 必须符合下式的规定：

$$f_{cu,o} = f_{cu,k} + 0.84\sigma \tag{4-1}$$

式中 $f_{cu,k}$——设计的胶结材料强度标准值，N/mm^2；

σ ——施工单位的胶结材料强度标准差，N/mm^2。

考虑到砌石工程胶结材料施工的不均匀性，对施工配制强度作出规定，以使胶结材料的强度保证率能满足 80% 的最低标准要求，即以上公式的要求。这是中华人民共和国成立以来水利工程一直沿用的行之有效的基本规定，也是施工单位为控制胶结材料强度能通过合格评定所采取的基本的技术措施。

式(4-1)中的胶结材料标准差 σ，应由强度等级、配合比相同和施工工艺基本相同的抗压强度资料统计求得，试块统计组数宜大于或等于 25 组。施工单位不具有近期胶结材料强度资料时，根据已建工程的经验，对强度等级小于 C20 的混凝土，其强度标准差可采用 4 N/mm^2(4 MPa)；对强度等级为 M7.5、M10、M15 等的水泥砂浆，其强度标准差可依次分别取用 1.88 N/mm^2、2.5 N/mm^2 和 3.75 N/mm^2。

（2）胶结材料配合比的设计与试验是以胶结材料的施工配置强度为依据。应通过优化对比试验，选择合理的配合比，并以质量比表示配合比，有利于现场对胶结材料组分计量允许偏差的控制，故施工现场的配合比不得用体积比代替。这是由于客观条件等影响因素较多，会导致配料组分材料的密度变化较大，造成胶结材料的配合比计量不准确，而使胶结强度等级达不到设计要求和强度离散性较大。胶结材料各组分的计量允许偏差如表 4-1 所示。

表 4-1　胶结材料各组分的计量允许偏差

材料名称	允许偏差
水泥	±2%
砂、砾（碎石）	±3%
水、外加剂溶液	±1%

（3）在胶结材料中掺用外加剂和粉煤灰对提高砌体强度十分有益，在水利工程中应用极为广泛。

胶结材料中掺用外加剂，可以减少水泥用量，降低水化热，调整凝结时间，改善施工和易性和抗渗、抗冻性能。外加剂产品应具有出厂合格证书、产品质量检验结果及使用说明；外加剂的包装应标示名称、规格、型号、净重及有效期，运输、储存过程中应有防止污染变质的有效措施，并应对进入现场的外加剂进行质量试验和掺量试验。

（4）胶结材料应采用机械拌制、运输，存放时间不宜过长且应随拌随用，这是对胶结材料施工的基本要求。

第二节　浆砌石坝与混凝土砌石坝的筑坝材料检测

一、石块含水率的试验方法

(一)采用方法与适用范围

岩块含水率试验应采用烘干法,并适用于不含结晶水矿物的岩石。

(二)试件应符合的要求

(1)保持天然含水率的试件应在现场采取,不得采用爆破或湿钻法。试件在采取、运输、储存和制备过程中,含水率的变化不得超过1%。

(2)每个试件的尺寸应大于组成石块的最大颗粒半径的10倍。

(3)每个试件的质量不得小于40 g。

(4)每组试件的数量不宜少于5个。

(三)试件描述

试件描述的类型和内容包括岩石的名称、颜色、矿物成分、结构、风化程度、胶结物理性质等,以及为保持试件含水状态所采取的措施。

(四)试验的步骤

(1)称量制备好的试件质量。

(2)将试件置于烘箱内,在105~110 ℃的恒温下烘干试件。

(3)将试件从烘箱中取出,放入干燥箱内冷却至室温,称试件质量。

(4)直到试件烘干至恒重为止,相隔24 h两次称量之差不超过后一次称量的0.1%。

(5)称量精确至0.01 g。

(五)试验成果的处理

(1)按下式计算石块含水率(精确至0.1)

$$w = \frac{m_0 - m_d}{m_d} \times 100\% \tag{4-2}$$

式中　w——石块含水率(%);

m_0——试件烘干前的质量,g;

m_d——干试件的质量,g。

(2)含水率试验记录应包括工程名称、试件编号、试件描述、试件烘干前后的质量。

二、颗粒密度试验方法

(一)相对密度(比重)的试验

1.采用的方法与适用范围

石块颗粒密度试验应采用比重瓶法,它适用于各类岩石的石块。

2.试件应符合的条件

(1)将石块用粉碎机粉碎成粉,使之全部通过0.25 mm筛孔,用磁铁吸去铁屑。

(2)对含有磁性矿物的石块,应采用瓷研钵或玛瑙研钵粉碎,使石粉全部通过0.25

mm 的筛孔。

3. 描述试件的内容

粉碎石前描述石块的名称、颜色、矿物成分、结构、风化程度、胶结物性质等及石块的粉碎方法。

4. 试验步骤

(1)将制备好的岩粉置于 105~110 ℃的恒温下烘干,烘干时间不得少于 6 h,然后放入干燥器内冷却至室温。

(2)用四分法取两份石粉,每份石粉质量为 15 g。

(3)将称好的石粉装入烘干的比重瓶内,注入试液(纯水或煤油)至比重瓶容积的一半处。对含水溶性矿物的石块,应使用煤油做试验。

(4)当使用纯水做试验时,应采用煮沸法或真空抽气法排除气体;当使用煤油做试液时,应采用真空抽气法排除气体。

(5)当采用煮沸法排除气体时,煮沸时间在加热沸腾后不应少于 1 h。

(6)当采用真空抽气法排除气体时,真空压力表读数宜为 100 kPa,抽至无气泡逸出,抽气时间不少于 1 h。

(7)将经过排除气体的试液注入比重瓶近满时,置于恒温水槽内,使瓶内温度保持稳定并使上部悬液澄清。

(8)塞好瓶塞,使多余试液自瓶塞毛孔中溢出,将瓶外擦干,称瓶、试液和岩粉的总质量,并测定瓶内试液的温度。

(9)洗净比重瓶,注入经排气体并与试验温度同温的试液至比重瓶内,排除气体和塞好瓶塞,将瓶外擦干净,称瓶和试液的质量。

(10)称量精确至 0.001 g。

5. 试验成果的处理

(1)按下式计算石块颗粒密度

$$\rho_g = \frac{m_0}{m_1 + m_0 - m_2} \cdot \rho_0 \tag{4-3}$$

式中 ρ_g——石块颗粒密度,g/cm³;

m_0——干石块粉质量,g;

m_1——瓶、试液总质量,g;

m_2——瓶、试液、石粉总质量,g;

ρ_0——与试验温度同温的试液密度,g/cm³。

(2)颗粒密度试验应进行两次平行测定,两次测定的差值不得大于 0.002 g/cm³,取两次测值的平均值。计算精确至 0.01 g/cm³。

(3)颗粒密度试验记录应包括工程名称、试验编号、试件描述、比重瓶编号、试液温度、试液密度、干石粉密度、干石粉质量、瓶和试液总质量以及瓶、试液和石粉总质量。

(二)石块体密度试验方法

石块体密度试验的方法有三种,即量积法、水中称量法和蜡封法。

1.适用范围与要求

(1)凡能制备成规则试件的各类岩石均可采用量积法。

(2)除遇水崩解、溶解和干缩湿胀性岩石外,均可采用水中称量法。

(3)不能用量积法和水中称量法进行测定的石块可采用蜡封法。

量积法试件应符合下列要求:

(1)试件尺寸应大于岩石最大颗粒粒径的10倍。

(2)试件可用圆柱体、方柱体或立方体。

(3)湿试件高度、直径或边长的误差不得大于0.3 mm。

(4)试件两端面不平整度、误差不得大于0.05 mm。

(5)端面应垂直于试件轴线,最大偏差不得大于0.25°。

(6)方柱体或立方体试件相邻两面互相垂直,最大偏差不得大于0.25°。

蜡封法试件宜采用边长为40~60 mm的浑圆状石块。

测干密度时,每组试件数量不得少于3个,测湿密度时,试件数量不宜少于5个。

2.各种测试方法的试验步骤

1)量积法

量积法试验应按下列步骤进行:

(1)量测试件两端和中间三个断面上相互垂直的两个直径或边长按平均值计算截面面积。

(2)量测端面周边对称四点和中心点的五个高度,计算高度平均值。

(3)将试件置于烘箱中,在105~110 ℃的恒温下烘24 h后放入干燥器内冷却至室温,并称其质量,精确至0.01 g。

(4)量积法按下式计算石块体干密度

$$\rho_d = \frac{m_0}{AH} \tag{4-4}$$

式中 ρ_d——岩石块体干密度,g/cm³;

m_0——干试件质量,g;

A——试件截面面积,cm²;

H——试件高度,cm。

2)水中称量法

水中称量法应按以下步骤进行:

(1)以饱和试样在空气中称量与水下称量之差求试样体积,以其除以试样干质量或饱和质量得到石块烘干密度或饱和密度。

(2)水中称量法按下式计算块石的饱和密度

$$\rho_s = \frac{m_s}{m_s - m_w}\rho_w \tag{4-5}$$

式中 ρ_s——岩石的饱和密度,g/cm³;

m_s——饱和试样质量,g;

m_w——水中试样质量,g;

ρ_w——水的密度，g/cm^3。

按下式计算块石的干密度

$$\rho_d = \frac{m_d}{m_s - m_w}\rho_w \tag{4-6}$$

式中 m_d——干试样质量，g；

其他符号含义同前。

按下式计算块石开型的孔隙率

$$n_0 = \frac{m_s - m_d}{m_s - m_w} \times 100\% \tag{4-7}$$

式中符号意义同前。

3）蜡封法

蜡封法试验应按下列步骤进行：

（1）测湿密度时，应取有代表性的石块制备附件并称量，测干密度时试件应在105～110 ℃的恒温下烘24 h，然后放入干燥器内冷却至室温，称干试件质量。

（2）将试件系上细线，置于温度60 ℃左右的熔蜡中1～2 s，使试件表面均匀涂上一层蜡膜，其厚度为1 mm左右，当试件上蜡膜有气泡时，应用热针刺穿并用蜡液涂平，待冷却后称蜡封试件质量。

（3）将蜡封试件置于水中称量。

（4）取出试件，擦干表面水分后再次称量。当浸水后的蜡封试件质量增加时，应重做试验。

（5）湿密度试件在剥除蜡膜后将试件置于烘箱内在105～110 ℃的恒温下烘干，并放入干燥器内冷却至恒温，称试件质量，精确至0.01 g，并测定块石含水率。

（6）试验成果的整理。蜡封法按下列公式计算块石体干密度和块石体湿密度，精确至0.01 g。

$$\rho_d = \frac{m_2}{\frac{m_1 - m_2}{\rho_w} - \frac{m_1 - m_2}{\rho_p}} \tag{4-8}$$

$$\rho = \frac{m}{\frac{m_1 - m_2}{\rho_w} - \frac{m_1 - m_2}{\rho_p}} \tag{4-9}$$

$$\rho_d = \frac{\rho}{1 + 0.01w} \tag{4-10}$$

式中 ρ——块石体湿密度，g/cm^3；

ρ_d——块石体干密度，g/cm^3；

m——湿试件质量，g；

m_1——蜡封试件质量，g；

m_2——蜡封试件在水中的质量，g；

ρ_w——水的密度，g/cm^3；

ρ_p——石蜡的密度，g/cm^3；

w ——块石的含水量(%)。

(7)块体密度试验记录应包括工程名称、试件编号、试件描述、试验方法、试件质量、试件水中质量、水的密度和石蜡的密度及试件尺寸。

三、吸水性试验方法

块石吸水性试验包括块石吸水率试验和块石饱和吸水率试验。

(一)适用范围和要求

(1)本试验方法适用于遇水不崩解的块石。

(2)块石吸水率采用自由浸水法测定。

(3)块石饱和吸水率采用煮沸法或真空抽气法测定。

(4)在测定岩(块)石吸水率和饱和吸水率的同时,应采用水中称量法测定块石体密度。

(二)试验步骤

(1)将试件置于烘箱内在 105 ~ 110 ℃的温度下烘干 24 h。取出放入干燥器内冷却至室温后称量。

(2)采用自由浸水法饱和试件时,将试件放入水槽,先注水至试件高度的 1/4 处,以后每隔 2 h 分别注水至试件高度的 1/2 和 3/4 处,6 h 后全部浸没试件,试件在水中自由吸水 48 h 后取出试件并除去表面水分后称量。

(3)当采用煮沸法测量饱和试件时,煮沸容器内的水面应始终高于试件。煮沸时间不得少于6 h,经煮沸的试件应放置在原容器中冷却至室温,取出并除去表面水分后称量。

(4)当采用真空抽气法测量饱和试件时,饱和容器内的水面应高于试件,真空压力表读数值宜为 100 kPa,直至无气泡逸出为止,但总抽气时间不得少于4 h。经真空抽气的试件应放置在原容器中,在大气压力下静置 4 h,取出并除去表面水分后称量。

(5)将经煮沸或真空抽气饱和的试件置于水中称量装置上,称试件在水中的质量,精确至 0.01 g。

(三)试验成果的整理

干密度的计算见式(4-6),并按下列公式计算块石吸水率、饱和吸水率

$$w_a = \frac{m_0 - m_d}{m_d} \times 100\% \tag{4-11}$$

$$w_{sa} = \frac{m_p - m_d}{m_d} \times 100\% \tag{4-12}$$

式中 w_a——块石吸水率(%);

w_{sa}——块石饱和吸水率(%);

m_0——试件浸水 48 h 的质量,g;

m_p——试件经煮沸或真空抽气饱和后的质量,g;

m_d——干试件质量,g。

四、块石的膨胀性试验

块石的膨胀性试验应包括块石自由膨胀率试验、侧向约束膨胀率试验和膨胀压力试

验,并应符合下列要求:

(1)块石自由膨胀性试验适用于遇水不易崩解的块石。

(2)块石侧向约束膨胀试验和块石膨胀压力试验适用于各种岩石。

(一)试验的要求

(1)自由膨胀率试验的试件,圆柱体的直径宜为 50 ~ 60 mm,试件高度宜等于直径,两端面应平行,正方体试件边长宜为 50 ~ 60 mm,各相对面应平行。试件数量不得少于 3 个。

(2)侧向约束膨胀率试验的试件高度应大于 15 mm,或大于岩石最大颗粒粒径的 10 倍,两端面应平行。试件直径不得小于高度的 4 倍,试件数量不得少于 3 个。

(3)膨胀压力试验的试件高度应大于 15 mm,或大于岩石最大颗粒粒径的 10 倍,两端面应平行。试件直径不得小于高度的 2.5 倍,试件数量不得少于 3 个。

(4)试件采用干加工法,天然含水率的变化不应超过 1%。

(二)自由膨胀率试验步骤

(1)将试件放入自由膨胀率试验仪内,在试件上、下分别放置透水板,顶部放置一块金属板。

(2)在试件上部和四侧对称中心部位分别安装千分表,四侧千分表与试件接触处宜放置一块薄铜片。

(3)读千分表读数,每隔 10 min,读记 1 次,直接连续 3 次读数不变。

(4)缓慢地向盛水容器内注入纯水至淹没上部透水板。

(5)在第 1 小时内,每隔 10 min 测读变形 1 次,以后每隔 1 h 测读变形 1 次,直至连续 3 次读数差不大于 0.001 mm 为止,浸水后试验不得少于 48 h。

(6)试验过程中应保持水位不变,水温变化不得大于 2 ℃。

(7)试验过程中及试验结束后应详细描述试件的崩解、掉块、表面泥化或软化等现象。

(三)侧向约束膨胀率试验步骤

(1)将试样放入内壁涂有凡士林的金属套环内,在试件上、下分别放置薄型滤纸和透水板。

(2)顶部放上固定金属荷载块并安装垂直千分表,金属荷载块的质量应能对试件产生 5 kPa 的持续压力。

(3)试验及稳定标准:读记千分表读数每隔 10 min 读记 1 次,直至连续 3 次读数不变,试验过程中应保持水位不变,水温变化不得大于 2 ℃。

(4)试验结束后应描述试件表面的泥化现象。

(四)膨胀压力试验步骤

(1)将试件放入内壁涂有凡士林的金属套环内,在试件上、下分别放置薄型滤纸和金属透水板。

(2)安装加压系统即量测试件变化的测表。

(3)应使仪器各部位和试件在同一条轴线上,不得出现偏心荷载。

(4)对试件施加产生 0.01 MPa 压力的荷载,测读试件变形测表读数,每隔 10 min 读数 1 次,直至连续 3 次读数不变。

(5)缓慢地向盛水容器内注入纯水直至淹没上部透水板。观测变形测表的变化,当变形量大于0.001 mm时,调节所施加的荷载,应保持试件厚度在整个试验过程中始终不变。

(6)开始时每隔10 min读数1次,连续3次读数差小于0.001 mm时改为每1 h读数1次,每1 h读数连续3次读数差小于0.001 mm时,可以认为稳定,并记录试验荷载。浸水后总试验时间不得少于48 h。

(7)试验过程中应保持水位不变,水温变化不得大于2 ℃。

(8)试验结束后,应描述试件表面的泥化和软化现象。

(五)各种膨胀性试验的成果整理

(1)分别按下列公式计算块石自由膨胀率、侧面约束膨胀率、膨胀压力

$$V_H = \frac{\Delta H}{H} \times 100\% \tag{4-13}$$

$$V_D = \frac{\Delta D}{D} \times 100\% \tag{4-14}$$

$$V_{Hp} = \frac{\Delta H_1}{H} \times 100\% \tag{4-15}$$

$$P_s = \frac{F}{A} \tag{4-16}$$

式中 V_H——块石轴向自由膨胀率(%);

V_D——块石径向自由膨胀率(%);

H——试件高度,mm;

V_{Hp}——块石侧向约束膨胀率(%);

F——轴向荷载,N;

P_s——块石膨胀压力,MPa;

ΔH——试件轴向变形值,mm;

ΔD——试件径向平均变形值,mm;

D——试件径向直径或边长,mm,

ΔH_1——有侧向约束试件的轴向变形值,mm;

A——试件截面面积,mm^2。

(2)计算值取3位有效数字。

(3)膨胀性试验记录应包括工程名称、试件编号、试件尺寸、试件描述、温度、试验时间、轴向变形、径向变形和轴向荷载。

五、耐崩解性试验

(一)适用范围

耐崩解试验适用于黏土类岩石和风化岩石。

(二)试验要求

(1)现场采取保持天然含水量的试样并密封。

(2)试样制成每块质量为40~60 kg的浑圆状岩块试件,每组试验试件数量不应少于

10个。

(三)试验步骤

(1)将试件装入耐崩解试验仪的圆柱形筛桶内,在105～110 ℃的温度下烘干至恒重后,在干燥器内冷却至室温后称量。

(2)将装有试件的圆柱形筛筒放在水槽内,向槽内注入纯水,使水位在转动轴下约20 mm,圆柱形筛筒以20 r/min的转速转动10 min后,将圆柱形筛筒和残留试件在105～110 ℃的恒温下烘烤至恒重后,在干燥器内冷却至室温后称重,重复两次,求得两次循环后的圆柱形筒和残留试件质量。根据需要可进行5个循环。

(3)试验过程中,水温应保持在(20±2)℃范围内。

(4)试验结束后应对残留试件、水的颜色和水中沉积物进行测定描述。根据需要对水中沉积物进行颗粒分析、界限含水量测定和黏土矿物分析。

(四)试验成果处理

(1)按下列公式计算岩石耐崩解性指数,精确至0.1

$$L_{d2}=\frac{m_0}{m_1}\times 100\% \tag{4-17}$$

式中 L_{d2}——岩石(二次循环)耐崩解性指数(%);

m_1——原试件烘干质量,g;

m_0——残留试件烘干质量,g。

(2)耐崩解性试验记录应包括工程名称、取样位置、试件编号、试件描述、水的温度、试件在试验前后的烘干质量。

六、块石的渗透性试验方法

块石的渗透性是指在水压力作用下水穿透孔隙介质的能力,以渗透系数表示。

(一)渗透试验方法的分类

室内块石渗透的方法有纵向渗透试验、径向辐合渗透试验、径向辐射渗透试验三种。

(1)纵向渗透试验:使渗透水流自上而下或自下而上的渗透试验,即单向渗透试验。

(2)径向辐合渗透试验:将试样置于有压水的容器中,使其受径向压缩渗透水流从试样中心孔内流出。

(3)径向辐射渗透试验:将有压水从导管压入试样中心孔内,使之承受环向拉力,渗透水流从试样外围流出。

(二)各种试验方法的描述

1.径向渗透试验方法

(1)径向渗透试验的试样采用直径与高均为50 mm的圆柱体。将制备好的试样置于压力室的钢环内,用环氧树脂灌满钢环与试样之间的空隙,再用真空抽气法饱和后放进压力室,拧紧压力室盖板螺丝,用快速接头与储水器连接,安装倒流管,从侧孔注水排气。试验时用高压水泵通过高压管和供水器向储水器加压,当压力表指针接近指定试验压力时,停止用泵加压,打开氮气瓶,用减压器把压力精确调到指定压力并使之稳定,观测水流的渗透,并将渗透水收集到有刻度的量筒内,当三次测流基本稳定时,提高至下一级压力,继续进行渗透试验，按此逐级提高压力，直到要求的试验压力为止。

(2)用下式计算各级压力的渗透系数

$$K = \frac{QL}{AH} \tag{4-18}$$

式中 K——岩石渗透系数，cm/s；

Q——渗透流量，cm^3/s；

L——试样高度，cm；

A——试样截面面积，cm^2；

H——渗透水头，cm，根据压力表换算，下游水位忽略不计。

2. 径向辐合和径向辐射方法

径向幅合和径向辐射试样均为中心有孔的圆柱体。圆柱体试样的直径 60 mm、长 150 mm，在圆柱体中心钻一个直径 12 mm 的同心轴向孔，长 125 mm。最后把上端 25 mm 用环氧树脂封闭，中间留一导管与外界联系，用真空抽气法将试样饱和后，安装在径向辐合或径向辐射压力室内。径向辐合试验是将压力室上端有压水进口与储水器连接，而径向辐射试验是将试样中心导管与储水器连接，安装测流装置后向压力室容器和试样中心孔内注入有压水，排除气体，然后按纵向渗透试验方法进行径向渗透试验，在试样中心导管（径向辐合试验）或压力室出水口（径向辐射试验）收集渗透水量。

在径向辐合和径向辐射试验中，水在岩石内进行渗流，两者的流网图相似。同时，假定试样的渗透率是均匀和各向同性的，端部效应忽略不计，则渗透半径为 r 的同心圆柱的流量为 $q = 2k\pi L\frac{d\varphi}{dr}$。由于岩石内没有积聚液体，$q$ 为常数，并等于试件内部（径向辐合）或外部（径向辐射）所接受的渗流量 Q。沿水流的整个长度上积分得到求渗透系数的关系式如下

$$K = \frac{Q}{2\pi LH}\ln\frac{r_2}{r_1} \tag{4-19}$$

式中 K——径向辐合或径向辐射的渗透系数，cm/s；

Q——渗透水量，cm^3/s；

L——试样有效渗透长度，cm；

r_2——试样半径，cm；

r_1——试样中心孔半径，cm；

H——渗透水头，cm，根据压力表换算。

根据换算结果，绘制渗透压力与渗透系数的关系曲线，以渗透系数为纵坐标、渗透压力为横坐标，横坐标的零坐标线右边为径向辐合试验结果，左边为径向辐射试验结果。

七、块石空隙率试验方法

块石空隙包括闭合孔隙和开型空隙，两者之和称为块石总空隙。块石空隙的力学效应是降低强度和增加变形性。特别是开型空隙与外界联通，常为水或空气所充填，对块石性质的改变比较敏感，可以用以判断块石的风化程度。

块石空隙率通常用实测相对密度(比重)和干密度计算

$$n = \left(1 - \frac{\rho_d}{G_s\rho_w}\right) \times 100\% \tag{4-20}$$

式中 n——空隙率(%);

ρ_d——块石干密度,g/cm^3;

ρ_w——水的密度,g/cm^3;

G_s——块石相对密度(比重),无量纲。

干密度与块石相对密度和水的密度的乘积之比称为块石的密实度。

开型空隙率可用水中称量法测块石密度时求得。

八、块石的坚固性试验

测试石料对硫酸钠饱和溶液结晶膨胀破坏作用的抵抗能力,间接判断其坚固性。

(一)试验步骤

(1)根据碎石的最大粒径,选取具有代表性的孔径分别为0.075 mm、5 mm、10 mm、20 mm、30 mm、60 mm、80 mm、150(120)mm的圆孔筛过筛,计算各级骨料的筛余百分率。

(2)按规定数量称取各级骨料,分别用水洗净,在105~110 ℃的烘箱中烘烤至恒温,取出冷却至室温,再按试验要求称取各级试样。

(3)将称取的各级试样分别装入三脚网篮,将装料后的网篮浸入盛有硫酸钠溶液的恒温试验箱中,溶液的体积应小于试样总体积的5倍。试验箱内溶液的温度应保持在20~25 ℃的范围内,网篮浸入溶液时,应上下升降25次,以排除试样中气泡,然后静置于试验箱中。此时,网篮浸入溶液时应上下距容器底约3 cm(由网篮脚高控制)。网篮之间的距离应不小于3 cm,试样表面至少在液面以下3 cm。

(4)浸泡20 h以后,从溶液中取出网篮,放在105~110 ℃的烘箱中烘烤4 h。至此完成了第一次试验循环,待试样冷却至室温后,即开始第二次循环。从第二次循环开始,试样浸泡和烘烤时间均为4 h,共进行5次循环。

(5)最后一次循环完毕后,将石料试样置于25~30 ℃的清水中洗净硫酸钠,放在105~110 ℃的烘烤箱中烘至恒重。取出并冷却至室温,用孔径以试样粒径为下限的筛子过筛,称量各级石料样的筛余量。

需要注意的事项如下:

(1)试样中硫酸钠是否洗净,可按下法进行检验,即取洗试件的水数毫升,滴入少量氯化钡($BaCl_2$)溶液,如无白色沉淀即说明硫酸钠已被洗净。

(2)试验过程中,硫酸钠溶液应密封,防止水分蒸发或掉入灰土、脏物。

(3)进行10次循环后,溶液应更换。

(4)每两天应检查一次溶液的密度。

(二)试验结果的处理

各级试样质量的损失百分率按下式计算

$$\rho_i = \frac{g_i - g'_i}{g_i} \times 100\% \tag{4-21}$$

式中 ρ_i——各级试样质量损失百分率(%);

g_i——各级试样质量,g;

g'_i——各级试样在试验后的筛余量,g。

第三节 坝体砌筑的质量检验

砌石坝坝体砌筑的质量检验,结合国内外砌石坝施工的实际情况,考虑到影响砌体抗压强度的因素较多,主要有石料、胶结材料的强度,石料的规格形状,以及砌筑工艺和方法等,目前尚无一种简易可行的检测方法能随时提供现场砌体的抗压强度,加之现场做此项工作的试验费工费时,试验周期较长,成本较高,一般均不进行砌体强度的检测,仅在特殊情况下经业主、监理、设计商定必做时,才予进行。其检查结果必须符合设计要求。

但对坝体砌石的干密度及空隙率的检测是目前国内检测在建砌石坝坝体砌筑质量的主要手段,检测数量按规范规定执行,即砌体容重及空隙率:在坝高 1/3 以下,每砌筑 5 ~ 10 m 高,至少挖试坑一组;坝高 1/3 以上砌体试坑数量由设计、监理、施工单位共同商定。所测得容重(干密度)、空隙率必须符合设计要求。

一、检测方法

采用挖坑灌水法或灌砂法对砌体的密实性进行检测。

每新砌一层次均须进行简易试验,如插钎灌水试验和翻撬检查等。检查数量、部位由设计和监理、施工单位共同研究确定,检查结果应符合设计要求。

对有防渗要求的大坝砌体,每砌高 4 ~ 5 m,进行钻孔压水试验检测砌体的密实性或抗渗性。钻孔数量每 100 ~ 200 m^2 坝面钻孔 3 个,每次试验不少于 3 孔,试验压力不宜过高,一般为 0.2 ~ 0.3 MPa。对坝体不同高度的透水率标准,坝前水头小于 30 m 时的透水率标准为小于等于 5 Lu,坝前水头在 30 m 与 70 m 之间时,为小于等于 3 Lu,坝前水头大于 70 m 时,为小于等于 1 Lu。

二、压水试验

压水试验是一种在钻孔内进行的渗透试验。它是用栓塞把钻孔隔离出一定的孔段,然后以一定的压力向该孔段压水,测定相应压力下的压入流量。以单位试段长度在某一压力下的压入流量值来表征该段坝体的渗水性,是评价坝体渗透性的常用试验方法。

压水试验的目的是了解与工程建筑物有关的地段坝体的相对透水性、坝体裂缝的开度、充填物性质、坝体的可灌性、灌浆效果检查等,为设计和工程处理提供基本资料。

压水试验的一般规定:压水试验根据隔离试段可分为单栓塞试验和双栓塞试验。单栓塞试验是随着钻孔的加深,自上而下分段进行,是国内外常用的方法;双栓塞试验是在钻孔至一定深度后,用双栓塞隔离试段进行压水试验。单、双栓塞试验的优缺点如表 4-2 所示。

表 4-2　单、双栓塞试验的优缺点

项目	优点	缺点
单栓塞试验	可以减少岩粉堵塞的影响，检查止水可靠性比较方便，在地质情况复杂的地段，做完试验后可以及时封堵或下套管、护壁，能获得较完整的压水试验资料	试验与钻孔交替进行，比较费时，试验位置不易与不同地质体位置相吻合
双栓塞试验	试验和钻探工作可以部分或全部分开洗孔，水位测量可以合并进行，效率高、成本低，可以根据孔内实际情况选择塞位，试验成果和地质体之间关系好	下栓塞不易检查，一次成孔较深，受岩粉堵塞的概率增大

三、压力阶段及试验压力

（一）压力阶段

在不同压力下，坝体裂隙内的渗流状态是不同的，坝体的裂隙状态及其渗透性也会发生变化。采用多级压力进行循环试验，能够将不同压力下的流量变化情况进行对比，了解坝体的渗流状态和裂隙状态的具体情况，合理地确定坝体的真实渗透性。通常采用三级压力、五个阶段的循环试验方法。

（二）试验压力的确定

考虑到吕荣试验的定义，压力为 1 MPa，具体规定三级压力分别为 0.3 MPa、0.6 MPa 和 1.0 MPa，见表 4-3。

表 4-3　浅部试验段最大试验压力参数值

试段位于基岩面以下深度（m）	最大试验压力（MPa）
<15	0.3
15 ~ 30	0.6
>30	1.0

（三）试验压力的计算

试验压力是指在做钻孔压水试验时，作用于试验段的平均压力。

（1）当采用安装在进水管上的压力表测定试验压力时，试验压力用下式计算

$$P = P_p + P_2 - P_s \tag{4-22}$$

式中　P——试验压力计算值，MPa；

P_p——压力表指示压力；MPa；

P_2——压力表中心至计算零线的水柱压力，MPa；

P_s——管路压力损失，MPa。

（2）当采用试验段压力计测压时，可直接测定试段压力，无须计算水柱压力和管路压力损失。压力计算零线按以下三种情况确定：

①地下水位位于试验段以下时，以通过试验段 1/2 处的水平线作为压力计算零线。

②地下水位位于试验段以内时，以通过地下水位以上试段的 1/2 处的水平线作为压力计算零线。

③地下水位位于试验段以上,且属于试验段所在含水层时,以地下水位线作为压力计算零线。

(3)倾斜钻孔的水柱压力可按下式计算

$$P_2 = \gamma_w H_2 \sin\alpha \tag{4-23}$$

式中 P_2——水柱压力,MPa;

H_2——自压力表中心至压力计算零线与钻孔中心线交点的实际长度,m;

γ_w——水的容重,$\gamma_w = \rho_w g = 9.8\ \text{kN/m}^3$,重力加速度 $g = 9.8\ \text{m/s}^2$;

α——钻孔的倾斜角,(°)。

四、现场工作要点

现场工作一般包括钻孔,洗孔,试段隔离,水位测量,设备及仪表的安装与检查,压力、流量观测和现场记录的分析与检查等。

(1)钻孔。压水试验钻孔的孔径系列如表4-4所示。

表4-4 压水试验钻孔的孔径系列

成孔工艺	孔径(mm)							
	150	130	110	90	75(76)	59(56)	46	说明
碾砂	√	√	√	√				括号内为老系列
硬质合金	√	√	√	√	√	√		
金刚石					√	√	√	

(2)洗孔。洗孔的目的是在压水前清除残存在孔底和附着于孔壁附近裂隙内的岩粉。洗孔方法有压水洗孔、抽水洗孔、压缩空气洗孔及活塞抽吸洗等。

(3)试段隔离。工序为:选择部位—安装栓塞—栓塞止水可靠性检查及处理—特殊孔段的止水措施。

(4)水位观测。主要是为了确定水柱压力值。通过水位观测还可以发现多层含水层、承压水或其他水位异常等重要水文地质现象。因此,水位测量必须在试验隔离以后在工作层内进行。

水位测量的结束标志为:每隔5 min观测一次,当水位的下降速度连续两次均小于50 cm/min时,观测工作即可结束,以此观测结果确定压力计算零线。

(5)压力流量观测。压力试验多采用在某一稳定压力下观测相应流量的方法进行,所以流量观测要求每1~2 min观测一次。每一压力阶段流量观测结束标准为流量无持续增大趋势,且5次读数中最大值与最小值之差小于最终值的10%或最大值与最小值之差小于1 L/min。

流量有持续增大的趋势时,应检查仪器(表)是否正常、读数是否有误、压力是否上升等,经检查确系流量有增大趋势后应适当延长观测时间。

在压水试验过程中,当由较高压力阶段调到低压力阶段时,常出现水由岩体流向孔内的现象,这种现象称为回流。回流现象一般持续数分钟至十几分钟即消失,在此过程中,流量计表现为反转(-)—不转(0)—正转(+)。在试验中应待回流结束后,观测流量直到稳定,以消除其影响。

各项观测记录要及时记录到正式记录表上,试验结束前要按表格逐项检查,消除错误与遗漏。

五、压力试验的资料整理

试验资料整理包括绘制 $P \sim Q$ 曲线、确定 $P \sim Q$ 曲线类型、计算试段透水率,以及根据试验结果计算渗透系数等。

(一) $P \sim Q$ 曲线的绘制

$P \sim Q$ 曲线绘制按下列要求进行:

(1)原始资料校核工序:内容包括水位观测记录、流量观测记录的校核以及根据钻孔深度、工作管长度和剩余长度对栓塞置放位置和试验段长度进行校核。

(2)试验压力计算工序:内容根据所采用的压力量测设备类型,确定试段长度压力的计算方法,计算出不同压力阶段的试验压力值。

(3)绘制 $P \sim Q$ 曲线:内容包括根据每个压力阶段的试验压力及相应的流量,采用统一的比例尺(P 轴 1 mm = 0.01 MPa, Q 轴 1 mm = 1 L/min)绘制 $P \sim Q$ 曲线,在 $P \sim Q$ 曲线图上各点应标明序号,升压阶段用实线连接,降压阶段用虚线连接。

(二) $P \sim Q$ 曲线的类型确定

根据 $P \sim Q$ 中的升压曲线形状以及降压阶段和升压阶段的曲线是否应重合及其相对关系,将 $P \sim Q$ 曲线划分为五种类型,即 A(层流)型、B(紊流)型、C(扩张)型、D(冲蚀)型和 E(充填)型。

各种类型的特点如下:

A 型:升压曲线为通过原点的直线,降压曲线与升压曲线基本重合。

B 型:升压曲线凸向 Q 轴,降压曲线与升压曲线基本重合。

C 型:升压曲线凸向 P 轴,降压曲线与升压曲线基本重合。

D 型:升压曲线凸向 P 轴,降压曲线与升压曲线不重合,呈顺时针环状。

E 型:升压曲线凸向 Q 轴,降压曲线与升压曲线不重合,呈逆时针环状。

每个试验阶段的试验成果用试验透水率和 $P \sim Q$ 曲线类型(加括号)来表示。如 0.23(A)、12(B)、8.5(C)等。对于只做一个或两个压力阶段不能满足确定 $P \sim Q$ 曲线类型的试验,只能用试段透水率来表示。

最后一个孔的试验结果表和原始资料装订成册。

六、渗透系数计算

一般采用下式计算渗透系数

$$K = \frac{Q}{2\pi HL}\ln\frac{L}{r_0} \tag{4-24}$$

式中 K——坝体的渗透系数,m/d;

Q——压入流量,m^3/d;

r_0——钻孔半径,m;

H——试验水头,m;

L——试验长度,m。

上述公式是假设渗流服从达西定律,且为水平放射流,影响半径为 $R=L$ 的前提下推导出来的,如果试验成果不符合线性关系,则不能用上述公式计算坝体渗透系数,否则误差较大。

第五章　混凝土面板堆石坝实用检测技术

混凝土面板堆石坝是由土质心墙堆石坝转化发展出的,这种坝型自20世纪60年代后期以来,在国际上重新兴起,至今在我国发展较快。目前,通过工程建设经验的不断积累,在设计施工中融入很多新技术和创新点,使此种坝型更趋成熟和科学。以其安全性、经济性、适应性好等特点,而受到坝工界的普遍重视。

随着混凝土面板堆石坝应用现代工程技术和机械设备的发展,其质量控制和检测技术越来越先进。

第一节　砌坝材料的质量要求与检测技术

所有的筑坝材料:主堆石料、次堆石料、过渡料、垫层料的各项技术指标均要符合设计要求。筑坝材料应按照《水利水电工程岩石试验规程》(DLJ 204—81)(试行)及《水利水电工程岩石试验规程》(DL 5006—92)补充部分和《土工试验规程》(SD 128—84)(第一册)、《土工试验规程》(SD 128—84)(第二册)、《土工试验规程》(SD 128—87)(第三册)进行室内物理力学性能试验。

一、筑坝材料室内试验

筑坝材料的室内试验应包括筑坝材料的级配、孔隙率、相对密度、抗剪强度和压缩模量等,垫层、砂砾料及软岩还应进行渗透试验及渗透变形试验。

中国水利水电科学研究院室内对各种坝料的级配试验结果如表5-1~表5-3所示。

表5-1　渗透试验结果

试样名称	干密度(g/cm^3)	渗透系数(cm/s)
过渡料(下限)	2.10	3.84×10^{-1}
过渡料(上限)	2.15	2.94×10^{-1}
垫层料(下限)	2.10	4.0×10^{-1}
垫层料(上限)	2.15	3.83×10^{-1}

二、堆石坝料的级配特性指标与特征粒径

软岩堆石、砂卵石堆石的级配经常为两种,即原始级配(填筑前的级配)和填筑后的级配。后者通过现场试验确定。堆石料级配的特性、与其有关特性指标,按设计的要求包括最大粒径 d_{max},粒径在5 mm以上的堆石料含量 p_5(小于5 mm的含量可记为 p'_5),含泥量 $p_{0.1}$,特征粒径 d_{10}、d_{15}、d_{30}、d_{60}、d_{85},不均匀系数 C_v,曲率系数 C_c 等。坝料分区设计参数

如表 5-4 ~ 表 5-9 所示。

表 5-2 颗粒组成

材料组成	颗粒组成(%)							
	>200	200 ~ 100	100 ~ 60	60 ~ 40	40 ~ 20	20 ~ 10	10 ~ 5	<5
垫层料					20	16	14	50
(下限)					20	16	14	50
垫层料			9	11	26	14	11	35
(上限)				20	20	14	11	35
过渡料		30	15	9	12	17	7	20
(下限)				21	26	19	7	27
堆石料	35	18	9	7	6	5	5	15
				22	32	21	5	20

表 5-3 坝料(灰岩)及溢洪道剥皮料压缩试验结果

试样名称	试验条件			试验参数	垂直压力(MPa)						
	干密度	孔隙比	状态		0	0.1	0.2	0.4	0.8	1.6	3.2
垫层料(下限级配)	2.10	0.329	饱和	孔隙比	0.329	0.326	0.324	0.320	0.309	0.298	0.283
				压缩系数	0.03	0.02	0.02	0.028	0.014	0.089	
				压缩模量	41.2	70.9	69.2	46.8	97	143.2	
垫层料(上限级配)	2.15	0.298	饱和	孔隙比	0.298	0.297	0.296	0.295	0.293	0.288	0.283
				压缩系数	0.01	0.01	0.005	0.005	0.006	0.003	
				压缩模量	97.1	232.6	285.7	242.4	201.5	385.5	
过渡料(下限级配)	2.10	0.329	饱和	孔隙比	0.329	0.327	0.326	0.324	0.321	0.313	0.293
				压缩系数	0.02	0.01	0.01	0.008	0.01	0.013	
				压缩模量	61.3	119	168.1	173.9	129.7	108.6	
过渡料(上限级配)	2.15	0.298	饱和	孔隙比	0.298	0.296	0.295	0.294	0.293	0.288	0.272
				压缩系数	0.02	0.01	0.005	0.003	0.006	0.01	
				压缩模量	61.7	185.2	285.7	459.8	220.4	127.4	
堆石料(下限级配)	2.10	0.329	饱和	孔隙比	0.329	0.327	0.326		0.323	0.312	0.275
				压缩系数	0.02	0.01	0.005	0.014	0.023		
				压缩模量	73	97.1	337	93.2	56.9		
堆石料(上限级配)	2.15	0.298	饱和	孔隙比	0.298	0.296	0.295		0.293	0.290	0.272
				压缩系数	0.02	0.01	0.003	0.004	0.01		
				压缩模量	75.8	169.5	319.1	330.6	114.1		
溢洪道剥皮料	2.10	0.329	饱和	孔隙比	0.329	0.327	0.325	0.324	0.319	0.310	0.284
				压缩系数	0.02	0.02	0.005	0.013	0.011		
				压缩模量	54.6	114.9	143.9	124.2	118.9		

注: 表中干密度单位为 g/cm^3,压缩模量单位 MPa^{-1},压缩系数单位为 MPa^{-1}。从其中所列垫层料、过渡料及堆石料压缩试验结果可以看出,压缩模量较高,属低压缩性。

表 5-4　坝料分区设计参数

坝料名称	限制粒径 d_{max} (mm)	p_5(%)	$d<0.1$ mm 含量(%)	干容重 (kN/m^3)	孔隙率 n (%)	不均匀系数 C_v	填筑层厚度 (m)	抗剪强度	
								c(MPa)	φ(°)
垫层料	80	30~40	2~5	21.5	18~22	>16	0.4~0.5	40	42
过渡料	300	20~30	1~3	21.0	<23	>12	0.4~0.5	40	41
主堆石料	600	<10	0	20.5	<25	>10	0.8~1.0	20~80	37~44
次堆石料	1 000	<10	0	20.0	<28	>8	0.8~1.2	20~40	36~42
小区料	40	35~50	2~7	21.5	<20	>16	0.2	20	38

表 5-5　坝料分区颗粒组成

坝料名称	颗粒粗径组成(%)					特征粒径(mm)			不均匀系数 C_v
	>80 mm	>20 mm	>5 mm	<5 mm	<0.075 mm	d_{10}	d_{30}	d_{60}	
垫层料		上 20 下 40	上 50 下 65	上 50 下 35	上 6 下 0	上 0.2 下 0.6	1.3 3.5	8.5 20.0	>16
过渡料	上 38 下 60	上 60 下 90	上 80 下 100	上 20 下 0	上 5 下 0	2.0 20.0	14.0 50.0	70.0 140	>12
主、次堆石料	上 56 下 80	上 73 下 95	上 85 下 100	上 15 下 0	上 5 下 0	2.5 35	32.0 140.0	180.0 320	>10 >8
小区料	上 20 下 40		上 50 下 35	上下 >2	上 20 下 40				>16

表 5-6　堆石料的级配性质

堆石名称	颗粒组成(%)													
	600~500 mm	500~400 mm	400~200 mm	200~100 mm	100~60 mm	60~40 mm	40~20 mm	20~10 mm	10~5 mm	5~2 mm	2~1 mm	<1 mm	d_{60} mm	d_{10} mm
灰岩	17		25	15	11	6	9	8	5	4	2		220	11.2
砂岩		11	29	17	8	6	7	5	4	4	2	7	200	2.5

表 5-7　垫层料理想的级配

粒径(mm)	谢腊德级配	国际大坝委员会
	小于某粒径的百分数(%)	
75	90~100	90~100
37	70~95	70~100
19	55~80	55~80
4.76	35~55	35~55
0.6	8~30	8~30
0.075	2~12	5~15

表 5-8　钢筋混凝土面板堆石坝垫层料特性

垫层料来源	垫层料填筑干密度（g/cm^3）	渗透特性	垫层料级配			
			最大粒径（mm）	p'_5（%）	d_{15}（mm）	不均匀系数 C_v
花岗片麻岩密孔爆破	1.86 ~ 1.98	自由排水	300	5	25	<10
石英岩洞渣	1.99	半透水	225	0 ~ 40		
破碎筛分后的河床砂砾石	2.18		150	25		110

表 5-9　部分已建的钢筋混凝土面板堆石坝垫层料特性

垫层料来源	垫层料填筑干密度（g/cm^3）	渗透系数（cm/s）	垫层料级配			
			最大粒径（mm）	p'_5（%）	d_{15}（mm）	不均匀系数 C_v
二次轧制的玄武岩石	2.12		100	12	6.8	11.5
加工后的河床砂砾石	1.82 ~ 2.276	1×10^{-4}	76	38	0.7	60
钢筋混凝土骨料拌和	2.1		75	10 ~ 65		
筛分、拌和的河床砂砾	2.35	1×10^{-4}	100	35	0.59	79
二次破碎的安山岩		1.5×10^{-2} 1.9×10^{-3}	80 40	35 60	0.4 1	
爆破石料	2.15	1.2×10^{-2}	150	17	4	24.6
灰质白云岩碎石掺和	2.30	$10^{-3}\sim10^{-4}$	80	33		22.9
人工配料	2.1		80	35 ~ 45	0.3 ~ 1.0	≥30
旧渣轧石掺砂	2.15		150	19.7		
碎石掺和	2.2	$10^{-3}\sim10^{-4}$	80	>30	1.0	≥32

第二节　堆石坝料工程的性质计算和检测方法

对于软岩堆石料，由于石块强度较低，在压实过程中将有严重的颗粒破碎，因此对这种材料应以压实后的级配为准。为了研究堆石的破碎性，现用两种方法表示堆石料的破碎性。

（1）马萨尔法：以破碎率 B_g 表示，对同一种级配料，计算试验前后各粒径组的含量差值 Δw，取所有 Δw 的绝对值之和，即为 B_g。

（2）水电科学研究院的方法：以控制粒径差 B 表示，即计算试验前后的 d_{60}，取其差即为 B。

马萨尔根据试验成果，建议在缺乏试验资料时，按表 5-10 的分类及应力大小确定 B_g 值（见图 5-1），他还指出 B_g 值与堆石料的工程特性有密切关系。颗粒破碎率与初始干密度的关系见图 5-2。

表 5-10　马萨尔建议的堆石分类法

材料	点荷载强度（kN）	吸水率（%）	洛杉矶磨耗试验（%）	级配	不均匀系数 C_v	堆石分类
硬颗粒	>10	1～25	10～15	均匀 良好	1～5 >25	1u 1w
中等强度颗粒	5～10	1～25	15～25	均匀 良好	1～5 >25	2u 2w
软弱颗粒	<5	2.5～15	>25	均匀 良好	1～5 >25	3u 3w

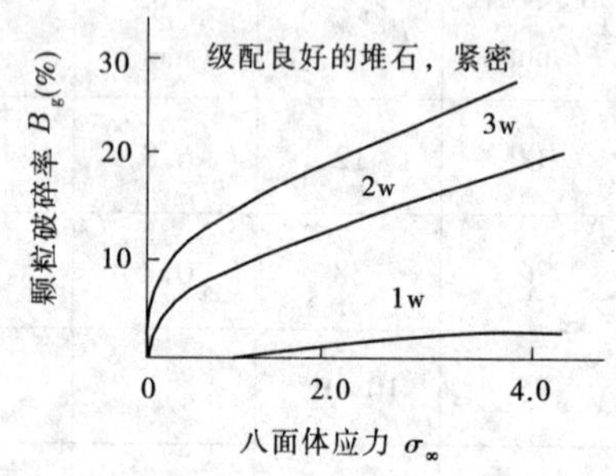

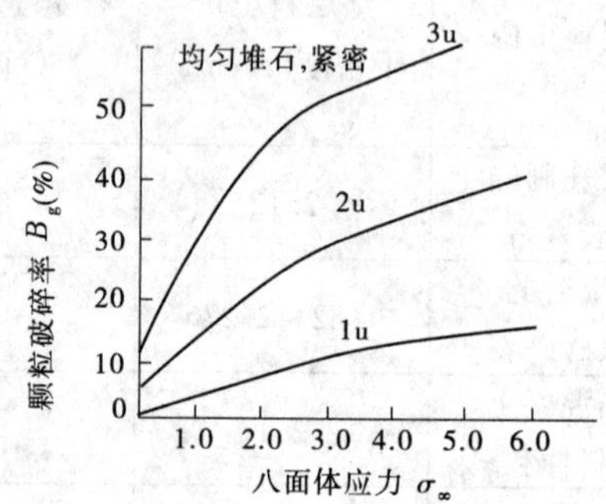

图 5-1　堆石破碎率估算图

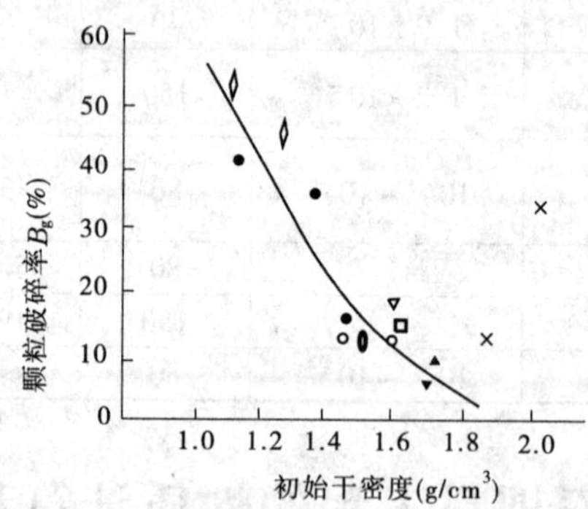

图 5-2　颗粒破碎率与初始干密度关系曲线

一、堆石料的一般特性

（一）压缩性质

堆石料作为一种有着坚固颗粒的散粒材料，经过碾压都具有较高的密度与较小的孔隙比，所以压缩性很低，压缩性变形总量小，且其压缩变形速度很快。因为堆石料没有孔隙水压力,不存在渗透固结问题,其压缩变形只是骨架颗粒的变形,堆石坝的沉降变形在施工期即已基本完成。

(二)浸水性质

大量堆石的压缩试验表明,堆石具有类似黄土的湿陷性质。不同的是堆石具有的这一性质,是由于堆石颗粒棱角的软化润滑促进了颗粒体系的失稳与颗粒的位移,使其进入另一个与应力状态适应的结构及更加稳定的平衡状态。这种浸水的影响即使对于比较坚硬的颗粒堆石料亦不例外。

(三)次压缩变形与蠕变性质

次压缩变形是主压缩变形阶段之后随着颗粒破碎的增加而产生的蠕变变形,它是颗粒破碎引起的颗粒排列的更进一步调整。次压缩变形可用卡萨格兰德方法确定,其次压缩量约占总压缩量的24%。堆石的蠕变性质与其母性岩的岩性、岩质、堆积密度、颗粒形状、应力水平等条件有关。

(四)先期压缩性

堆石料由于碾压密实,从而具有类似固结黏土的先期压缩性。当其堆石的先期压缩性较强时,其总的沉降变形将比较小。先期压缩压力的大小与堆石的性质和压实机械的功率、碾压参数等有关。

二、堆石料的压缩模量

通常说的堆石料压缩模量是指在有侧限条件下进行压缩试验确定的压缩模量。此种试验一般在室内利用大型压缩仪进行,也可利用坝体沉降及面板观测资料推算。堆石的压缩模量受母岩的性质、岩块强度及形状、级配密度以及应力条件等因素的影响。所以,一般而言,堆石的压缩模量随其起始密度的增高而增大,随应力水平的增高而增大,反映了堆石料颗粒破碎结构调整的反复过程。而这个过程是同作用压力的大小相关的,可以认为在有侧限条件下,在前阶段,颗粒与其结构一直处于破碎与调整的过程,达不到同样作用应力的平衡状态,因而压缩模量一再减少,乃至超过谷点之后,堆石的结构已比较稳定,密度已较大。而要打破这种平衡状态则需要更大的压缩模量,反映出压缩模量逐渐增大的趋势。

堆石压缩模量试验方法的确定。由于堆石颗粒尺寸较大,实验室压缩仪直径有限,故常采用模拟试样进行试验。我国现行规范规定采用浮环式固结容器,其直径与高度之比为2~2.5,其高度与试样最大粒径之比以4~5为宜。国内各实验室大致都有直径为500 mm的大型压缩仪,最大直径达1 000 mm。中国水利水电科学研究院还建立了直径为500 mm、高1 000 mm的多环式压缩仪,轴向压力可达7 MPa。

三、堆石坝压缩模量的计算

利用堆石坝施工期及初次蓄水期的变形观测资料,可以推算垂直压缩模量或重力压缩模量 E_v 及水荷载压缩模量 E_w,计算简图见图5-3。

其计算公式为

$$E_v = \frac{\gamma H d}{S} \tag{5-1}$$

$$E_w = \frac{\gamma_w H d}{S} \tag{5-2}$$

式中 γ——堆石的容重,kN/m³;

γ_w——水的容重,kN/m³;

其他符号含义见图 5-3。

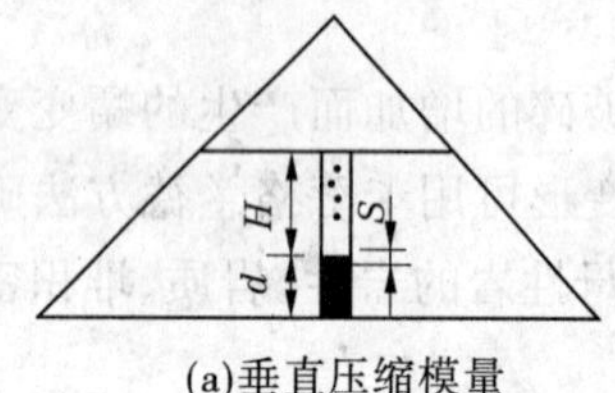

(a)垂直压缩模量

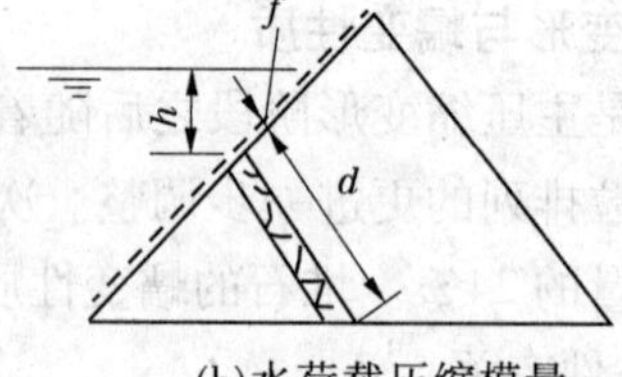

(b)水荷载压缩模量

图 5-3 堆石坝压缩模量计算简图

H—测点上覆土柱高度;h—面板最大挠度处水头;

d—测点下非土厚度或面板最大挠度处垂直于面板的压缩层厚度;

S—测点沉降;f—面板最大挠度

计算变形模量 E 表示其变形性质的计算公式如下

$$E = \frac{\gamma H d}{8} \cdot \frac{1 - \nu - 2\nu^2}{1 - \nu} \tag{5-3}$$

式中 ν——泊松比;

其余符号含义同前。

ν 在坝体内并不是一个常数,这增加了计算的难度。一般简单地按照下式计算,按常数处理

$$\nu = \frac{1 - \sin\varphi}{2\sin\varphi} \tag{5-4}$$

式中 φ——堆石有效内摩擦角,(°)。

上述 E、ν 值的计算,测点应力取上覆土柱重量 γH,这仅对坝轴线附近的计算点较为相近,对其他部位就有一定的误差。保罗斯等引入了一个考虑断面形状的系数 I,使应力 σ 的计算式修正为

$$\sigma = \gamma H I \tag{5-5}$$

式中 I——小于 1 的修正系数。

四、堆石的强度与应力应变性质

(一)堆石料抗剪强度的一般表示

堆石料是一种硬质颗粒的散粒材料,其抗剪强度由摩擦力与咬合力组成。而摩擦又可分为滑动摩擦与咬合摩擦。滑动摩擦是由堆石颗粒表面粗糙不平而产生的。滑动过程中不产生明显的体积胀缩,其相应内摩擦角表示为 φ_1。咬合摩擦是由相邻堆石颗粒对彼

此之间的相对位移产生约束作用而产生的。因为堆石颗粒相互嵌接咬合,阻碍彼此相对位移,如果发生相对位移,堆石颗粒必须竖起、翻动、挤压或者破碎、折断后才能进行,这就必然使堆石体积产生膨胀或收缩。这种剪切过程中产生的体积膨胀或收缩,即剪胀现象。

(二)堆石料的线性强度

线性强度通常用于坝坡稳定计算强度,一般视为常量。对于立轴试验,取 3~4 个以上不同压力的摩尔圆,取其平均切线即得到相应的常量指标 c;对于直线试验,取 3~4 个以上不同垂直压力的抗剪强度,并取其近似平均线,亦可得到 φ、c 值。堆石料的线性强度因堆石的岩性、颗粒形状、级配密度等而有不同的应力范围。

(三)堆石料的非线性强度

由于颗粒的破碎,堆石料等粒状材料的强度包线在高应力条件下明显弯曲,强度增量减小,摩擦角减小,呈现明显的非线性性质。这种非线性性质尤以尖角状的堆石料最为突出。为了考虑堆石料的非线性性质,通常采用以下两种形式:

(1)用抗剪强度表征。沿着曲线的强度包线,分别截取各摩尔圆的相应抗剪强度 τ 与法向应力 σ,并将其点绘于对数坐标图上,即可得到一条表征 $\tau\sim\sigma$ 关系的近似直线,如图 5-4 所示,该直线可用如下指数方程描述

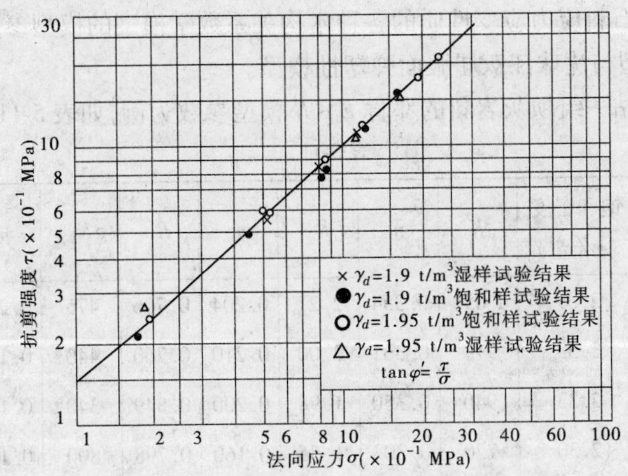

图 5-4 $\tau\sim\sigma$ 关系图

$$\tau = A\sigma^{m} \tag{5-6}$$

式中 A——直线在 τ 轴上的截距,表示摩阻力的大小,根据试验,堆石料的 A 值一般为 0.89~1.90,平均为 1.17;

m——直线的斜率,表示强度随应力 σ 减少的速率,m 一般为 0.81~0.95,平均约为 0.87。

(2)用摩擦角表征。莱普斯最早整理了按单元法确定的摩擦角 φ_s 与响应 $\lg\sigma$ 之间的关系,并表明这种关系可用一条近似直线表示,其表达式为

$$\varphi_s = \varphi_{s1} - B\lg\sigma \tag{5-7}$$

式中 φ_{s1}——σ 取 100 kPa 时摩尔圆的 φ 值;

B——φ_s 降低的速率。

五、堆石的应力应变的性质

堆石由于其颗粒大,易破碎,在剪切过程中不断改变自身的级配和颗粒的排列方式,改变颗粒间应力状态,因而形成了其在应力应变性质上的特点,如图 5-5 所示。从图 5-5 可以看出:曲线①为轻度软化型,曲线②为轻度应变软化型,这两种为常见型;曲线③为强烈应变软化型,主要见于坚质密度的砾石,且以应力水平较高时为常见;曲线④为强烈应变软化型,较少见,主要见于密度较小或岩质较软的岩石,这是由于颗粒不断破碎,不断形成新的更密实、更稳定的结构,因而不断获得新的强度。另外,堆石坝体的应力应变性状可以根据堆石坝体内部的分层沉降监测结果整理计算而成。

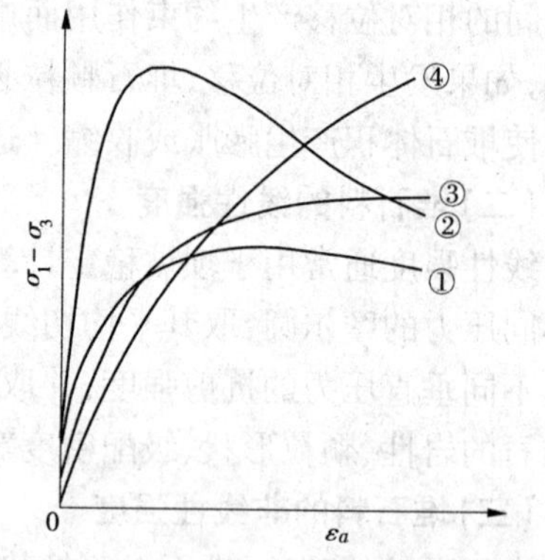

图 5-5 堆石料试验应力应变关系曲线类型

六、堆石料的应力应变性质指标

主要以描述堆石料应力应变性质的各种木构关系数学模型的模型参数表示。最常用的是邓肯 $E\sim B$ 模型与沈珠江双屈服面弹塑性模型。

现以天生桥电站一组坝灰岩料的邓肯 $E\sim B$ 模型参数为例,如表 5-11、表 5-12 所示。

表 5-11

堆石名称	干密度 (g/cm^3)	饱和密度 (g/cm^3)	K	n	K_w	m_w	R_f	K_b	m	φ_1 (°)	$\Delta\varphi$ (°)
垫层料	2.20	2.39	1 050	0.354	2.21	0.204	0.706	475	0.236	50.6	7.0
细堆石料	2.10	2.33	970	0.361	2.00	0.210	0.760	440	0.193	52.5	8.0
主堆石料	2.10	2.33	940	0.350	1.98	0.200	0.849	340	0.180	54.0	13.0
次堆石料	2.05	2.30	720	0.303	1.55	0.160	0.798	800	0.180	54.0	13.5
砂、泥岩堆石料	2.15	2.37	500	0.250	1.05	0.120	0.727	250	0	48.0	10.0

表 5-12 邓肯模型参数的一些试验值

试验材料	K		R_1		n	
砂、卵石	$\frac{300\sim2\ 000}{100\sim3\ 000}$	(58)	$\frac{0.65\sim0.85}{0.54\sim0.93}$	(45)	$\frac{0.40\sim0.70}{0.19\sim0.97}$	(45)
堆石	$\frac{300\sim1\ 000}{200\sim2\ 500}$	(58)	$\frac{0.83\sim0.92}{0.60\sim1.05}$	(28)	$\frac{0.27\sim0.43}{0.12\sim0.71}$	(28)

沈珠江双曲面弹塑性模型参数如表 5-13 所示。

表 5-13　沈珠江双曲弹塑性模型参数

材料类型	c	φ_s (°)	$\Delta\varphi_s$ (°)	R_1	K	K_w	n	C_d	d	R_d
堆石	0	40 ~ 50	10	0.6 ~ 1.0	300 ~ 1 000	(1.5 ~ 2)K	0.1 ~ 0.5	50.001 ~ 0.01	1 ~ 3	(0.7 ~ 0.95)R_r
砂、卵石	0	30 ~ 40	5	0.65 ~ 0.85	500 ~ 2 000	(1.5 ~ 1)K	0.4 ~ 0	70.001 ~ 0.011	1 ~ 2	(0.7 ~ 0.95)R_r

修正奈勒 $K \sim G$ 模型参数如表 5-14 所示。

表 5-14　修正奈勒 $K \sim G$ 模型参数

堆石名称	低压(0.1 ~ 0.8 MPa)					高压(1 ~ 2.5 MPa)				
	G_1 (MPa)	a	B_G	K_1 (MPa)	a_K	G_1 (MPa)	a_K	B_G	K_1 (MPa)	a_1
垫层料大三轴	12.14	212.2	-101.0	—	—	25.58	91.1	-53.3	27.03	135.2
垫层料小三轴	10.57	197.7	-93.5	16.83	110.3	25.45	183.6	-101.0	25.04	99.4
垫层料平均	11.36	202.0	-97.3	16.83	110.3	25.52	131.4	-71.2	26.04	111.3
堆石灰岩料	21.84	204.0	-108.1	7.97	119.0	11.22	48.4	-21.0	24.52	45.2

七、堆石的强度及变形特性试验方法

试样中最大粒径 $d_{\max}$ 可根据三轴仪直径与试样最大粒径之比 R_d 确定，在进行三轴试验时，因一般堆石料的最大粒径为 600 ~ 800 mm，必须采用模拟级配，使试样的试验结果更接近于天然级配。制备试样的方法除少量超径颗粒可以用简单剔除法外，常用的有相似级配法、等量替代法及混合法三种。

(一)相似级配法

即将原型材料的级配曲线平移至最大粒径处，以保证试验与原材料级配相似，即不改变粗细料之间的充填关系。但为了保证试验用料不产生严重变态，应注意以下几点：

(1)缩制料应由原型料中筛分获得，并力求获得其颗粒形状系数、起始孔隙比、不均匀系数与原级配料相等或相近。

(2)经相似模拟级配的试料中，若小于 5 mm 的颗粒含量仍小于 15%，可取相似级配法制料，若超过 15%，则应按保证透水性相似修正小于 5 mm 段的级配曲线，其中小于 0.1

mm 的颗粒含量不超过原型材料，避免有黏性土效应。

(3)试验前后级配的变化(来自粒径破碎)对坝料性质的影响较大，只有对 B_k 小于10% 的坚硬石料采用相似级配的试验结果才是相近的。

(4)对面板堆石坝来说，其垫层料、过渡料、主堆石料的级配曲线形状比较相似。此时如果只有一种尺寸的仪器，且按相同 d_{max} 进行缩制试验用料时，则三者试验级配曲线可能合成一组。当其母岩相同时，三种材料在试验中就变成了一种。

(二)等量替代法

等量替代法是将原型材料大于 d_{max} 的颗粒剔除，以相等质量的试验材料中最大一级粗细代表，或分配到 d_{max} 至 5 mm 的几个组中，如原型材料中超过 5 mm 的含量大于 40%，则这样缩制的材料可保持不均匀系数和小于 5 mm 的粒径不变，可以得到较为相似的效果。

(三)试验方法

采用 300 mm 直径的三轴仪进行，试验类型及应力途径、土石坝体内的应力状态，一般符合平面应变条件，与三轴试验应力状态有所不同，国内外都曾用大型平面应变仪进行过测试研究，即抗剪强度方面，平面应变大于三轴应力应变关系方面，两者相差较大，平面应变曲线呈明显的应变软化状态。

在主轴试验中，也有各种应力增量比为常量，以及各种模拟堆石坝的施工，蓄水到运作各种条件下应力途径等。一般认为各种应力途径对强度指标影响不大，而对应力应变关系影响较大。各不同应力途径的强度参数值如表 5-15 所示。

表 5-15　不同应力途径的强度参数值

应力途径	参数	状态		
		风干	湿化	饱和
σ_3 为常数	c(kPa)	67	53	38
	φ(°)	48.7	47.6	47.1
ρ 为常数	c(kPa)	65	58	53
	φ(°)	49.7	47.8	47.1

八、堆石料的渗透性质

(一)垫层料的渗透性

(1)粒径小于 5 mm 的颗粒的含量 p_5' 的影响。p_5' 指标对垫层料有着重要的意义，该指标对于垫层堆石料的重要性可由谢腊德剔除的垫层级配界限说明，该界限从垫层的半透水性出发，考虑到垫层施工时的材料离析性，提出垫层料的 p'_5 不应小于 35%，上限可至 55%。

(2)垫层料的泥含量对渗透性的影响。当 p_5' 为 30% 时，含泥量(包括小于 0.1 mm 成分)为 10% 的范围内。渗透系数 K 为 $1.0\times1.0^{-2}\sim1.0\times10^{-3}$ cm/s。

(3)密度对垫层渗透性的影响。当垫层料 p_5' 为45%时,其孔隙率 n 约为18%,渗透系数 $K>1.0\times10^{-3}$ cm/s。当垫层料的 p_5' 为30% ~40%时,垫层渗透系数可根据下式粗略计算

$$K = A\left(\frac{e^3}{1+e}\right)^b \tag{5-8}$$

式中 A——系数,一般为20 ~30;

e——孔隙比;

b——指数,一般为1.5 ~2.0。

(二)主堆石料渗透性

主堆石料的最大粒径一般规定不大于600 mm,其渗透功能主要是通畅地排泄渗水,具有自由排水的性质。当 $K>1.0\times10^{-3}$ cm/s 时,即认为具有自由排水的性质,但也可增加一个量级,即 $K\geq1.0\times10^{-3}$ cm/s。

第三节 混凝土面板堆石坝填筑检测技术

堆石坝体填筑密实度,即堆石体压实的程度,常用干密度 ρ_d 或孔隙率 n(%)来表示。根据使用频率的不同,坝体填筑密度的检验方法大致可分为两类:一类是直接法,即用试坑(置换坑)体积和挖出物料的质量求密度;另一类是间接法,即利用γ射线穿透特性求取密度(以下称其为γ射线法)。除全质量法外,直接法是检验层面的局部挖试坑,属于破坏性试验,并可能因岩土体积松动而使计算的试坑体积偏小。γ射线法是非破坏性试验,比其他试验简便,并能得到较多的数据,但在堆石坝粗粒料中的应用仍处于试验阶段。直接法中试坑置换法用得多,其中又以灌水法的使用频率最高。全质量法是大规模试验,虽能求出整个填筑区的平均密度,但真正实施者甚少。有关混凝土面板堆石坝的填筑检测技术方法见表5-16。

表5-16 各种检测技术方法

试验方法	测定项目		试验仪器	说明
直接法	试坑置换法	灌水法	塑料薄膜,水、秤、筛	人工开挖0.7 m^3
		灌碎石法	碎石、秤、筛	
	压实计法		场地测量	利用有压实计机械
	全质量法		运输车辆、水准仪、尺、地磅	测定基面
	冻结取样法		冻结设备、秤、测体积设备	带有研究性
间接法	γ射线法	表面型	核子仪、γ射线导管	
		预埋导管型		
	面波仪法		面波仪	
	附加质量法		信号采集系统	

一、直接法检测技术

试坑置换法可分为灌水法与灌碎石法(灌砂、砾石法)。

(一)灌水法

采用试坑灌水法可以测定坝体填筑的密度及颗粒级配。该法适用于爆破堆石料、砂砾料、填筑的过渡料、主堆石区及任意料区的密度检验,对垫层区(包括斜坡)除灌水法外,也可采用灌砂法。

1. 试验设备及仪器

主要试验设备及仪器有以下几种:

钢环,内径为1 000~2 000 mm,高 $h=20$ mm。为保证钢环的刚度,钢环两沿口应焊接宽度为100 mm的环板,并在环外侧设加劲板。

套筛:方孔或圆孔,孔径为150 mm、80 mm、40 mm、20 mm、10 mm(φ6 钢筋制成),内径为300 mm或600 mm,活口尺环最大内径为1 000 mm。

磅秤:称量500 kg,感量0.20 kg。

方木尺:长度等于加劲环板的外径,即 $L=D+200$ mm(D 为加劲板的直径),中间钉钉,钉尖长出尺面50~100 mm。

水箱:容积约为400 L,底部设水阀,亦可采用高精度流量计。

橡皮板:平面尺寸为1 m×2 m,厚2~3 mm。

其他仪器还包括直尺、水桶(15 L)、量筒(2 000 mL)、带盖小桶(3 L)、人字扒杆等。

2. 试验步骤

(1)将钢环放在欲测的压实层面上,用力将环压紧,使其固定。

(2)检除环内表面松动的石块和锐利的碎片。套环要放稳放平,整个操作过程中不能移动。

(3)将隔水薄膜铺放在环内,并使隔水薄膜尽可能与环内边角及石块表面相接触。

(4)将水箱放在磅秤上充满水,同时称量水及水箱质量 W_1(kg),打开下阀门,放水入环,当水面恰好达到放置在环上木尺中心的钉尖处时,停止放水,称量水及水箱的总质量 W_2(kg),根据下式计算出试坑初始体积

$$V_0=\frac{W_1-W_2}{\rho_w} \tag{5-9}$$

式中 V_0——初始体积,cm^3;

ρ_w——水的密度,kg/L。

(5)将水除去,掀去隔水薄膜,并检查薄膜是否有漏水,若有漏水,则需要更换隔水薄膜,重复步骤(3)、(4)。

(6)由中心向边缘挖出环内石料,如遇大石料,可借扒杆从试坑中取出。整个过程严格防止钢环扰动或产生位移。试坑深度应与所检验的填筑层厚度(压实后)相近,其直径 D 应不小于坑内坝料最大粒径 d_{max} 的3倍。试坑应近似呈等径圆柱状。当因块石分布影响试坑形状,出现坑壁极不规整或越出钢环外沿的现象时,此试坑应予废弃。

(7)用容积为15 L的桶装满黏土砂浆,沿桶缘刮平,然后取桶内砂浆涂抹填补坑内部

分凹陷边壁，将桶内剩余砂浆表面抹平，用量筒量水注入桶内以测出试坑内砂浆的体积 V_2。

(8)将隔水薄膜铺入试坑，并注意该试膜在钢环外的预留余量。

(9)称量水箱内水的质量 W_3，打开下阀向试坑注水，使水面至木杆中心尖处，然后称水箱及剩余水的质量 W_4，按下式计算试坑体积

$$V = \frac{W_3 - W_4}{\rho_w} \tag{5-10}$$

(10)重复步骤(5)。

(11)在试坑中取出坝料，过套筛分级并称重，再用尺环、活尺环测量大粒径，并分别称重记录，以求自试坑中挖出的坝料总质量 W_5。

(12)粒径小于 10 mm 者应筛在橡皮板上，并用苫布覆盖，以防水分蒸发。筛分完毕后用四分法取样约 3 kg 装入带盖桶内，迅速送实验室进行含水量及颗粒分析试验。

3. 计算与制图

(1)按下式计算湿密度 ρ 与干密度 ρ_d

$$\rho = \frac{W_5}{V_2 + V - V_0} \tag{5-11}$$

$$\rho_d = \frac{\rho}{1 + 0.01w} \tag{5-12}$$

式中 W_5——自试坑中挖出的坝料总质量，kg；

w——坝料含水量(%)；

V_0——钢环内部初始体积，L；

V——修整后的试坑体积，L；

V_2——涂入试坑壁的黏土砂浆体积，L。

坝料含水量 w 可采用烘干法将试坑挖出的全部坝料烘干求得，或由 10 mm 料的含水量按下式修正得到

$$w_{10} = (I_{10} + 0.5I_{20} + 0.25I_{40} + 0.125I_{80}) \times 100\% \tag{5-13}$$

式中 w_{10}——粒径小于 10 mm 颗粒的含水量(%)，由实验室测得；

I_{10}、I_{20}、I_{40}、I_{80}——0 ~ 10 mm、10 ~ 20 mm、20 ~ 40 mm、40 ~ 80 mm 各粒组相对含量(以小数计)，粒径大于 80 mm 的颗粒的含水量可忽略不计。

(2)根据坝料试验，计算出填筑密度，求得坝体填筑的孔隙率。

(3)汇总历次密度的检验结果。

(二)灌碎石法(灌砂、砾石法)

应用灌碎石法时，同样要在摊铺层面或碾压层面挖掘试坑，然后向其中投入砂碎石，由转换到试坑内的碎石或砂砾石的体积代替试坑体积，再用挖出的质量与体积之比求现场密度。因粗料中颗粒间的孔隙特别大，不能采用灌砂法，砂粒太细，容易进入超出测定范围的孔隙中。灌碎石(砂砾石)法中试坑的开挖方法以及挖出粗粒料的称量方法与灌水法相同，而置换的材料多采用风干状态下 5 ~ 20 mm 的碎石或砂砾石。主要试验过程如下所述。

1. 试验步骤

(1)置换材料的换置试验校正。向已知容积的容器内投入置换材料,但校正容器的尺寸和落距必须根据现场试验的具体情况来确定。由容器的总容积与投入的置换材料的总质量之比求出校正系数(单位质量占有的体积),校正试验要做3次以上,取其平均值作为校正系数。

(2)置放材料的投入。向试坑内投入置换材料时落距应与校正试验一致。投料可用人工或台车及皮带运输机等。但不管用什么,为了不使试坑周边松动,必须考虑采取脚手架保护措施。按照碎石投入方法将材料投入到坑口附近后,按周边地面的状况把顶面整平。

(3)由于试坑直径较大,试验的地表面预先不易平整,为了能精确地测定试坑体积,试验时增加一个套环,在套环上确定一个参考平面(一般以套环顶面为参考平面)。

2. 计算方法

现场的计算:把校正系数(体积/单位质量)乘以投入的置换材料的总质量,求出试坑的容积(V),湿密度、干密度与灌水法一样由式(5-11)、式(5-12)求出,由试验容积和开挖出来的粗粒料的质量(M)用下式计算出孔隙率

$$\rho = \frac{M}{V} \tag{5-14}$$

式中 V——容积,m^3,等于投入质量×校正系数。

(三)全质量法

全质量法是根据运进试验的堆石料的质量和试验块的体积求密度。

1. 试验步骤

(1)选定试验块(2 m×18 m),并将地表面整平后,用2 m×2 m的网格测定地表面整平后的高程(99个测点)。

(2)用地磅测定运进试块的材料质量,并按规程要求形状堆筑。

(3)为了求出填筑层碾压后的体积,用2 m×2 m的方格测定地表面碾压层各测点的高程。

2. 计算方法

试验块的体积(V)和密度(ρ_1)由下式求出

$$V = A(h_1 - h_2) \tag{5-15}$$

$$\rho_1 = \frac{M}{V} \tag{5-16}$$

式中 h_1——地基表面高度的平均值(99个测点),m;

h_2——碾压后地基表面高度的平均值(99个测点),m;

A——试验块的面积,m^2;

M——总质量,kg。

(四)冻结取样法

冻结取样法是先将堆石坝等工程中拟测定密度的填料范围冻结,再来取样测定其体积和质量并计算密度的方法。根据日本水资源开发公团所进行的现场填筑碾压试验的结

果,冻结取样法与目前用于粗粒料场密度测定的其他方法(灌水法、灌碎石法以及全质量法)相比体积测定的精度更高,测得的密度值更接近真值。

1.测定方法

(1)试验块填筑的地点选定以及隔水薄膜的铺设。为了使填筑料冻结,整个试块需要水。因此,填筑区底部和侧面要铺筑隔水薄膜。为了防止铺设时破损薄膜,在薄膜的两侧铺上黏土保护层。

(2)粗粒料的摊铺。按实际施工方法摊铺两层粗料(堆石料),每层铺厚 1 m,取样及密度测定以上层的粗料为对象。

(3)设置冻结管。摊铺前把供冷却介质循环的冻结管埋设在各测点位置,冻结管埋设应具有一定角度。

(4)碾压按实际施工方法进行,采用 10 t 振动碾碾压 4 ~ 6 遍。

(5)试验块蓄水。用洒水车和水泵使整个填筑层蓄水至饱和。

(6)用挖掘机把冻结区周围填料挖开,把钢丝绳拴在冻结管上,由吊车吊起,所取试样的体积平均约为 2 m^3。

2.密度测定

把所取出的冻结试样放入装有冷却水的圆形容器内,根据容器内水位的上升可得到冻结试样的体积。另外,测定整个试样冻结状态下以及干燥后的质量,分别算出饱和密度(冰饱和)和干密度。

(五)压实计法

1.概述

压实计是近年来发展起来的一种控制碾压质量的新型仪器。压实计法是用来检测大坝干密度的一种新方法,主要是通过安装在振动碾上的压实计对整个碾压作业面进行全面的、实时的质量控制。在碾压过程中,驾驶员通过指示仪表即可随时了解工作面的压实情况,并可根据仪表的指示确定是否增加压实遍数。

一般情况下,压实计读数只表示填料的压实程度,而不表示一定的工程参数。压实计必须经过厂家率定,其读数才可以表示一定的工程参数(干密度、沉降率、孔隙率等)。在施工前,所用的压实计必须经过碾压试验的验证,使其工程参数尽可能保持施工参数与率定时的施工参数相同后方可使用。

2.压实计的组成与应用

1)压实计的组成与安装

压实计由传感器、信号处理器、指示仪表、电源、电缆、记录仪表等部件组成。

(1)传感器:安装在振动碾动轮轴上方,以保证测量时传感器振动轮上下运动。

(2)信号处理器:安装在驾驶室内。

(3)指示仪表:安装在操作台上。

(4)电源:一般采用振动碾所带的 +12 V 蓄电池。

(5)电缆:按说明要求将上述(1) ~ (4)项各部件用动力线各信号电缆连接起来。

(6)记录仪表:各种型号压实计所配的记录仪表不同,有打印机或笔绘记录器等。一般记录仪表安装在振动碾上,需要记录时,按说明书将记录仪表与信号处理器连接即可。

2)压实计的率定

压实计的率定就是找出压实读数与填筑干密度或孔隙率的对应关系。其方法与碾压试验大致相同,尽可能结合施工前的现场碾压试验进行。

率定压实计时,若压实计具有频率选择功能,则碾压前应将其频率选择开关调到与振动碾工作频率相同。碾压过程中应保持振动碾的行进速度恒定,率定的速度一般以0.5~1.0 km/h 为宜。碾压必须采用分道方式,不能采用错距方式。

在碾压过程中,每碾1遍或2遍后,即进行一次沉降测量。每遍碾压应选择10~15个点。在碾压过程中或碾压结束后采用挖坑灌水法测定堆石体的干密度(孔隙率)。

资料分析与整理:计数同一遍的压实计读数、沉降率、干密度(孔隙率)的算数平均值,然后绘制压实计读数、沉降率和干密度与碾压遍数的关系曲线,并由所绘制的关系曲线确定符合设计施工标准的干密度(孔隙率)所对应的压实计读数和碾压遍数。

3)压实计的应用

压实计在堆石坝填筑中主要有以下两个方面的用途:

(1)作为压实指标的仪表。压实计采用这种方式工作时无须率定。碾压过程中压实计的读数指明堆石碾压密实的程度,可根据仪表的指示确定是否还需增加碾压遍数。当仪表的读数不再增加或增加量很小时,即表示作业面已碾压密实。但应注意压实计仪表上的读数并不表示堆石的技术指标。

(2)作为压实质量的控制仪表。压实计经过率定后,可用来检测和控制碾压质量。因为在找出压实计读数与堆石的技术指标(干密度、孔隙率等)的对应关系后,即可根据压实计读数来确定堆石的技术指标,并以此作为质量控制的依据。

4)注意事项

在施工中应尽量减少下列因素对测试结果的影响:

(1)频率。振动碾振动频率应保持恒定。压实计的工作频率应调整到与振动碾的频率相同,其偏差最好不大于100次/min。

(2)振动碾行进速度测试时应保持恒定,速度变化将影响压实计读数,速度快,压实计读数偏小。

(3)振动碾的方向。由于振动碾在前进与后退时激振力的变化,压实计读数会有所不同,所以应在振动碾前进时读数。

(4)含水量。黏土、淤泥、粉砂等细颗粒材料含水量对压实计读数影响很大。当含水量大时,压实计读数较小,且指示一个常数,但此时材料仍能压实。含水量等于或略小于最佳含水量时,压实计能较好地工作。

二、间接法检测技术

(一)面波法

1.概述

面波仪原位检测堆石坝体填筑的压实密度是国家"七五"、"八五"科技攻关成果之一。其原理是利用激动设备在半无限弹性介质表面进行垂直振动时,介质中质点产生相应的纵向和横向振动,介质表面质点的振动沿表面传播,产生表面波,表面波在介质中的

传播速度 v_k 与介质密度、强度等特性参数存在良好的相关性。通过率定建立起相关方程式以后即可用现场检测表面波传播速度方式，换算成堆石体的参数，快速并无损地在现场对碾压质量进行监测和评估。

2. 测试仪器

表面波压实密度仪由控制检测装备、发射振动器、接收传感器组成。使用时将仪器安装在已压实的堆石体表面进行检测。当控制检测装置按给定的频率控制激振器对被测材料进行垂直激振时，被测材料中产生表面波振动信号，沿填筑层表面传播经距离 L 后由传感器接收，由控制检测装置测量到表面波传播速度 v_R(m/s)值，然后根据 v_R 与压实干密度 ρ_d(g/cm^3)的相关方程式计算出干密度。

中国水利水电科学研究院仪器研究所开发的 BZJ－3A 型表面波压实密度仪，频率范围在 50～4 000 Hz，检测深度 0.2～1.5 m，检测水平范围 0.6～2 m，仪器质量 14 kg，便于在现场使用。在这种压实密度仪中存入了 $v_R \sim \rho_d$ 的关系方程式 $\rho_d = a + bv_R$ 及计算程序。实际应用前应使用原型材料在碾压试验或初期填筑阶段对面波速度与试坑灌水法测得的干密度进行检测，建立相关关系，并进行回归分析，确定相关方程中的 a、b 值并输入到仪器中供实际应用。

3. 注意事项

在现场检测时，为使仪器与堆石体表面良好接触，对表面凹凸不平处要用砂土垫平，并根据颗粒大小的铺层厚度确定仪器发射频率，检测水平距离 L 及采样次数 T 等参数。如对坝石料，铺筑层厚度 1 m，可选用 $f=100$ Hz，$L=0.5$ m 或 0.75 m，$T=7$；对垫层等较细材料，铺层厚度 0.3～0.5 m，可选用 $f=200$ Hz，$L=0.3$ m，$T=7$ 等。通常以激振器为中心，在互为 90°的四个方向布置传感器，得出半径为 R 的范围内堆石体的平均压实干密度值。

(二)普氏贯入仪法

1. 概述

普氏贯入仪主要用于大面积填筑工程碾压的干密度和含水量的检测。其特点是轻便、灵活、快速，主要用于土坝及堆石坝的上游覆盖层回填检测，可随时随地跟踪碾压现场测试。其技术参数来源于常规环刀法平行试验，因此其检测结果与土工试验密切相关。过去常规试验，取一组环刀，三次求出干密度与含水量，大约需要 8 h 才能得出结果，落后于现场工程进度。普氏贯入仪操作简单，容易掌握。在碾压好的工作面上钻一个孔，将仪器垂直插入孔中，使探锥探头与主机连接后垂直对准被测点施静力贯入，当探杆贯入到规定深度时，屏幕上显示出检测结果，并可自动保留，它与常规的环刀法试验结果有很好的相关性。

2. 电子数显 30 cm 普氏贯入仪的技术指标

每套仪器包括 200 N、600 N、1 000 N 三种规格主机，采用精密力传感器、单片电子集成新技术，具有试验值保留、自动断电关机等功能，结实耐用。各项技术指标见表 5-17。

(三)导管埋设型密度计的测定方法

1. 导管埋设型密度计

该方法是在填料摊铺时，预埋两根互相平行并固定的测量导管。检测时把接收仪和射线源从地表分别插入两根导管内相同的深度，测定穿过两管间堆石料的 γ 射线量。这一方法的优点是可通过调节射线源和接收仪的安放装置，自由测定沿深度方向某处的密度。导管埋设型密度计的规格见表5-18。

表5-17　电子数显30 cm普氏贯入仪的技术指标

技术指标	规格(N)		
	100	600	1 000
测试深度(mm)	0～100	0～300	0～300
被测介质	各种回填土	各种回填土	各种回填土
被测对象	堤防、大坝	堤防、大坝	堤防、大坝
精度(%)	≤0.5	≤0.5	≤0.5
仪器质量(kg)	2	2	2

注：被测介质为碾压夯实的各种回填土。

表5-18　导管埋设型密度计的规格

射线源	钴60(^{60}CO)3.7兆贝克勒尔(3.7 MPa)
接收仪	Nal(Ti)闪烁接收仪
测定深度	测定深度注意间隔为5 cm、10 cm，穿透距离为75 cm
测定时间	3～6 mm/点
使用温度	0～50 ℃
导管	导管尺寸 ϕ83 mm×100 mm×1 400 mm
	材料规格 STM83—C35

测定范围包括射线源孔和接收仪孔连线周围10～15 cm。

2. 导管埋设型密度计的测定方法

(1)导管的埋设。将导管置于摊铺层前边斜坡上，再用装载机送料把导管下部固定，然后按正常施工方法用摊土机摊铺。

(2)计数率比的测定。把射线源和接收仪插入导管，隔5 cm或10 cm测定一次，其测定流程如图5-6所示。

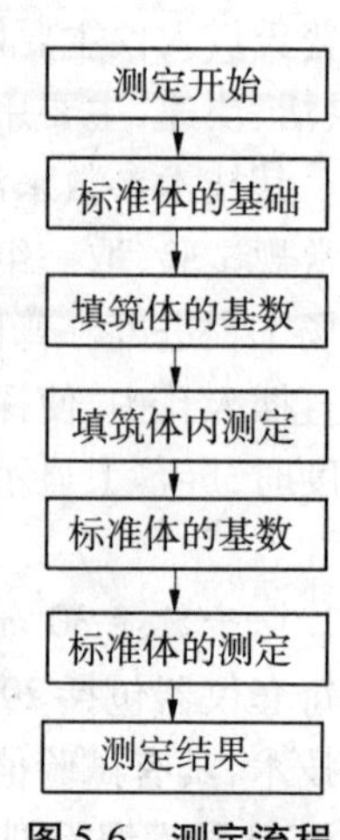

图5-6　测定流程

为了提高试验精度，要测定基数(自然放射线)以进行修正。测出计数率比后根据校正试验所得的率定公式计算出现场密度。

3. 注意事项

(1)埋设导管时上部要放置保护导管的砂袋，无法测定30 cm以上的摊铺层密度，所以必须与表面型密度计结合使用。

(2)用法定值(3.7 MPa)以下的 γ 射线源时，射线源孔与接收孔的间距不能超过75 cm，所以大于75 cm的粗颗粒含量较多时，此法难以适用。

(四)堆石体密度检测的附加质量法

堆石体密度的检测可选用附加质量法,这种方法适用于粒径较大(0.2 m 以上)、堆积相对致密的堆石体。堆石体的密度检测精度要求密度值测试精度应不低于95%。

1.堆石体密度检测方法的技术要求

(1)进行附加质量检测的仪器设备应满足下列要求:

①激振器可选用50 kg铁块,手提落锤激振。

②拾振器可选用速度型检波器,其灵敏度优于250 mN/(cm·s),并能在10~120 Hz频带内接收信号。

③信号采集器宜选用频带2~2 000 Hz,采样间隔0.05~2 ms,增益不低于60 dB,采样点数不少于1 024个。

④承压板选用圆形或方形,厚度与边长(或直径)的比不小于0.02的钢板,用于堆石体密度检测的承压板边长(或直径)应按工程要求选择。

⑤具有记录自动保存和频谱分析功能,频率分辨率不大于0.2 Hz。

⑥附加质量块宜选用标准计量的铸铁块或其他类型的钢铁混凝土块。附加质量块的数量应根据地基类型选配:土类地基选配600~1 000 kg/m^2,砂卵石地基选配1 000~2 000 kg/m^2,堆石地基选配1 500~3 000 kg/m^2。

(2)对一个工区测试前,应在堆石碾压施工试验中同步进行附加质量和面波密度测试试验以及密度坑测试试验。附加质量、面波密度和密度坑测试试验应在同一点上,先进行面波密度和附加质量测试,后进行密度坑测试。如一个施工区有多种类型和性质的堆石料,进行多种分区施工,应分别对不同类型的堆石料进行试验。

(3)附加质量法测点布置及观测系统应符合下列要求:

①堆石体密度检测中,当被检测层的厚度大于介质最大粒径的4倍时,应将承压板中心对准被检测点中心,并在承压板下铺20~50 mm粗砂找平,承压板位置如图5-7所示;当被检测层的厚度小于介质最大粒径的4倍时,应以测点为中心对称布置2~4次承压板作检测,承压板下应铺20~50 mm粗砂找平,承压板位置如图5-8所示。

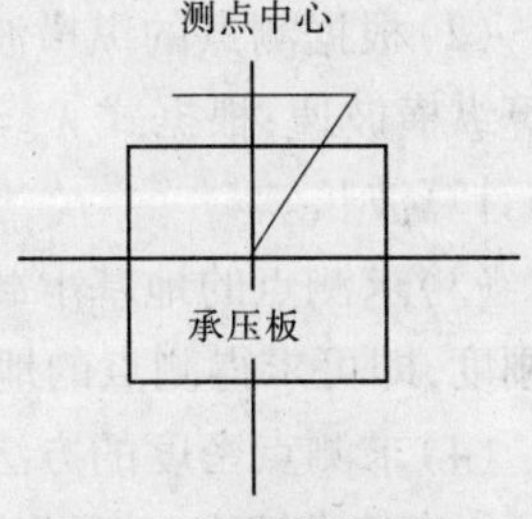

图5-7 承压板位置(一)

②观测系统:将拾振器用黏合剂埋设在承压板中心,并用电缆与信号采集器连接。激发点设在承压板以外的旁土处,激振器的外缘距承压板外缘可控制在200 mm左右,如图5-9所示。

(4)附加质量法的测试应符合下列规定:

①平整测试点场地,测点表面垫一层2~3 cm厚的细砂土,载荷板应平整安置,均匀接触。

②附加质量m_i($i=4\sim5$)不少于4级,m_i为等差质量,质量级差的大小应以保证各级的自振频率f_i($i=4\sim5$)的变化值不得大于1.0 Hz为准。

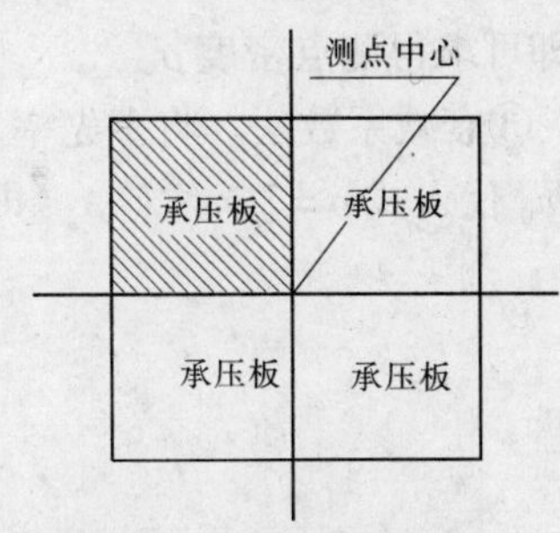

图5-8 承压板位置(二)

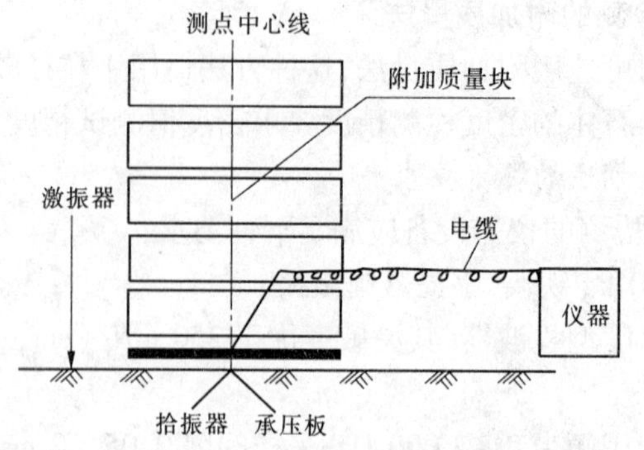

图 5-9　附加质量法观测系统

③自振率频 f_i 的测试误差不得大于 0.2 Hz。

④波速测试应在测点处布置呈十字交叉，间距为扣板边长的 1 ~ 2 倍，在激振的同时测试，波速测试误差应小于 10 m/s。

⑤K 值应按相关的规定进行率定，同一类型的测区用于率定的坑测点不少于 5 个。

2. 资料处理和分析的要求

(1)附加质量法的资料处理首先应将采集的时域信号作傅氏变换，求取每一级附加质量 Δm 所对应的共振频率 f；其次，根据公式 $D=1/(2\pi f)$ 计算每一级附加质量 Δm 所对应的 D，并作 $D\sim\Delta m$ 曲线，如图 5-10 所示；再次，根据公式 $K=\Delta m/\Delta D$ 及 $m_0=KD_0$ 计算介质的刚度 K 及参振质量。

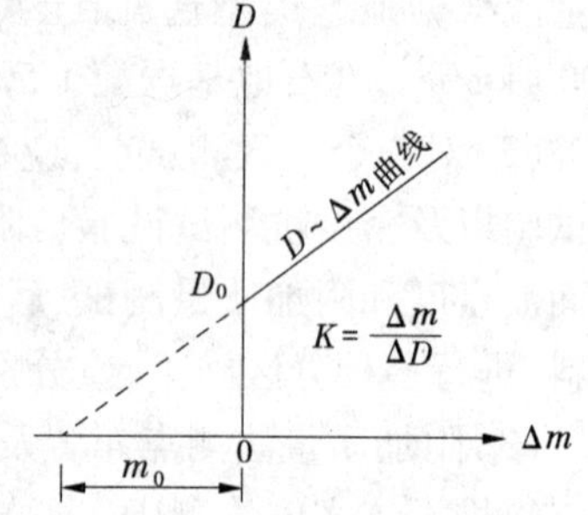

图 5-10　$D\sim\Delta m$ 曲线

(2)根据测点的纵横波记录，并作纵横波时距曲线，计算纵横波速；根据式 $\lambda_p=V_p/f_0$(f_0 为 $\Delta m=0$ 的共振频率)计算波长。

(3)求测点的地基承载力：根据事先建立的刚度 K 与地基承载力的关系，输入测点地基刚度，即可求得测点的地基承载力。

(4)求测点密度的方法如下：

①直接求解法。将测点刚度 K 及纵横波速度 v_p、v_s 代入公式可直接求得测点的密度值 ρ。

②$K\sim\rho$ 相关法。利用事先通过试验建立的刚度 K 与密度 ρ 的关系，输入测点密度 K，即可求得测点密度 ρ。

③衰减系数法。将事先率定而得的衰减系数 β 以及实测的测点波长 λ_p、地基参振质量 m_0 代入式 $\rho=2\beta m_0/(A\lambda_p)$ 即可求得该测点密度 ρ(A 为承压板面积)。

第六章 碾压混凝土坝实用检测技术

碾压混凝土筑坝技术是基于土石坝施工方法的一种干硬性混凝土坝施工方法,采用振动碾对坍落度为0的干硬性混凝土,通过在坝体的铺筑、碾压而成型的工艺,具有温控简单、施工速度快等优点。其主要特点是高掺粉煤灰、富胶凝材料、低水泥用量、不设或少设横缝。采用单设防渗或采用二级配碾压混凝土防渗,简化坝体结构和温控措施,创造全断面连续施工的条件,使碾压混凝土技术得到快速发展,成为重点推广的坝型之一。为确保其工程质量,必须对全部施工过程进行质量控制,从原材料开始到坝筑碾压的全过程,均必须进行全面的检测。

第一节 碾压混凝土材料的基本要求

为了有效地进行碾压混凝土的质量控制,保证碾压混凝土的质量符合设计要求,首先应控制所用原材料的质量,控制碾压混凝土的配合比,为混凝土的生产控制提供相关组成材料的各种参数。

对碾压混凝土材料的基本要求如下:

(1)凡符合国家标准的硅酸盐系列水泥均可用于碾压混凝土坝工程。

(2)水泥品种及标号应与掺合料的品质、掺量一起经技术经济论证后确定。

(3)碾压混凝土施工所用的水泥宜定厂、定品种供应,不宜在施工中途变更水泥厂家和水泥品种。

(4)碾压混凝土施工前必须进行掺合料料源的调查研究和品质试验。

(5)粉煤灰及火山灰质材料均可作为碾压混凝土的掺合料,应选用《粉煤灰混凝土应用技术标准》(GBJ 146—90)质量指标的粉煤灰,不符合上述指标的粉煤灰应经过试验论证后选用。

(6)人工骨料及天然骨料均可用于碾压混凝土。如果两者的经济指标相差不大,宜优先选用人工骨料。

(7)不得使用刚筛选的骨料拌制碾压混凝土。但骨料在成品料场堆放时间应不少于48 h,若细骨料含水量大于6%,则应采取脱水措施。

(8)细骨料的细度模数宜控制在2.5~3.0,使用人工砂时,砂中石粉($d\leq0.16$ mm的颗粒)含量以8%~17%为宜,超过17%时应经试验论证。使用天然砂时,可经试验论证后掺入适量惰性掺合料。

(9)粗骨料最大粒径以不大于80 mm为宜,使用最大粒径超过80 mm的粗骨料时,应进行技术经济论证,不宜采用间断级配。

(10)碾压混凝土中应掺用外加剂,必须进行外加剂对水泥和掺合料的适应性试验。

(11)碾压混凝土所用的水泥应符合下列标准:

①碾压混凝土中由于掺用较大比例的掺合料,混凝土的绝热温升降低,故目前国内外以使用硅酸盐水泥和普通硅酸盐水泥为主,但也不乏使用粉煤灰硅酸盐水泥和矿渣硅酸盐水泥等。

②水泥强度等级的高低可通过调整每立方米混凝土中的水泥用量和掺合料比例来满足混凝土性能的设计要求。

③碾压混凝土具有水泥用量少、水化热低、可连续铺筑等优点。这些优点能否充分发挥很大程度取决于掺合料的来源与温度。因此,对掺合料料源的调查与试验研究应当在方案选定以前有初步结论,不宜先定方案后选掺合料。

(12)碾压混凝土所用的骨料应符合下列有关标准:

①使用人工骨料比天然骨料拌制出的碾压混凝土抗分离性能好,可碾性好,混凝土的抗压强度较高。

②碾压混凝土用水量少,对砂石料的含水量极为敏感,故规定砂子在成品料场的堆放期限,目的在于让砂子有一定的脱水时间,并在编制施工组织设计时,为考虑成品料仓库大小与数量提供依据。

③增大骨料最大粒径对节约水泥、降低混凝土绝热温度等有利,但粗骨料最大粒径的增大会使碾压混凝土分离趋于严重。如日本三川坝采用最大粒径 150 mm 的四级配骨料,减少水泥用量,没有取得预期效果,反而加剧了混凝土的分离。根据国内目前的施工条件规定,最大的骨料粒径不大于 80 mm。国外资料表明,间断级配碾压混凝土分离严重,故不宜使用。

④骨粒料的选用除符合有关标准及碾压混凝土的质量要求外,还应适应混凝土的输送、浇筑工作的工艺及浇筑构件截面最小尺寸的有关规定。

正规采集场是经过资源勘探试验验证,骨料质量符合国家有关标准的规定,能批量生产的单位。来自正规采集场的骨料,应附有质量证明书。考虑到采集场大量堆积骨料,在装卸、运输过程及堆存时造成的粒径级配变异、含泥量增大在所难免。因此,规定当对骨料质量或质量证明书有疑问时,应按批次检验其颗粒级配、含泥量及粗骨料的针片状颗粒含量。

⑤对无质量证明书或其他来源的骨料,因其质量未经系统检验验证,故规定应按批次检验其颗粒级配、含泥量及粗骨料的针片状颗粒含量,必要时还应检验其他质量标准。

⑥海砂中的氯盐含量较高,为控制混凝土中氯离子的总含量,规定按批次检验海砂中的氯盐含量,以便根据计算控制混凝土中氯离子的总量。

⑦骨料质量的检验方法应按 JGJ 52、JGJ 53 及 JBJ 205 等规定进行。对含有活性二氧化硅、白云化石灰岩等可引起碱-骨料反应的骨料,应按有关标准的规定进行碱-骨料反应试验,经验证确认对混凝土质量无损害影响时,方可使用。

骨料在生产、采集、运输与储存的过程中,容易混入一些影响碾压混凝土强度、耐久性的有害物质(如方解石、煅烧白云石、石灰、煤粉、炉渣、矿渣、钢渣或其他化工原料等),为保证碾压混凝土质量,规定严禁混入影响碾压混凝土的有害物质。

⑧细骨料的细度模数及粗骨料粒径级配的变异,显著影响碾压混凝土拌和物的和易性,为保证混凝土拌和物的质量,应按品种、规格分别堆放,不得混杂,并应在装卸及堆存

时采取措施(如减小堆料高度、采用四转卸料器等),使骨料颗粒级配均匀。

(13)符合标准的生活用水对碾压混凝土无有害作用,故凡符合国家标准的生活用水均可用于拌制各种混凝土。

(14)碾压混凝土所用掺合料应符合下列有关标准:

①为改善混凝土某些性能,或节约水泥,在碾压混凝土中可掺入水硬性或填充性掺合料,其质量应符合有关标准的规定。当掺用无质量标准的掺合料时,其烧失量及有害物质含量等质量指标应按有关标准通过试验确认符合混凝土质量要求时,方可使用。

②选用的掺合料,能达到预定改善混凝土性能或在满足改善性能前提下取代部分水泥的目的,其掺量应通过试验确定。

③国内外碾压混凝土施工中多用掺用粉煤灰。国内漫湾水电站和大广坝的试验研究资料表明,火山灰质材料(如火山灰、凝灰岩等)也可作为碾压混凝土的掺合料。粉煤灰作为掺合料使用经验比较成熟,特别是符合国家标准的Ⅰ、Ⅱ级粉煤灰应优先选用。

④掺合料易与水泥混淆,常因管理不善,以致在运输与输存时两者混淆误用,造成混凝土的质量事故。因此,对水泥与掺合料的运输罐车与储存应严格区分,设置明显标志,严防混淆误用,以免影响混凝土质量。

⑤在碾压混凝土中掺用适当品种的外加剂,既可改善混凝土性能,适应不同施工工艺的需求,又可节约水泥,降低生产成本,但如果使用不当或质量不佳也将影响混凝土质量,甚至造成质量事故。为了保证碾压混凝土具有所要求的性能,达到预期的效果,所用外加剂应是经过有关部门批准鉴定,批量生产的产品,且其质量必须符合国家标准的规定。

⑥由于外加剂品种较多,性能差异,故应结合碾压混凝土原材料性能(如水泥矿物质组成、调凝石膏的品种等)及外加剂对水泥的适应性等因素,通过试验及技术经济分析确定其品种和掺量。

(15)为了控制碾压混凝土中氯、硫等有害物质的含量,提高碾压混凝土的耐久性,规定选用的外加剂除应具有质量证明,说明外加剂的性能、用途外,需要时还应检验其氯化物、硫酸盐等需控制的有害物质含量。经试验验证确认对混凝土无有害影响时,方可使用。为防止混杂及混入异物,不被污染,应做好储运管理工作。

由于碾压混凝土胶凝材料用量少,且采用薄层大仓面铺筑施工工艺,为改善混凝土的可碾性,需掺用减水剂;为防止出现冷缝,有效地发挥快速施工的特点,需掺用缓凝剂。目前,国内一般掺用木质素磺酸钙、萘系糖蜜等具有缓凝、减水双重作用的外加剂。有抗冻要求的建筑物外部,碾压混凝土一般还需要掺用引气剂等。

第二节　碾压混凝土原材料的试验方法与要求

随着我国碾压混凝土筑坝技术的迅速发展,为适应我国水工碾压混凝土试验技术进步的需要,对推动我国碾压混凝土筑坝技术的发展起到了积极的作用。随着应用范围的不断扩大,水利部提出《水工碾压混凝土试验规程》(SL 48—94)。其主要内容有原材料、碾压混凝土拌和物和碾压混凝土试验三部分,形成了适合我国工程和技术情况的一套碾压混凝土试验方法,以确保碾压混凝土质量,并尽量保持其本身的系统性,进一步地推动碾压混凝土筑坝技术的应用与推广。

一、水泥试验方法

水泥试验按有关国家标准《水泥密度测定方法》(GB/T 208—94)、《水泥比表面积测定方法》(GB 207—63)、《水泥细度检验方法》(筛分法)(GB 1345—2005)、《水泥标准稠度用水量 凝结时间 安定性检验方法》(GB/T 1346—2001)、《水泥胶砂强度检验方法》(GB/T 117—1985)、《水泥水化热试验方法》(GB 2022—80)、《水泥胶砂流动度测定方法》(GB 2419—1981)、《水泥胶砂快速检验方法》(GB 105)、《水泥化学成分检验方法》(GB 176)及《水工混凝土试验规程》(SD 105—82)的规定方法进行。

二、掺和料试验方法

用粉煤灰作为碾压混凝土的掺合料已很普遍,其在技术上也已成熟,故应优先选用。其试验方法和项目包括密度测定、细度测定、需水量比测定、三氧化硫含量试验、烧失量检验、强度比试验,其试验方法可用《水泥和混凝土中的粉煤灰》(GB 1596—91)和《水工混凝土试验规程》(SD 105—82)的规定方法进行。

三、胶凝材料水化热试验方法(直接法)

(一)目的及适用范围

在热量计周围温度不变的条件下直接测定热量计内胶凝材料胶砂温度的变化,计算热量计内积蓄和散失热量的总和,从而求得胶凝材料水化热。本方法适用于7 d内胶凝材料水化热测定。

(二)试验步骤

1. 准备工作

(1)温度计须在15 ℃、20 ℃、25 ℃、30 ℃、35 ℃、40 ℃的范围内与标准温度计进行校正,绘出校正曲线。

(2)为防止软木塞透水或吸水,应用石蜡涂封软木塞,如有较大孔洞,可先用胶泥堵后再涂石蜡。在封堵前先将软木塞中心钻一个小孔(插温度计)并称质量,封蜡后再称质量,以求得蜡质量。然后在小孔中插入长尾温度计,使温度计水银球离软木塞底面约12 cm,最后再用蜡封严软木塞与温度计之间的空隙。

(3)保温瓶、软木塞、截锥形圆筒、温度计等均需编号并称重量,每套仪器部件不宜互换,否则需重新计算热量计的平均热容量。

2. 热量计的平均热容量计算

热量计的平均热容量按下式计算

$$C = 0.84 \times \frac{g}{2} + 1.89 \times \frac{g_1}{2} + 0.84g_2 + 0.399g_3 + 3.318g_4 + 1.66g_5 + 0.33g_6 + 1.932V \qquad (6\text{-}1)$$

式中 C——不装胶砂时热量计的平均热容量,J/K;

g——保温瓶质量,g(0.84为玻璃的比热);

g_1——软木塞质量,g(1.89 为软木塞比热);

g_2——套管质量,g(0.84 为玻璃的比热);

g_3——截锥形圆筒质量,g(0.399 为铜的比热);

g_4——软木塞底面的蜡质量,g(3.318 为蜡的比热);

g_5——塑料薄膜质量,g(1.66 为塑料薄膜的比热);

g_6——橡皮垫片质量,g(0.33 为橡皮的比热);

V——温度计伸入热量计的体积,cm^3(1.932 为玻璃的容积比热)。

3. 热量计散热常数的测定

(1)试验前热量计各部件和试验用品应先在(20±2)℃下恒温 24 h。

(2)在截锥形圆筒上面盖一块 15 cm×15 cm 中心带有圆孔的塑料薄膜,边缘向下折,用橡皮筋箍紧,然后放置于热量计中,并固定防止摇动。用漏斗向圆筒内注入 550 mL 约 35 ℃的温水,再用插有温度计的软木塞盖紧,并在保温瓶与软木塞之间用蜡或胶泥密封,防止透水,然后将热量计垂直固定于恒温水槽的热量器支架上夹好。

(3)恒温水槽内的水温应始终保持(20±1)℃。试验开始 6 h 测定第一次温度 T_1,经 44 h 测定第二次温度 T_2。

(4)热量计的散热常数按下式计算

$$K = (C + W)\frac{\log\Delta T_1 - \log\Delta T_2}{0.434\Delta t} \tag{6-2}$$

式中 K——散热常数,J/(h·℃);

W——水的热容量,为 550×4.186 8 J/℃;

ΔT_1——试验开始 6 h 后热量计与恒温水槽的温度差,℃;

ΔT_2——试验 44 h 后热量计与恒温水槽的温度差,℃;

Δt——自 T_1 至 T_2 时所经过的时间,h。

式(6-2)是根据测定过程中热量计散失的热量 Q 与该测定过程中的平均温度差 ΔT 和时间间隔 Δt 成正比推算,其比例常数为散热常数 K。

$$Q = K\Delta T\Delta t \tag{6-3}$$

其中

$$K = \frac{Q}{\Delta T\Delta t} \tag{6-4}$$

$$Q = (C + W)(T_1 - T_2) \tag{6-5}$$

$$\Delta T = \frac{\Delta T_1 - \Delta T_2}{\ln\frac{\Delta T_1}{\Delta T_2}} \tag{6-6}$$

热量计散热常数应测定两次,取其平均值,两次结果差值应小于 4.2 J/(h·℃)。每年必须测定一次,K 值应小于 168 J/(h·℃)。否则,说明保温瓶质量不佳,应更换。

4. 胶砂水化热的测定

(1)为保证热量计中温度均匀,采用胶砂进行试验,砂子采用《水泥胶砂强度检验方法》(GB/T 177—1985)用的标准砂,胶结比为 1:10~1:20。

(2)胶砂的加水量等于胶凝材料标准稠度用水量。

(3)试验前水泥、粉煤灰、砂子、水等材料和热量计各部件均应预先在(20±2)℃下恒温。试验时胶砂材料与砂子干混合物总质量为800 g,按选择的胶砂配比计算胶凝材料与标准砂用量。分别称量后,倒入搅拌锅内干拌1 min,然后移入已用湿布擦过的搅拌锅内。按上述步骤计算胶砂加水量,加水湿拌3 min后,将胶砂迅速装入内壁已衬有牛皮纸的截锥圆筒内,黏在锅和勺上的胶砂,用棉花擦净,一起放入截锥圆筒中,并在胶砂中心钻一孔,深约12 cm,放入玻璃套管,以备插入温度计。然后盖上中心有一圆孔的塑料薄膜,并用橡皮箍紧,置于热量计中。在截锥筒下垫橡皮垫片,再将插有温度计的软木塞盖紧。

从加水起至软木塞盖紧应在5 min内完成。自加水起7 min时记录初始温度 t_0,然后在软木塞与热量计接缝之间涂蜡或胶泥封闭,封好后将热量计放入恒温水槽的支架上夹好。水槽内水面应高出软木塞顶面约2 cm。

(4)热量计放入恒温水槽后,温度上升过程中,每小时记录一次温度,温度下降过程中,每两小时记录一次温度,当温度变化不大时,可改为4 h或8 h记录一次。试验从读初温时起进行168 h。

5.试验结果的处理

(1)根据所记录的时间与对应的水泥胶砂温度,以时间为横坐标(1 cm=5 h)、温度为纵坐标(1 cm=1 ℃),在坐标上作图,并画出20 ℃水槽恒温线。恒温线与胶结温度曲线间的总面积(恒温线以上的面积为正面积,恒温线以下的面积为复面积)$\sum F_{0\sim x}$(h·℃)可按下列计算方法求得:

①用求积仪求得。

②把恒温线与胶砂温度曲线间的面积按几何形状划分为较小的三角形、抛物线形、梯形面积:F_1、F_2、F_3等,分别计算,然后将其相加,因为1 cm^2等于5 h·℃,所以总面积乘5即得$\sum F_{0\sim x}$(h·℃)。

③近似矩形。在胶凝材料水化热曲线图横坐标上,以每5 h(1 cm)作为一个计算单位,并作为矩形的宽度。矩形的长度(温度值)是通过面积补偿确定的,如图6-1所示。在矩形底边 t_1、t_2 处,分别作两根平行于纵坐标的直线,与曲线相交于 A 点和 B 点,在曲线段 AB 间选一点 P,过 P 点作横坐标的平行线,此线与 t_2B 线交于 B',与 t_1A 线的延长线交于 A'。此时如曲线下方画斜线的面积 PBB' 与曲线上方空白面积 PAA' 相等,则此时 P 点的高度(℃)即可作为矩形的边长,长、宽相乘即得到矩形的面积,以此类推,将划分的各个矩形面积相加则得曲线下方的面积,再乘以5,即得$\sum F_{0\sim x}$(h·℃)的数值,如 PBB' 与 PAA' 面积不相等,则按上述方法重找 P 点,直到面积相等为止。

④用电子仪器自动记录计算。

⑤其他方法。

(2)根据水泥、粉煤灰、砂、水的质量及热量计平均热容量按下式计算装入胶砂后热量计的热容量

$$C_p = 0.84G_c + 0.84G_s + 4.2G_w + 0.84G_F - C \tag{6-7}$$

式中 C_p——装水泥胶砂后热量计的热容量,J/℃;

G_c——水泥质量,g(0.84为水泥的比热);

G_s——砂的质量,g(0.84为砂的比热);

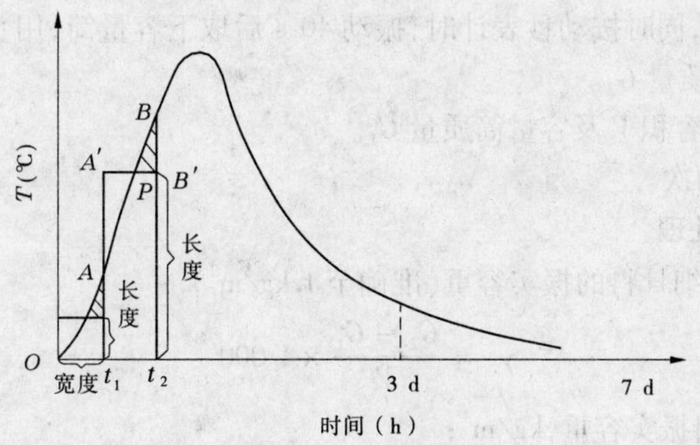

图 6-1　水泥水化热曲线

G_w——水的质量，g（4.2 为水的比热）；

G_F——粉煤灰的质量，g（0.84 为粉煤灰的比热）；

C——热量计的平均热容量，J/℃。

（3）试验经一定龄期 x 小时，所用胶砂发放出的总热量为热量计中积蓄热量加散失热量的总和，并按下式计算

$$Q_x = C_p(t_x - t_0) + K\sum F_{0\sim x} \tag{6-8}$$

式中　Q_x——胶砂经 x 小时龄期的总发热量，J；

C_p——装胶砂后热量计的热容量，J/℃；

t_x——胶砂经 x 小时龄期的温度，℃；

t_0——胶砂的初始温度，℃；

K——热量计的散热常数，J/(h·℃)；

$\sum F_{0\sim x}$——在 0 ~ x 小时间恒温水槽温度直线与胶结温度曲线间的面积，h·℃。

（4）在一定龄期 x 时胶凝材料水化热按下式计算

$$q_x = \frac{Q_x}{G_B} \tag{6-9}$$

式中　q_x——一定龄期 x 时胶凝材料水化热，J/g；

Q_x——龄期为 x 时胶凝材料放出的总热量，J；

G_B——胶凝材料质量，g。

（5）胶凝材料水化热试验必须测定两次，取其平均值，两次结果差值应小于 12.6 J/g。

四、细骨料的常规试验方法

一般性能的测定按《水工混凝土试验规程》（SD 105—82）规定的方法进行。

（一）细骨料振实容重及空隙率测定

目的及适用范围：测定细骨料振实容重和空隙率，评定细骨料品质。

（二）试验步骤

（1）用铁锹把饱和面干砂样拌匀，装入附有套膜的容量筒内，砂料应离出筒口 5 cm。

（2）将装入砂料的容量筒固定于振动台上，将透明塑料板、滑杆连同配重砝码（质量 7.75 kg）一起置于砂料表面，松开滑杆，使压板端正地压于砂料表面上。

(3)开启振动台,同时按动秒表计时,振动 40 s 后取下容量筒,用直尺从筒口中心线向两侧刮平砂样,称质量 G_2。

(4)测定容量筒容积 V 及容量筒质量 G_1。

试验应平行做两次。

(三)试验结果处理

(1)按下式计算细骨料的振实容重(准确至 1 kg/m^2)

$$\gamma_s = \frac{G_2 - G_1}{V} \times 1\ 000 \tag{6-10}$$

式中 γ_s ——细骨料振实容重,kg/m^3;

G_1 ——容量筒质量,kg;

G_2 ——容量筒及砂样质量,kg;

V ——容量筒容积,L。

以上两次测值的平均值作为试验结果,当两次测值相差超过 20 kg/m^3 时,应重做试验。

(2)按下式计算细骨料振实空隙率(准确至 0.1%)

$$V_{os}(\%) = \left(1 - \frac{\gamma_s}{\rho_s}\right) \times 100 \tag{6-11}$$

式中 V_{os} ——细骨料振实空隙率(%);

γ_s ——细骨料振实容重,kg/L;

ρ_s ——饱和面干砂视密度。

五、细骨料的常规试验方法

一般性能测定按《水工混凝土试验规程》(SD 105—82)规定的方法进行。

(一)粗骨料振实容重及空隙率测定

目的及适用范围:测定粗骨料的振实容重及空隙率,供选择粗骨料级配及碾压混凝土配合比设计中计算砂浆盈余度用。

(二)试验步骤

(1)根据粗骨料最大粒径确定容量筒的大小(最大粒径 40 mm 时用 10 L,最大粒径 80 mm 时用 30 L),称质量 G_1。

(2)取具有代表性的气干试样或一定级配比例的气干粗骨料,搅拌均匀,用手铲将试样从离筒口 5 cm 处自由落入筒内,粗骨料装至与筒口齐平。注意用 5 ~ 10 mm 的小粒径粗骨料填平。

(3)把装有粗骨料的容量筒固定于振动台上,粗骨料表面加上相应的压重块(质量按压强 980 Pa 计算)。

(4)开启振动台,振 60 s,取下压重块,在试样上面铺上尼龙绸布,用已知容重 γ 的标准砂均匀地从 5 cm 高处倒入绸布中,直至标准砂略高于筒口。然后用直尺沿容量筒上边缘刮平,称取标准砂质量 G_2,计算所填入标准砂的体积 V_2,取下容量筒,称得筒加试样质量 G_3。试验平行进行两次。

(三)试验结果处理

按下式计算粗骨料振实容重(准确至 1 kg/m^3)

$$\gamma_g = \frac{G_3 - G_1}{V_1 - V_2} \times 1\ 000 \tag{6-12}$$

式中 γ_g ——粗骨料振实容重,kg/m^3;

G_1 —— 容量筒质量,kg;

G_3 —— 容量筒加试样质量,kg;

V_1 ——容量筒容积,L;

V_2 ——所填标准砂体积,L。

以两次试验的平均值作为试验结果,两次试验结果相差超过 20 kg/m^3 时,试验应重做。

按下式计算粗骨料的振实空隙率(准确至1%)

$$V_{og}(\%) = (1 - \frac{\gamma_g}{1\ 000\ \rho_g}) \times 100 \tag{6-13}$$

式中 V_{og}—— 粗骨料振实空隙率(%);

γ_g ——粗骨料振实容重,kg/m^3;

ρ_g ——粗骨料视密度。

按下式计算标准砂体积

$$V_2 = \frac{G_2}{\gamma} \tag{6-14}$$

式中 V_2 ——标准砂体积,L;

G_2 ——所填标准砂质量,kg;

γ ——标准砂松散容重,kg/L。

(四)外加剂的试验方法

外加剂性能测定按《混凝土外加剂匀质性试验方法》(GB 8077—87)的规定进行。

(五)水的试验方法

水质检验方法按《水工混凝土试验规程》(SD 105—82)的规定进行。

第三节 碾压混凝土拌和物的试验方法

一、一般规定

(1)拌制碾压混凝土拌和物时,拌和间温度保持在(20 ±5) ℃。

(2)用以拌制碾压混凝土的各种材料应提前 1 d 放入拌和间。

(3)骨料计量一律以饱和面干状态为标准,材料用量以质量计称量,精度:水泥、粉煤灰及水为 ±0.3%,骨料为 ±0.5%,外加剂准确至 0.01 g,减水剂准确至 0.5 g。

(4)搅拌机应预先搅拌少量与碾压混凝土水胶比相同的砂浆,使搅拌机内壁湿润,各种用具在拌制前也应保持湿润。

其目的及适用范围:为室内试验提供碾压混凝土拌和物。

二、碾压混凝土拌和物室内搅拌方法、操作步骤

(1)根据工程技术的需要进行配合比设计试验。按顺序将称好的砂、水泥、粉煤灰(水泥和粉煤灰预先拌均匀)倒入搅拌机搅拌1 min,再按顺序把称量好的水(外加剂事先与水混均)、大石、小石倒入搅拌机中搅拌2 min,也可采用经过试验论证能搅拌均匀的搅料顺序及拌和制度。

(2)将拌好的碾压混凝土拌和物倒出,卸在钢板上,刮出黏结在搅拌机上的拌和物,并一起翻拌均匀。

三、碾压混凝土拌和物工作度(*VC*值)测定

目的及适用范围:用于实验室及现场测定碾压混凝土拌和物*VC*值,以评定拌和物的工作度,为配合比设计及施工质量控制提供依据。

试验步骤如下:

(1)试验前将容量筒、压板等擦净润湿。

(2)将拌和物筛去大于40 mm粒径的粗骨料,拌和均匀、摊平,用四分法将拌和物分成四份,取其对角线方向的两份,分两层装入容量筒。下层应超过半筒,上层装至与筒口齐平。每装一层捣棒从容量筒周边开始向中心螺旋形均匀振捣25次。振捣深度,底层穿透该层,上层插入下层表面以下1~2 cm,上层插捣完毕后将表面整平。

(3)将装料的容量筒固定于振动台上。把透明塑料压板、滑杆及配重砝码加到拌和物表面(总质量17.5 kg)。松动滑杆,紧固螺栓,开启振动台,同时计时,记下从振动开始到压板周边全部出现水泥浆所需的时间。

(4)工作度试验应在拌和物拌和完毕20 min内做完,未进行试验的拌和物应用塑料薄膜或湿麻袋遮盖,以免水分蒸发。

(5)试验两次,取其平均值。

(6)试验结果处理:以两次测值的平均值(精确至0.5 s)作为拌和物的工作度(即*VC*值)。当混凝土拌和物的*VC*值处于5~15 s、6~25 s、26~35 s范围内时,两次测试结果分别不得超过3 s、5 s、7 s。否则,试验必须重做。

四、碾压混凝土拌和物容重测定

目的及适用范围:测定碾压混凝土拌和物单位体积的质量,为配合比设计计算材料用量提供依据,校核设计容重,当已知所用材料密度时,还可以计算出拌和物的近似含水量,在获得现场实测压实容重的基础上,可用以计算相对压实度。

试验步骤如下:

(1)根据拌和物中最大骨料粒径选定相应的容量筒,测定容量容积V。

(2)拌制碾压混凝土拌和物。

(3)擦净容量筒,称质量G_1。

(4)把容量筒固定于振动台上,加上套模,把拌和物装入容量筒,分层装料,每层厚度

不大于 20 cm（上层应装至高出容量筒顶面约 5 cm），按每 100 cm^2 插捣 12 次进行分层插捣。放上相应质量的压重块，分层振动，下层振动时间等于该拌和物的 VC 值。顶层振动时间为该拌和物 VC 值的 2 倍，必要时可考虑 3 倍。

（5）取下套模及压重块，沿筒口刮除多余的拌和物，用抹刀及玻璃板抹平表面，将容量筒外部擦净，称质量 G_2。进行两次，取平均值。

（6）试验结果的处理：

①按下式计算碾压混凝土拌和物的容重（准确至 1 kg/m^3）

$$\gamma_b = \frac{G_2 - G_1}{V} \times 1\,000 \tag{6-15}$$

式中 γ_b ——碾压混凝土拌和物的容重，kg/m^3；

V ——容量筒的容积，L；

G_1 ——容量筒质量，kg；

G_2 ——试样与容量筒质量，kg。

以两次测值的平均值作为试验结果，当两次测值相差超过 20 kg/m^3 时，试验应重做。

②按下式计算拌和物的近似含气量

$$V_d(\%) = \frac{\gamma_o - \gamma_b}{\gamma_b} \times 100 \tag{6-16}$$

$$\gamma_o = \frac{G_c + G_f + G_s + G_g + G_w}{\frac{G_c}{\rho_c} + \frac{G_f}{\rho_f} + \frac{G_s}{\rho_s} + \frac{G_g}{\rho_g} + \frac{G_w}{\rho_w}} \times 1\,000 \tag{6-17}$$

式中 V_d——碾压混凝土拌和物的含气量（%）；

γ_o ——拌和物不含气时的理论容重，kg/m^3；

γ_b ——拌和物的实测容重，kg/m^3；

G_c、G_f、G_s、G_g、G_w ——每立方米拌和物中水泥、粉煤灰、砂、石、水的质量；

ρ_c、ρ_f、ρ_s、ρ_g、ρ_w ——水泥、粉煤灰、砂、石、水的密度或视密度。

现场质量检查时，为了方便起见，可在测定拌和物工作度之后延长施振时间至该拌和物 VC 值的 2 倍，求得振实后试样的质量。

$$\gamma_{原} = \gamma_b\left(1 - \frac{G_3}{1\,000\rho_g}\right) + G_3 \tag{6-18}$$

式中 $\gamma_{原}$——未经过湿筛的碾压混凝土拌和物的容重，kg/m^3；

G_3 ——每立方米碾压混凝土中大于 40 mm 的石料用量，kg/m^3；

ρ_g ——大石的视密度，kg/m^3；

γ_b ——经过湿筛的混凝土拌和物的容量，kg/m^3。

未经过湿筛的碾压混凝土拌和物的容重也可按 1.03 γ_b 估算。

五、碾压混凝土砂浆振实容重试验

目的及适用范围：测定碾压混凝土砂浆单位体积质量，用于碾压混凝土配合比参数的选择。

试验步骤如下：

(1)用5 mm方孔筛从碾压混凝土拌和物中筛取砂浆约20 kg。

(2)称容量筒质量，通过套模将砂浆分两层装入容量筒中，每装一层用捣棒振捣25次。

(3)将容量筒固定在振动台上，砂浆试样表面加承压板及承压块，开启振动台对砂浆试样施加振动(振动时间等于混凝土拌和物*VC*值，*VC*值未知时可用15 s)。

(4)刮去容量筒表面多余的砂浆，磨平表面，擦净容量筒，称容量筒及砂浆的总质量，试验进行两次。

(5)试验结果的处理：

碾压混凝土砂浆振实容重按下式计算(准确至0.1 kg/m^3)

$$\gamma_m = \frac{G_1 - G_0}{V} \times 1\,000 \tag{6-19}$$

式中 γ_m ——碾压混凝土砂浆振实容重，kg/m^3；

G_0 ——容量筒质量，kg；

G_1 ——容量筒及砂浆总质量，kg；

V ——容量筒的容积，L。

以两次测值的平均值作为试验结果。

六、碾压混凝土拌和物含气量测定

目的及适用范围：测定碾压混凝土拌和物含气量，选定或检验引气剂掺入量，以控制碾压混凝土质量。

试验步骤如下：

(1)含气量测定仪(见图6-2)的率定：

①预先称量含气量测定仪量钵加玻璃板质量，量钵加满水，用玻璃板沿量钵顶面平推，使钵内盛满水，玻璃板下无气泡，擦干钵体外表面的污物，连同玻璃板一起称质量，两次质量的差值除以该温度下水的密度即为量钵的容积V_0。

②将橡皮封闭圈置于量钵顶面的凹槽内，拧紧紧固螺栓。

③打开排气阀和进水阀，将漏斗放入进水阀孔内，向量钵内注水，直至排气阀的排水孔出水为止，旋紧量钵盖上的所有阀门，用打气筒经进气阀向气室充气，使压力表指针所指压力稍大于0.1 MPa，然后再微松进水阀排气，调整压力使其为0.1 MPa。

④松开操作阀，使气室的压力气体进入量钵内，测读压力表读数(读至0.001 MPa)，此时指针所指压力相当于含气量为0。

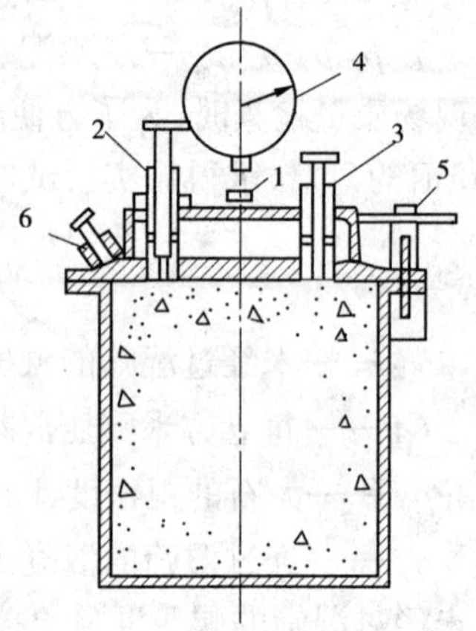

图6-2 CA-2型水压式含气量测定仪结构图

1—进气阀；2—操作阀；3—进水阀；4—压力表；5—紧固螺栓；6—排气阀

⑤打开排气阀放气，由进水阀孔内抽出等于量钵容积1%的水，关闭量钵盖上的所有阀门，然后重新向气室充气，调整压力为0.1 MPa，重复步骤④，此时压力表指针所指压力相当于含气量1%，同样方法可测含气量2%、3%等。

⑥以压力表读数为横坐标、含气量为纵坐标，绘制含气量与压力表读数关系曲线。

(2)碾压混凝土拌和物含气量的测定：

①取拌和物约15 L，用混凝土湿筛法筛除大于40 mm粒径的骨料拌和均匀，用磅秤称取质量为G_b的试样，G_b按下式计算

$$G_b = \frac{\gamma_b V_0}{1\ 000} \tag{6-20}$$

式中 G_b——碾压混凝土拌和物试样质量，kg；

γ_b——混凝土拌和物(经过湿筛的)容重，kg/m³；

V_0——混凝土含气量测定仪容量钵容积，L。

②把套模置于量钵上，将称取的试样(G_b)分两层装入量钵内，每层高约10 cm，用捣棒从量钵周边开始向中心螺旋形均匀插捣25次，插捣上层时捣棒应插入下层1~2 cm。

③将量钵置于固定卡具上，然后用4根螺杆和压板将量钵连同套模一并固定在振动台上，再将压重块和导杆轻轻置于套模内混凝土表面上。

④开动振动台同时计时，振动时间按3倍该拌和物的VC值控制。

⑤将量钵从振动台上取下，用抹刀将顶面大致抹平，擦净量钵上边缘，把密封圈放于凹槽内，再将量钵盖盖上，旋紧紧固螺栓。

⑥打开排气阀和进水阀，通过漏斗从进水阀向量钵内注水，直至排气阀的排气孔出水为止，关闭量钵盖上的所有阀门，用打气筒经进气阀向气室充气，使压力表指针所指示的压力为0.1 MPa。

⑦打开操作阀，待压力表指示的压力稳定后读取压力表读数(读至0.001 MPa)，从压力表读数与含气量关系曲线上查得含气量V_{b1}。测试完毕后打开进水阀排除量钵内气体。

(3)测定骨料校正常数K，K随骨料种类不同而变化。

①按下式计算装入量钵中的砂、石质量

$$G_{s1} = \frac{G_s V_0}{1\ 000} \tag{6-21}$$

$$G_{g1} = \frac{(G_1 + G_2) V_0}{1\ 000 - G_3/\rho_g} \tag{6-22}$$

式中 G_{s1}、G_{g1}——装入量钵中的砂、石质量，kg；

G_s——每立方米碾压混凝土用砂量，kg/m³；

V_0——量钵容积，L；

G_1、G_2、G_3——每立方米碾压混凝土中5~20 mm、20~40 mm及大于40 mm的石料用量，kg/m³；

ρ_g——大于40 mm石料的视密度。

由于上面两式计算出的砂、石用量以饱和面干状态为准，实际用量还需要根据砂、石料的含水情况进行修正，按修正后的砂、石用量称取砂、石料。

②量钵中先盛 1/3 高度的水，将称取的砂、石料混合物逐步加入量钵中，不断搅拌以排气，每当骨料层增加 4.5 cm 时，用捣棒捣 10 次，砂、石全部加入水至满，放上橡皮密封圈套，并盖上钵盖，扭紧紧固螺栓。

③按测定拌和物含气量步骤⑥～⑦进行，根据压力表读数，由曲线查得含气量即为骨料校正常数 K。

(4)试验结果处理：

按下式计算拌和物含气量

$$V_b = V_{b1} - K \tag{6-23}$$

式中 V_b ——拌和物的含气量(%)；

K ——骨料校正常数(%)；

V_{b1} ——由含气量测定仪测得的含气量(%)。

以两次测值的平均值作为试验结果，若两次含气量测值相差大于 0.5%，应找出原因并重做试验。

七、碾压混凝土拌和物凝结时间的测定

目的及适用范围：用于室内及施工现场测定碾压混凝土拌和物的初凝时间和终凝时间。

(一)碾压混凝土拌和物室内凝结时间的测定

(1)从碾压混凝土拌和物中筛取砂浆试样 22 L。

(2)通过套模将砂浆平均分装于 6 个边长 15 cm 的立方体试模中，分两层装模，每层振捣 25 次，将试模固定于振动台上，砂浆表面加重(按砂浆表面强度 2 450 Pa 计算)，开启振动台，使试样振动密实(施振时间等于该碾压混凝土拌和物的 VC 值)。随后去掉压重块和套模，刮去试模表面多余砂浆，抹平表面。

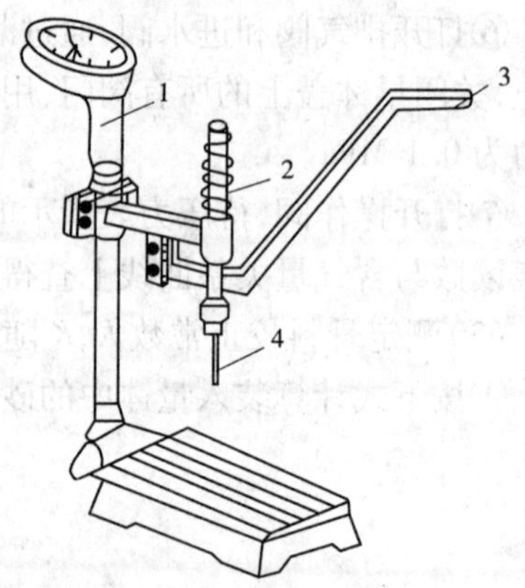

图 6-3 贯入阻力仪示意图

1—体重磅；2—弹簧；3—手柄；4—测针

(3)试样成型后立即在贯入阻力仪(见图 6-3)上用 0.2 cm 截面面积测针测定贯入阻力，以后从砂浆拌和加水时算起每小时(测试时间间隔可视初凝时间长短进行调整，但初凝前及初凝后分别有 6 次以上的测试数值)测定贯入阻力一次(以不在同一试模中的 3 个测点贯入阻力的平均值作为该时刻的贯入阻力值)，直至砂浆试样的贯入阻力大于 30 MPa 为止。

(4)测试时，按照先周边后中心的顺序进行，测点间及测点与试模间距离应不小于 25 mm。

(5)测试时将砂浆试模置于磅秤上，读记砂浆与试模总质量作为基数，然后使测针端部与砂浆表面接触，按动贯入阻力仪手柄，徐徐加压经 10 s 使测针贯入砂浆深度 25 mm，读记磅秤在加压过程中的最大指示值，次值扣除基数即为贯入压力，除以测针截面面积即

得贯入阻力值。每次测试完毕,应将测针上黏附的砂浆擦净,将试样移放于(20 ±3) ℃时的恒温室中,并用橡皮板或玻璃板遮盖。

(6)以贯入阻力为纵坐标,以砂浆拌和加水至测定贯入阻力时所经历的时间为横坐标,将测试结果点绘于图上。根据测点的具体分布情况在转折点处将测点划分为两个组(测点划分合适与否可用两直线的相关系数是否均匀判断),用最小二乘法或平均法将两组测点分别用直线或直线方程表示,两直线的交点对应的时间即为混凝土拌和物的初凝时间。

(7)从贯入阻力—历时第二段直线上查得贯入阻力为 27.5 MPa,对应的时间为该碾压混凝土拌和物的终凝时间。

(二)碾压混凝土拌和物现场初凝时间的测定

(1)从运到施工现场的碾压混凝土拌和物中筛取砂浆试样 40 ~50 L。

(2)在平仓后的碾压混凝土的某一预定位置挖面积 40 cm ×40 cm、深 20 ~25 cm 的坑,将砂浆试样填入坑内,刮平砂浆表面(此时要求试样表面略高于碾压混凝土表面)。

(3)在砂浆试样表面上覆盖一层尼龙编织物,让砂浆试样与混凝土拌和物一起承受碾压,碾压完后除去覆盖物,并与碾压混凝土一起进行同样条件的养护。

(4)将碾压混凝土拌和物室内试验初凝时对应的贯入压力扣除现场初凝时间测定仪承重盘及滑杆质量作为现场施测时的附加压重,测定砂浆试样在已知贯入压力作用下 10 s 的贯入深度。

(5)施测时将现场初凝时间测定仪(见图 6-4)置于待测砂浆试样上,调整支架升降螺丝使测针竖直(此时水平尺气泡居中),转动卡环把滑杆锁住,调整测杆螺丝使测针端部与试样表面接触,转动卡环松开滑杆,同时将附加压重在 10 s 内逐渐加于承重盘上,超过 10 s 立即除去附加压重,测读测针的贯入深度,每次施测 3 个点,以 3 个贯入深度的平均值作为该次测试结果。

(6)从碾压混凝土拌和加水至贯入深度为 25 mm 所经历的时间即为碾压混凝土拌和物在当时环境条件下的初凝时间,当贯入深度大于或小于 25 mm 时,即表示拌和物未初凝或已超过初凝时间。

(7)若使用手持式现场初凝时间测定仪进行施测,测试时应保持测针竖直,将测针端部与砂浆试样表面接触,通过手把徐徐加压,使测针在 10 s 内贯入砂浆 25 mm,从贯入阻力显示屏上读记施测过程中的最大贯入阻力,当最大贯入阻力达到碾压混凝土拌和物室内初凝

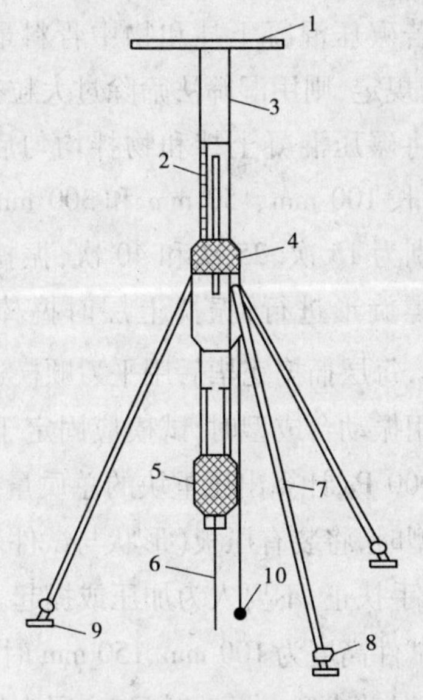

图 6-4 碾压混凝土现场初凝时间测定仪

1—承重盘;2—刻度尺;3—滑杆;4—卡环;5—测针升降螺丝;6—测杆;7—三脚架;8—支架升降螺丝;9—支架垫板;10—垂球

时对应的贯入阻力时所经历时间为该碾压混凝土拌和物在当时环境条件下的初凝时间。

(三)碾压混凝土拌和物均匀性检验

(1)目的及适用范围:检验碾压混凝土拌和物的均匀性,用以评定搅拌机的拌和质量和选择合适的拌和时间。

(2)试验步骤和结果处理按《水工混凝土试验规程》(SD 105—82)中混凝土拌和物均匀性检验的方法进行。

第四节　碾压混凝土试验

碾压混凝土试验包括物理力学性能试验、耐久性试验及体积变形和热物理性能试验。

一、碾压混凝土的物理力学性能试验

目的及适用范围:测定碾压混凝土立方体试件的抗压强度。

试验步骤和结果处理:

(1)拌制碾压混凝土拌和物。

(2)按下列步骤成型试件:

①将试模擦净,拼装好,模内涂一薄层矿物油。

②若碾压混凝土拌和物中骨料最大粒径超过表6-1的规定,则用湿筛法筛除过大粒径骨料。

表6-1　骨料粒径与试模规格

(单位:mm)

骨料最大粒径	试模规格
20	100×100×100
40	150×150×150
80	300×300×300

③将碾压混凝土拌和物拌均匀后分层装入试模,对边长100 mm、150 mm和300 mm的试模振捣次数分别为15次、25次和40次,振捣时从试模周边开始螺旋形进行,振捣上层时捣棒应捣入下层1~2 cm,每层插捣完毕后用平刀顺模边插一遍,将模内拌和物表面整平。

④用振动台成型时,试模应固定于振动台上,加上套模,放上承压板及压重块(按压强为4 900 Pa计算出压重块的总质量),由人工扶正压重块或用导向杆导向。用表面振捣器成型时,将装有压板(形状与试件表面形状相同)的振捣器垂直置于试模内的拌和物表面,用手扶正,不要人为加压或提起。

⑤试件高度为100 mm、150 mm时,一次加压,振动成型;试件高度为300 mm时,分两次加压,振动成型。振动时间:底层为拌和物*VC*值的2倍,上层为拌和物*VC*值的3倍。

⑥试件成型后马上进行抹面,要求沿模口抹平,然后编号。

(3)成型后的带模试件宜用塑料布遮盖,并移至养护室养护24~48 h后拆模,拆模后的试件仍放于养护室中,养护至试验龄期。

(4)抗压强度试验步骤和结果处理按《水工混凝土试验规程》(SD 105—82)中"混凝土立方体抗压强度试验"的方法进行。

二、全级配碾压混凝土容重测定方法

目的及适用范围:测定全级配碾压混凝土单位体积的质量,为坝体稳定设计和评定施工碾压密实性提供依据。

试验步骤:

(1)拌制碾压混凝土。

(2)按碾压混凝土立方体抗压强度试验的有关规定成型全级配碾压混凝土试件。

(3)用抹刀抹平试件并编号,送至养护室养护3 d后拆模,量测试件尺寸(准确至0.1 mm)称质量(准确至0.02 kg)。

试验结果的处理:

容重按下式计算(准确至0.01 kg/L)

$$\gamma = \frac{G}{V_0} \tag{6-24}$$

式中 γ——碾压混凝土容重,kg/L;

G——碾压混凝土质量,kg;

V_0——试件体积,L。

以3个试件的平均值作为试验结果。单个试件测值与平均值相差不应超过±0.5%。

三、碾压混凝土劈裂抗拉强度试验

目的及适用范围:测定碾压混凝土立方体试件的劈裂抗拉强度。

试验步骤:

(1)拌制碾压混凝土拌和物,按碾压混凝土立方体抗压强度试验的有关规定制作、养护试件。

(2)其余试验步骤和结果处理按《水工混凝土试验规程》(SD 105—82)中"混凝土劈裂抗拉强度试验"的方法进行。

四、碾压混凝土的轴向拉伸试验

目的及适用范围:测定碾压混凝土的轴向抗拉强度、拉伸断裂时的拉伸应变能力以及抗拉弹性模量。

试验步骤:

(1)拌制碾压混凝土拌和物,按碾压混凝土立方体抗拉强度试验的有关规定制作试件。拌和物最大骨料粒径不得超过40 mm,以4个试件为一组。

成型前埋件的安装,当采用图6-5(a)型试件时,将拉环紧紧夹持在试模两端上下拉环夹板的凹槽中,注意检查拉环位置是否水平,必要时用若干层纸垫在前夹板或后夹板上,以调整拉环水平的位置;当采用图6-5(b)型试件时,上下拉环的埋设靠端板定位,端板与试模内径采用动配合精度,以得证埋件与试件轴线同心。

(2)到达试验龄期时,将试件从养护室中取出,安装在试验板上,试验机应具有球面拉力接头,试件的拉环(或拉杆、拉板)与拉力接头连接球面,用以调整试件轴线与试验机

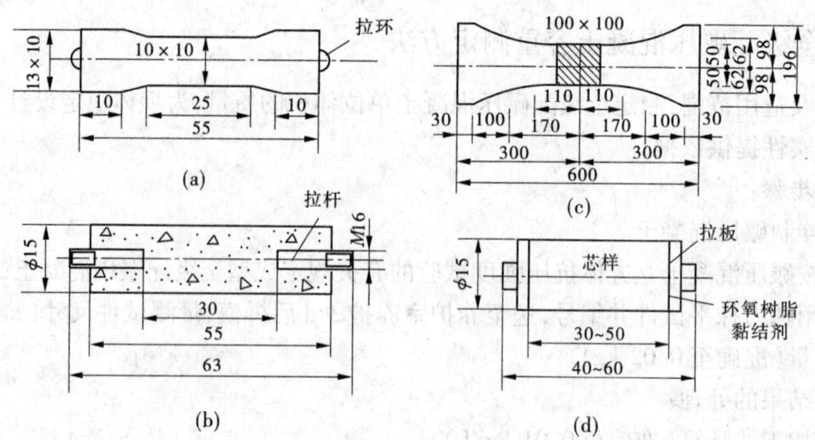

图6-5 碾压混凝土轴向拉伸试件及埋件 （单位:mm）

(a)、(b)、(c)室内成型试件;(d)钻芯试件

施力轴线可能产生的偏心。

(3)将千分表或位移传感器固定在变形测量架上,测量标距(150~200 mm),由标距定位杆定位,然后将变形测量架通过紧固螺栓固定在试验机中部。

当采用电阻应变仪测量变形时,在试件从养护室中取出后尽快在试件的两侧中间部位贴电阻片,电阻片的长度不小于骨料最大粒径的3倍,从试件取出至试验完毕,不宜超过4 h,并注意试件保湿,应提前做好变形测量的准备工作。

当采用杠杆引伸仪测量变形时,将杠杆引伸仪借助测架安装在试件的两侧中间部位(测距小于骨料最大粒径的3倍)。

(4)开动试验机进行两次预拉,预拉的荷载相当于破坏荷载的15%~20%。预拉时应测读应变值,需要时调整荷载传递装置,使偏心率不大于15%。偏心率的计算式如下

$$e(\%) = \frac{e_1 - e_2}{\varepsilon_1 - \varepsilon_2} \times 100 \tag{6-25}$$

式中 ε_1、ε_2 ——试件两侧的应变值。

(5)预拉完毕后,重新调整测量仪器,进行正式测试,拉伸时的荷载速度控制在0.4 MPa/min,每加荷0.5 kN或1 kN,测读并记录变形值,直到试件破坏(当荷载加到破坏荷载的90%时,为防止仪器受损,应将杠杆引伸仪从试件上卸下),记录破坏荷载和断裂位置。

当采用位移传感器测量变形时,试件测量标距内变形由位移传感器经放大器送入X—Y记录仪,荷载—应变曲线自动绘制,试件断裂时,试验机自动断电,停止试验。

试验结果的处理:

(1)轴向抗拉强度可按下式计算(准确至0.01 MPa)

$$R_1 = \frac{P}{A} \times 10 \tag{6-26}$$

式中 R_1——轴向抗拉强度,MPa;

P——破坏荷载,kN;

A ——试件断面面积，cm^2。

(2)拉伸应变能力(极限拉伸值)的确定

采用位移传感器测定，荷载—应变曲线由 X—Y 记录仪自动绘出，见图 6-6，破坏荷载所对应的应变值即为该试件的拉伸应变能力。采用其他测量变形的装置时，以应变为横坐标、应力为纵坐标，给出每个试件的应力—应变曲线，过破坏应力坐标点作与横坐标平行的线为渐近线，将应力—应变曲线外延，其切点即为该试件的拉伸应变能力。

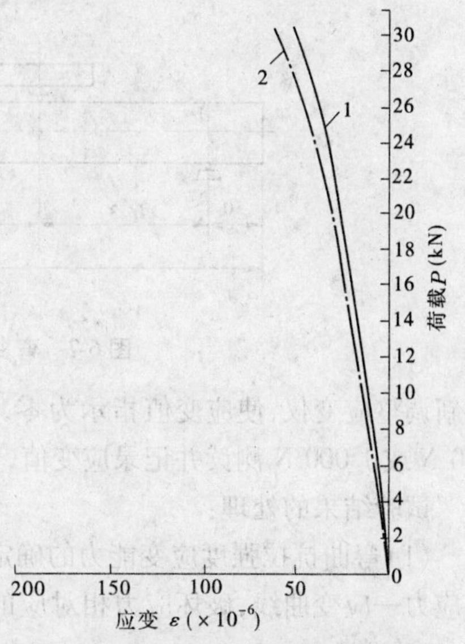

图 6-6　电测式引伸计测定碾压混凝土荷载—应变曲线

1—记录笔 1#；2—记录笔 2#

如曲线不通过坐标的原点，需延长曲线起始段使与横坐标相交，并以此交点作为拉伸应变能力的起始点。

(3)抗拉弹性模量可按下式计算：

$$E_0 = \frac{\sigma_{0.5}}{\varepsilon_{0.5}} \tag{6-27}$$

式中　E_0——抗拉弹性模量，MPa；

$\sigma_{0.5}$ ——50% 的破坏应力，MPa；

$\varepsilon_{0.5}$ ——相当于 $\sigma_{0.5}$ 所对应的应变值。

抗拉弹性模量取应力从 0 ~ 0.5 R 的割线弹性模量。

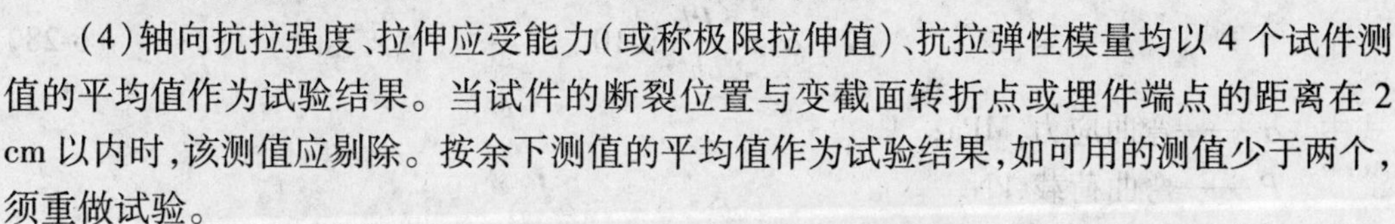

(4)轴向抗拉强度、拉伸应受能力(或称极限拉伸值)、抗拉弹性模量均以 4 个试件测值的平均值作为试验结果。当试件的断裂位置与变截面转折点或埋件端点的距离在 2 cm 以内时，该测值应剔除。按余下测值的平均值作为试验结果，如可用的测值少于两个，须重做试验。

在试验报告中应注意说明试件的形状、尺寸和变形测量仪器。

五、碾压混凝土弯曲试验

目的及适用范围：用简支梁三分点加荷法测定碾压混凝土的弯曲抗拉强度，亦可同时测定弯曲拉伸应变能力以及抗弯弹性模量。

试验步骤：

(1)拌制碾压混凝土拌和物，并按碾压混凝土立方体抗拉强度试验中的成型方法制备试件，每个龄期以单个试件为一组，压重块质量按 900 Pa 的表面压强计算求得。

(2)试验前，试件准备和在试验机上安放及加荷载速度等，按《水工混凝土试验规程》(SD 105—82)中的混凝土抗拉强度试验方法进行。

(3)测试弯曲拉伸应变能力时，在小梁底面中间三分点处受拉侧部分用电吹风烘干表面，然后用 502 胶水粘贴电阻片(见图 6-7)，电阻片的长度应不小于干骨料最大粒径的 3 倍，试件取出至试验完毕不宜超过 8 h。

(4)开动试验机，进行两次预弯，预弯时荷载相当于荷载的 15% ~20%，预弯完毕后

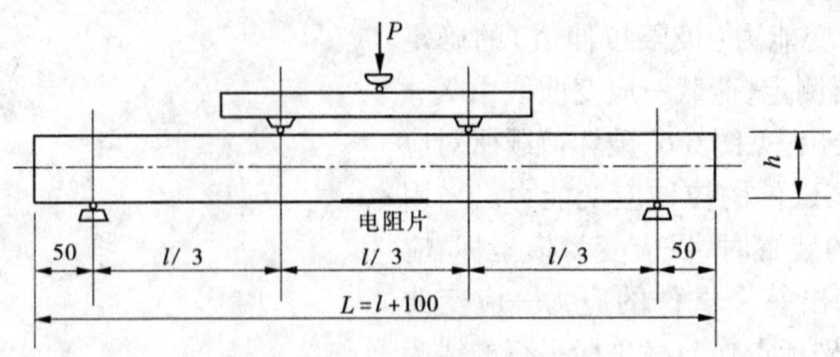

图 6-7 弯曲拉伸示意图 （单位:mm）

重新调整应变仪,使应变值指示为零,然后进行正式测定,以 0.4 MPa/min 加荷,每加荷 500 N 或 1 000 N 测读并记录应变值,直至试件破坏,记录破坏荷载和断裂位置。

试验结果的处理:

(1)弯曲抗拉强度应变能力的确定。以应变为横坐标、应力为纵坐标,绘出每个试件的应力—应变曲线,破坏应力相对应的应变值即为该试件的弯曲拉伸应变能力(准确至 5×10^{-6})。

(2)若某试件破坏时的应变未测到,可将应力—应变曲线延长求得。

(3)如曲线不通过坐标原点,需延长曲线起始段,使与横坐标相交,并以此交点作为弯曲拉伸应变能力的起始点。

(4)应力按下式计算(准确至 0.01 MPa)

$$\sigma = \frac{Pl}{bh^2}\times 10 \tag{6-28}$$

式中 σ ——弯曲应力,MPa;

P ——弯曲荷载,kN

l ——支座间距(即跨度),cm;

b ——试件的平均宽度,cm;

h ——试件的平均高度,cm。

(5)抗弯弹性模量可按下式计算(准确至 100 MPa)

$$E_b = \frac{\sigma_{0.5}}{\varepsilon_{0.5}} \tag{6-29}$$

式中 E_b ——抗弯弹性模量,MPa;

$\sigma_{0.5}$ ——50% 的破坏应力,MPa;

$\varepsilon_{0.5}$ —— $\sigma_{0.5}$ 所对应的应变值。

抗弯弹性模量取应力 0 ~ $\sigma_{0.5}$ 的割线弹性模量。

(6)弯曲抗拉强度、弯曲拉伸应变能力、抗弯弹性模量均以 3 个试件测值的平均值作为试验结果。当单个试件的测值与平均值之差超过平均值的 ±15% 时,该测值应剔除,取余下的两个试件测值的平均值作为试验结果。如一组试件中可用测值少于两个,该组试验须重做。

六、碾压混凝土抗剪强度试验

目的及适用范围:测定碾压混凝土及层面的抗剪强度,为评定碾压混凝土结构物的整体稳定性提供依据。

试验步骤:

(1)制作 15 个试块,养护至要求龄期,进行碾压混凝土本身抗剪强度试验。

(2)用于层间结合的抗剪试件,分两次成型,按配合比要求拌制碾压混凝土,称取试样 1/2 高度所需要的碾压混凝土质量装入试模(振实后应为试模深度的 1/2),放入养护室养护至要求的间隔时间后,取出试模,按施工要求进行表层处理,再成型上半部,并养护至试验要求龄期。

(3)对于混凝土和岩石胶结面的试件,必须先测定岩石的起伏差,绘制岩石沿剪切力方向的高度变化曲线,然后按配合比要求在岩石上铺筑混凝土。

(4)将试件置于剪力盒中,放上传力板和滚轴排,安装法向和剪切向的加荷系数时,应保证法向力和剪切力的合力通过剪切面的中点。

(5)安装测量法向和剪切向位移的仪表、测杆的支点必须设置在剪力变形影响范围之外,测杆和仪表架应具有足够的刚度。

(6)法向荷重按设计的法向最大荷载等分为 4 ~ 5 级施加。

(7)在试样剪切过程中,宜用恒压装置使法向应力保持恒定。施加剪切荷载的速率为 0. 4 MPa/min。

(8)试件剪断后,调整剪切位移表,在相同法向应力下按上述规定进行摩擦试验,必要时可改变法向应力,进行单点摩擦试验。

(9)对剪切面进行描述,测定剪切面起伏差、骨料及界面破坏情况,绘制剪切方向的断面高度变化曲线,量测剪断面积。

试验结果处理:

(1)按下式计算各级法向荷载下的法向应力和剪应力

$$\sigma_i = \frac{P}{A} \times 10 \tag{6-30}$$

$$\tau_i = \frac{Q}{A} \times 10 \tag{6-31}$$

式中 σ_i ——作用于剪切面上的法向应力,MPa;

τ_i ——作用于剪切面上的剪应力,MPa;

P ——作用于剪切面上的总法向荷载,kN;

Q ——作用于剪切面上的剪切荷载,kN;

A ——剪切面积 cm^2。

3 个试件测值的平均值为本级法向荷载下的剪应力。

(2)按下式计算剪切面上极限抗剪强度

$$\tau = \sigma f' + c' \tag{6-32}$$

式中 τ ——剪切面上极限抗剪强度,MPa;

σ ——作用于剪切面上的法向应力,MPa;

f' ——摩擦系数;

c' ——黏聚力,MPa。

式中的 f' 和 c' 可用最小二乘法或作图法求得。

七、碾压混凝土原位直剪试验(平推法)

目的及适用范围:检测碾压混凝土坝体部位抵抗剪切的性能,以评价碾压混凝土的碾压质量,提供校核坝体抗滑稳定的参数,适用于坝体碾压混凝土自身、层间结合及混凝土与岩体接触面的原位抗剪强度试验。

试验步骤:

(1)试验布置。在碾压混凝土构筑物上选定具有代表性的部位与试验层面,宜在碾压试验施工试验体或坝体顶部若干层面上选定,选定试验区的面积应不少于 2 m×8 m。试验体布置需在同一层面上,数量 5~6 块。每块试验体的剪切面积应不小于 500 mm×500 mm。试验体间净距应不小于试验体最小边长的 1.5 倍,高度则以试验体边长的 2/3 为宜。进行试验布置时,施加试验体面上的水平推力方向应与结构受力方向相一致。

(2)试验体开挖制备与养护。试验体开挖时混凝土龄期应不少于 21 d,采用人工挖凿,试验区内试验体外围混凝土严防试体扰动。

试验体开挖深度应至试验层面,但受水平推力的面下开挖深度需至层面以下,并以适合安装水平千斤顶为宜,试验体开挖后的尺寸误差宜不大于 ±2 cm,并用与试块弹度相近的水泥砂浆抹平,在做层缝抗剪时,在剪力面周边留约 10 mm 宽的剪切缝。

完成试验体与试验区开挖后,应向试坑充水或回填湿砂,做好试验体养护,直至规定试验龄期前,开始仪器设备安装时,再进行清除,同时应有继续保持试验体及其剪切面处于水饱和状态的措施。

(3)仪器设备的安装与试验方法。试验体承载面的表面处理,加荷,传力量测系统的设备仪器安装布置、调试与具体试验方法按《水利水电工程岩石试验规程》(DLJ 204—81,SLJ 2—81J)规定进行。

试验结果的处理:

(1)试验结果按《水利水电工程岩石试验规程》(DLJ 204—81,SLJ 2—81)的规定处理,主要整理层面抗剪强度,即 f、c' 。

(2)进行试验结果的整理,必须搜集并给出剪切面上下层混凝土的配合比、拌和物质量和碾压质量的检验结果、施工层厚度、铺筑方式、设备型号、碾压遍数、层面处理、间歇时间、混凝土入仓温度、施工日期、气候等,以及试区布置图、剪切面描述图、试验装置及典型剪切面破坏状况拍片等,以利成果分析与采用。

八、碾压混凝土静力抗压弹性模量试验

目的及适用范围:测定碾压混凝土圆柱体的静力抗压弹性模量。

试验步骤和结果处理:

(1)拌制碾压混凝土拌和物并按碾压混凝土立方体抗压强度试验的有关规定成型试

件。按压强为 4 900 Pa 计算加压重，每次称 6.5 kg，试料分两次装料和加压振实，每一龄期以 4 个试件为一组。

（2）其余步骤和结果处理按《水工混凝土试验规程》（SD 105—82）中“混凝土静力抗压弹性模量试验”的方法进行。

九、碾压混凝土抗压徐变试验

目的及适用范围：测定碾压混凝土圆柱体在恒定荷载（一般为破坏荷载的 30% 左右）作用下随时间增长的变形，即碾压混凝土的徐变变形。适用于碾压混凝土在恒温（26 ℃）、绝湿条件下单向受压的徐变试验。

试验步骤和结果处理：

（1）检查和率定压变计，合格后方能使用。

（2）碾压混凝土拌和按碾压混凝土拌和物室内搅拌方法进行，拌和物中超过允许最大骨料粒径的骨料需用湿筛法筛除并记录试件灰浆率，成型时将拌和物分三层装入试模内，按压强 4 900 Pa 计算压重块质量，分三次振实。

当采用应变计测量时，应在埋置应变计的位置插入一个比应变计外径略大的棒体，待第二层压振后轻轻拔出，然后将压变计埋入，再装填第三层试料，进行加压振实。碾压混凝土初凝前（一般经 4 ~ 6 h）试件顶面填以少量的干硬水泥净浆，用玻璃板抹平表面。成型前后应检查应变计或千分表预埋件是否完好。

（3）其余试验步骤和结果处理均按《水工混凝土试验规程》（SD 105—82）中“混凝土抗压徐变试验”的方法进行。

十、碾压混凝土强度快速试验（压蒸法）

目的及适用范围：快速测定碾压混凝土 90 d（或 180 d）龄期立方体试件的抗压强度，可作为快速确定碾压混凝土配合比及控制碾压混凝土施工质量的措施。

试验步骤：

（1）将试模擦干净，紧密装配，内壁均匀刷一薄层机油。

（2）从现场混凝土搅拌机口均匀取有代表性的碾压混凝土约 4 kg，将试样放于振动筛（孔径 5 mm）内，进行湿筛筛去粗骨料，湿筛完的砂浆应立即拌和均匀，称取 500 g 砂浆放入用湿布擦过的搅拌锅内。

（3）将砂浆试样摊平，均匀撒入 1% CS 或 CAS 促凝剂，立即用湿布擦过的拌和铲进行翻拌 30 s，并挤压 3 - 4 次。

（4）把试模置于振动台上，将拌均匀的砂浆分两层装模，每层用捣棒依次捣压 9 次后抹平砂浆表面，并高出试模 5 mm，加上 125 mm × 10 mm 的钢压板，振动时间为拌和物的 *VC* 值。

（5）用小刀将高出试模的砂浆轻轻刮掉，试样表面抹平并盖上涂有机油的钢模板。

（6）从加入促凝剂起至 5 min 后，将带模试样放至水已烧沸的蒸压器的蒸栅上，加盖并旋紧螺帽，关紧压力阀，使压力保持在 40 ~ 50 kPa，记录压蒸养护始末时间。

（7）试件压蒸 1.5 h 后（误差不超过 2 min）关闭电源，打开放气阀，压力降至 0 时，开盖取出试件，立即进行抗压试验。

(8)以试件31.6 mm×31.6 mm的断面为受压面。将试件放于加压板中心，以每秒约3 MPa的加压速度加荷，直至试件破坏。

试验结果的处理：

(1)记录试件破坏荷载，按下式计算湿筛砂浆快速强度

$$R_{1.5\ h} = \frac{P}{S} = 0.1P \tag{6-33}$$

式中 $R_{1.5\ h}$——碾压混凝土湿筛砂浆压蒸养护1.5 h的快速强度，MPa；

P——破坏荷载，kN；

S——受压面积，$S = 10\ cm^2$。

强度值计算到0.01 MPa，每组以3个试件的平均强度作为试验结果，单个试件测值与平均值相差不应大于平均值的15%。

(2)推定碾压混凝土强度，根据工程需要选用5种不同的水胶比(如0.3、0.4、0.5、0.6、0.7)配制与施工材料相同的配合比，选定标准养护龄期强度及湿筛砂浆压蒸养护强度，反复测定5次，将测得R_{90}或R_{180}标准强度值及对应的快速砂浆强度值($R_{1.5h}$)用最小二乘法求出$R_{1.5h}$与R_{90}或R_{180}的回归直线式：

$$R_{90} = a + bR_{1.5h} \tag{6-34}$$

式中 R_{90}——试件标准养护90 d龄期的抗压强度推定值，MPa；

$R_{1.5\ h}$——湿筛砂浆压蒸强度值，MPa；

a、b——由试验求得的系数(与原材料有关)。

十一、现场碾压混凝土耐久性(抗渗性)试验逐级加压法

目的：测定碾压混凝土的抗渗强度等级。

试验步骤及试验结果处理：

(1)拌制碾压混凝土拌和物，按“碾压混凝土立方体抗压强度试验”中的有关规定成型渗透试验件，每个龄期以5个试件为一级。

(2)其他试验步骤及试验结果处理按《水工混凝土试验规程》(SD 105—82)中“混凝土抗渗试验逐级加压法”的有关规定进行。

(3)碾压混凝土渗透系数测定：

目的：测定碾压混凝土的渗透系数。

试验步骤：

①拌制碾压混凝土拌和物按碾压混凝土立方体抗压强度试验的有关规定成型试件，对ϕ150 mm×150 mm和150 mm×150 mm×150 mm试模，一次装料振实采用ϕ300 mm×300 mm试模时两次装料振实。振实时间为3倍VC值，每个龄期以3个试件为一组。

②试件拆模后，用钢丝刷刷去试件两端面的水泥浆膜，以露出石子为准，然后送入养护室中养护。

③到达试验龄期时，由养护室取出试样，擦干表面，将试件装入容器中，要做好密封，试件底部用塑料(或橡胶)板与容器底部法兰密封，容器的内壁与试件周边有15 mm的净

间距，用以填充密封材料，将沥青加热到 175～200 ℃至水分蒸发完为止，浇注到容器与试件四周的空隙内，宜分 2～3 次灌注，以保证充填全部间隙。

④启动电源开关，开始试验，额定试验压力 3 MPa，直接作用在试件顶面上，并保持长期恒定，压力波动在 ±0.1 MPa 范围内。

⑤从第一天开始要经常检查压力表上的额定试验压力和由试件流出的水量，要细心观察试件底部，以确定流出水量的准确时间和记录流出的水量，以后每天检测两次，在直角坐标纸上绘制累积流出水量—历时过程线，当过程线变成一条直线而且直线斜率不变时，此时达到流量恒定不变，停止试验。

⑥试验结束后，试件容器从试验单元取下，并加热软化沥青密封材料，将试件取出。

试验结果的处理：

①每个试件测得一条累积流出水量—历时过程线，在过程线的直线段上，横坐标截取 100 h，其斜率即为通过试件的恒定流量，3 个试件的平均流量为试验所要确定的恒定流。

②按下式计算碾压混凝土渗透系数

$$K = \frac{QL}{AH} \tag{6-35}$$

式中 K——碾压混凝土渗透系数，cm/s；

Q——通过碾压混凝土的平均流量，cm^3/s；

A——试件面积，cm^2；

L——试件高度，cm；

H——作用水头(额定试验压力 3 MPa＝300 m 水头)，cm。

十二、碾压混凝土抗冻性试验(慢冻法)

目的及适用范围：测定碾压混凝土在水和负温共同反复作用下的抵抗能力，以确定碾压混凝土的抗冻强度等级，适用于以抗压强度作为评定指标的碾压混凝土抗冻性试验。

试验步骤及试验结果处理：

(1)拌制碾压混凝土拌和物，并按碾压混凝土立方体抗压强度试验的有关规定成型试件，当设计没有特殊龄期要求时，试验龄期为 90 d。

(2)所需试件数量、其他试验步骤及试验结果处理与《水工混凝土试验规程》(SD 105—82)中“混凝土抗冻试验(慢冻法)”的有关规定相同。

十三、碾压混凝土抗冻性试验(快冻法)

目的及适用范围：测定碾压混凝土水和负温共同反复作用下的抵抗能力，以确定碾压混凝土的抗冻强度等级，适用于以弹性模量、质量损失和相对耐久性指数作为评定指标的碾压混凝土抗冻性试验。

试验步骤：

(1)按碾压混凝土弯曲试验的试件成型抗冻试件，试验以 3 个试件为一组，如无特殊要求试验龄期一般为 90 d，到达试验龄期前 4 d，将试件放在(20±3)℃的水中浸泡(对于水中养护的试件到达试验龄期即可直接用于试验)。

(2)其余试验步骤和结果处理按《水工混凝土试验规程》(SD 105—82)中“混凝土抗冻性试验(快冻法)”方法进行。

十四、碾压混凝土动弹性模量试验

目的及适用范围:测定碾压混凝土棱柱体试件的横向或纵向自振频率,试算动弹性模量,用以确定碾压混凝土的抗冻强度等级。

试验步骤和结果处理:

(1)拌制碾压混凝土拌和物,按“碾压混凝土立方体强度试验”的有关规定成型和养护试件。

(2)其余试验步骤和结果处理按《水工混凝土试验规程》(SD 105—82)中“混凝土(砂浆)动弹性模量试验”的方法进行。

十五、体积变形和热物理性能:碾压混凝土自生体积变形试验

目的及适用范围:测定碾压混凝土在恒温绝湿条件下,仅仅由于胶凝材料的水化作用引起的体积变形,即自生体积变形(它不包括碾压混凝土受外力荷载、温度、湿度和碱-活性骨料反应等影响所引起的体积变形)。

碾压混凝土自生体积变形的相对比较试验可采用本方法。

试验步骤和结果处理:

(1)按碾压混凝土抗压徐变试验有关规定检查和率定应变计。

(2)试件桶在试验前进行严格检查要求密封桶不渗水、不透气。试验前在密封桶内壁衬一层厚1~2 mm的橡皮并涂抹一层厚0.3~0.5 mm沥青隔离层。

(3)将应变计垂直固定在试模中心,并注意在成型时不使应变计损坏。

(4)其余试验步骤和结果处理均按《水工混凝土试验规程》(SD 105—82)中“混凝土自生体积变形试验”的方法进行。

十六、碾压混凝土干缩(膨胀)试验

目的:测定碾压混凝土在无外荷载和恒温条件下干湿引起的轴向长度变形,以比较不同碾压混凝土的干缩和湿胀性能。

试验步骤及试验结果处理:

(1)拌制碾压混凝土拌和物,并按碾压混凝土立方体抗压强度试验的有关规定成型试件。

(2)其他试验步骤及试验结果处理按《水工混凝土试验规程》(SD 105—82)中“混凝土干缩(湿胀)试验”的有关规定进行。

十七、碾压混凝土导温系数测定

目的:测定碾压混凝土导温系数。

试验步骤和结果处理:

(1)拌制碾压混凝土拌和物,如果骨料粒径大于40 mm,应用湿筛法剔除。将拌和物

分3层装入试模内,分3层振实,压重质量按压强4 900 Pa计算求得。第一层振实后安上支架,将铁杆插入试模中,并固定在中心部位,再装第二层和第三层试料,然后分别振实,每次振捣25次,振时按底、中、上层分别为1、2、3倍*VC*值。

(2)其余试验步骤和结果处理按《水工混凝土试验规程》(SD 105—82)中"混凝土导温系数测定"的方法进行。

十八、碾压混凝土导热系数测定

目的:测定碾压混凝土的导热系数。

试验步骤和结果处理:

(1)拌制碾压混凝土,如果骨粒粒径大于40 mm,用湿筛法剔除。将拌和物分3层装入试模内,每层用捣棒捣25次,分3层振实,压重质量按压强为4 900 Pa计算求得,振动时可控制在2~3倍*VC*值以内,每组两个试件。

(2)其余试验步骤和结果处理按《水工混凝土试验规程》(SD 105—82)中"混凝土导热系数测定"的方法进行。

十九、碾压混凝土比热测定(绝热法)

目的:测定碾压混凝土的比热。

试验步骤和结果处理:

(1)碾压混凝土拌和及试件成型与碾压混凝土导温系数测定相同,试验以两个试件为一组。

(2)其余试验步骤和结果处理按《水工混凝土试验规程》(SD 105—82)中"混凝土比热测定(绝热法)"的方法进行。

二十、碾压混凝土绝热温升试验

目的:在绝热条件下测定水泥水化所产生的热量使碾压混凝土升高的温度和温升—历时关系。

试验步骤:

(1)试验前应根据仪器使用说明书检查仪器是否正常、温度跟踪精度是否满足±0.1 ℃的要求。在容器内盛入比室温高25~30 ℃的水至离上口2 cm处,按正常试验规定将容器放入绝热室内,然后开始试验。如仪器工作正常,48 h或更长时间水温应保持在跟踪精度±0.1 ℃以内。如果超出±0.1 ℃,则应按仪器使用说明书规定对仪器进行调整,重复上述试验,直至满足要求。

(2)试验前24 h应将碾压混凝土拌和物用料放在(20±5)℃的室内,使其温度与室温一致。如对拌和物浇筑温度有专门要求,则按要求控制拌和物的初始温度。

(3)拌制碾压混凝土拌和物,量测孔口拌和物温度,然后分两层装入容器中,用平板振捣器振实容器中的碾压混凝土,每层振捣到泛浆为止。在容器中心和周边用手锤分别打入两支紫铜测温管,然后盖上容器上盖,全部密封,测温管中盛入少许变压器油。

(4)将试件容器放入绝热室内,按仪器使用说明书规定,将测温元件(温度传感器或温度计)装入测温管中。

(5)开始试验,控制绝热室温度与试样中心温度相差不大于 ±0.1 ℃,每 0.5 h 记录一次试样中心温度,历时 24 h 后每 1 h 记录一次,7 d 后可 3 ~6 h 记录一次。试验历时 28 d(或根据需要确定天数)结束试验。

试验结果的处理:

(1)绝热温升过程线。试验结束后,根据不同历时实测试样中心温度绘制绝热温升—历时过程线。

(2)绝热温升—历时表达式

$$T = T_0(1 - e^{-at^b}) \tag{6-36}$$

式中 T ——碾压混凝土绝热温升,℃;

T_0 ——最终绝热温升标准值,℃;

t ——试验历时,d;

a、b ——由试验确定的系数。

最终绝热温升推算值可用下式

$$T = T_0 t/(n + t) \tag{6-37}$$

式中 T_0、n 由试验确定。

式(6-36)或式(6-37)经变量置换转化为线性方程,用最小二乘法拟合此线性方程,由实测绝热温升值可求得最终绝热温升推算值 T_0 及待定系数 n、a 和 b。

二十一、碾压混凝土线胀膨系数测定

目的:测定碾压混凝土线膨胀系数。

试验步骤和结果处理:

(1)按碾压混凝土自生体积变形试验方法进行试件的制作和养护,每组试件为两个,测完混凝土自生体积变形的试件也可用于本试验。

(2)其余试验步骤和结果处理按《水工混凝土试验规程》(SD 105—82)中"混凝土线膨胀系数测定(试行)"的方法进行。

第五节　碾压混凝土坝现场碾压混凝土压实容重测定

碾压混凝土大坝施工的检测试验方法,常用的有核子水分 - 密度仪法、声波检测、超声波检测、超声回弹综合法等。

一、碾压混凝土现场质量检测的要求和评定标准

(1)碾压混凝土的检测项目和取样次数如表 6-2 所示。

(2)碾压混凝土铺筑时,按表 6-3 的规定进行检测,并做好记录。

搅拌机机口取样除成型 90 d 外,龄期标准试件还应成型一定数量的设计龄期试件及 28 d 龄期试件。

应将搅拌机机口取样成型的 15 cm 标准立方体试件测到的 90 d 龄期抗压强度换算

成 28 d 龄期的抗压强度，以此作为碾压混凝土生产质量的评定指标。

表 6-2　碾压混凝土的检测项目和取样次数

检测项目		取样次数	检测目的
VC 值		每 2h 一次①	检测碾压混凝土的可碾性，控制工作变化
容重及含气量		每班一次②	调整外加剂
抗压强度	快速测定法	每 300 ~500 m^3 碾压混凝土一次③或每班 1 ~2 次	碾压混凝土评定施工质量
	常规测定法		
温度		每 2 h 一次	温控要求

注：①气候条件变化较大（如大风、雨天、高温）时，应适当增加次数。

②使用引气剂时每班取样 2 ~4 次。

③方量大的碾压混凝土工程取上限，反之取下限。

表 6-3　碾压混凝土铺筑现场检测项目和标准

检测项目	检测次数	控制标准
VC 值	不少于 2 次/班	对 *VC* 值大于 35 s 或小于 5 s 的碾压混凝土应视为废料
抗压强度	相当于机口取样的 5% ~10%	应符合设计标准
压实容重	每 100 ~200 m^3 一个点，每层 3 个，宜在压实后 1 h 内进行	每一个铺筑层测得的容重应有 80% 不小于设计值

碾压混凝土生产质量管理水平评定标准见表 6-4。抗压强度均方差应由一批（至少 30 次）连续机口取样的试验值求得，一次试验值是由同一盘碾压混凝土取样制作 3 个试件制得的平均抗压强度。

表 6-4　碾压混凝土生产质量管理水平评定标准

评定项目	生产质量水平		
	优良	合格	差
混凝土抗压强度均方差（MPa）	≤3.5	≤4.5	>4.5
抗压强度不低于设计强度的等级的百分数（%）	≥95	>85	≤85

（3）碾压混凝土质量按抽样次数的多少，分大样本和小样本两种方法验收。

①大样本：当碾压混凝土连续取样次数大于 30 次时，用大样本评定验收函数为

$$F(x) = x - ts \geqslant R \tag{6-38}$$

式中　$F(x)$—— 验收函数；

x——N 次试验抗压强度平均值；

s——N 次试验抗压强度均方差；

R—— 碾压混凝土强度等级；

t—— 强度保证系数，与试验次数 N 和保证率 $P(x)$ 有关。

当 $N \geqslant 30$ 时,具体各项数值见表6-5。当 $F(x) \geqslant R$ 时,碾压混凝土质量合格。

表6-5 碾压混凝土分类及强度保证系数

分类		保证率 $P(x)$	t
Ⅰ	按极限强度设计的混凝土	90%	1.282
Ⅱ	按容许应力设计的结构混凝土	80%	0.842

②小样本:当混凝土取样连续试验次数小于10次时,验收标准见表6-6。

表6-6 连续试验平均强度评定标准

求平均强度($\bar{x}$)的连续试验次数	允许最低平均强度(x_{min})			
	Ⅰ类混凝土 $P(x)=90\%$		Ⅰ类混凝土 $P(x)=80\%$	
	离差系数=0.15	离差系数=0.20	离差系数=0.15	离差系数=0.20
1	0.86R	0.79R	0.79R	0.71R
2	0.97R	0.95R	0.90R	0.85R
3	1.02R	1.03R	0.94R	0.92R
4	1.05R	1.07R	0.97R	0.96R
5	1.07R	1.10R	0.99R	0.98R
6	1.08R	1.12R	1.00R	1.00R

注:R 为碾压混凝土强度等级。

当 $x \geqslant x_{min}$ 时,碾压混凝土质量合格。

(4)钻孔取样是评定混凝土质量的综合方法,钻孔取样可在碾压混凝土铺筑3个月后进行,钻孔数量应根据工程规模确定。

钻孔取样评定的内容如下:

①心样获得率:评定混凝土的均质性。

②压水试验:评定碾压混凝土的抗渗性。

③心样容重、抗压强度、抗拉强度、抗剪强度、弹性模量和拉伸变形等性能:评定碾压混凝土的均质性和结构强度。

④心样外观描述:评定碾压混凝土的均质性和密实性,评定标准见表6-7。

表6-7 碾压混凝土心墙外观评定标准

级别	评定标准		
	表面光滑程度	表面密实度	骨料分布均匀性
优良	光滑	致密	均匀
合格	基本光滑	稍有孔	基本均匀
差	不光滑	有部分孔洞	不均匀

注:采用金刚石钻头取心。

测定抗压强度的心样直径以15~20 cm为宜,对于大型工程或混凝土最大骨料粒径大于80 mm的工程,可采用直径20 cm或更大直径的心样。

以高径比为 2.0 的心样试件为标准试件，不同高径比的心样试件的抗压强度与高径比为 2.0 的标准试件抗压强度的比值见表 6-8。高径比小于 1.5 的心样不得用于测定抗压强度。

表 6-8　不同高径比和圆柱体试件立方体试件抗压强度换算系数

强度等级（MPa）	不同高径比试件抗压强度换算系数		ϕ15 cm×30 cm 试件抗压强度
	高径比 1.5	高径比 2.0	15 cm^3 试件抗压强度
10～20	1.166	1.0	0.775
20～30	1.066	1.0	0.821
30～40	1.039	1.0	0.867
40～50	1.013	1.0	0.910

注：1. 弹性模量、抗压强度和拉伸变形试验试件高径比为 2.0～3.0。
2. 高径比为 1.5～2.0 的换算系数可用内插法求得。

相对压实度是评价碾压混凝土压实质量的指标。对于建筑物的外部混凝土，相对压实度不得小于 98%，对于内部混凝土，相对压实度不得小于 97%。

对于设计龄期为 180 d 或 360 d 的工程，除了成型 90 d 的标准试件，应同时成型一定数量设计龄期及 28 d 龄期试件，用于求得换算系数或检验换算结果的准确。

根据《混凝土强度检验评定标准》（GB 107—87）的规定，混凝土生产质量水平的评定采用的是 28 d 龄期的抗压强度，故将测定 90 d 龄期抗压强度换算成 28 d 龄期的抗压强度作为碾压混凝土生产质量水平的评定标准。

二、核子水分－密度仪现场测试的要求

容重是水工结构设计的基本要求，直接关系到大坝的安全，对于碾压混凝土来讲，只有达到或接近理论容重、相对密度，才能具备相应的力学强度，满足结构设计的需要。因此，压实容重的测验和评定是评定碾压混凝土压实的主要指标。在国内碾压混凝土施工中，使用表层型核子水分－密度仪测定压实容重工作积累了一定的经验，且国内已有产品的性能质量均能达到要求，施工规范规定压实容重检测采用表面型核子水分－密度仪。

现场检测时，可用挖坑填砂法对表面型核子水分－密度仪进行率定。先在拟挖坑的部位用核子水分－密度仪用反向散射法和各个深度透射法做四个象限容重的测量，记录测试的数据，注意不能在刚碾压完的地方进行，应让混凝土有足够的反弹时间；然后在检测部位挖边长 50 cm、深度不大于 30 cm 的坑，小心将混凝土取出，并称重 W；再用已知松散容重（γ）的干燥标准砂将砂坑填满。填入的砂坑体积为 V，碾压混凝土压实容重则为 W/V，用此法对核子水分－密度仪的测值进行校正率定。

关于现场容重的检测，《水工碾压混凝土施工规范》（SL 53—94）对测点作了具体规定，即每铺筑 100～200 m^2 至少有一个检测点，每层应有 3 个测点以上。《水利水电基本建设工程单元工程质量等级评定（八）》规定，每 100 m^2 碾压层至少应有一个检测点用反向散射法测量，每个碾压层应有 3 个以上检测点用透射法测量。

反向散射法测定容重,其测量误差大于透射法测量,受表面平整度影响大,测定深度5~7.5 cm,但由于反向散射法无须造孔,测量速度快,在经过现场验证率定确定表面测值与整个碾压层容重关系后,用之来做大面积检测参考还是可取的。

用透射法测量,其精度较高,测量深度较深,但需造孔,因此对每个测点可作四个象限测量,以扩大测量范围。透射法对碾压混凝土容重测量结果应作为核子水分－密度仪现场压实评定的主要依据。

核子水分－密度仪检测时间一般需要安排在压实后的第10~60 min内进行较为妥当,在10 min以内,由于碾压完毕后压实能量有段释放过程,对实测数量有影响,与施工也会相互干扰,超过60 min,由于碾压混凝土临近初凝,给试验带来困难,需要对容重达不到要求的混凝土采取补碾措施,时间紧时,达不到理想的效果。

采用表面型核子水分－密度仪检测碾压混凝土的具体检测步骤如下:

(1)标准计数的测量。应在每班正式测试前,按仪器说明书要求进行标准计数测量,并做好记录,其值必须在仪器规定的范围内,否则应重新计数,直到满足要求。

(2)仪器室内标定:

①将施工使用的碾压混凝土拌和物按碾压混凝土规定成型450 mm立方体试件3块,试块必须端正,检测面平整。

②量测试件体积及质量,并计算碾压混凝土容重。

③把导向板放在试件表面,用钻杆在试件中点造一个与试件表面垂直的放射源插入孔,孔深150~400 mm。

④将仪器放射源对准测孔,把放射源插入预定位置,插入时不得扰动孔壁。

⑤每孔按不同深度测4个碾压混凝土容重值,并求其平均值。

⑥计算测值平均值与试件容重差值。

⑦以3次差值的平均值对仪器进行校正。

⑧结合现场率定值,进行对比。

(3)现场碾压混凝土容重测定的步骤如下:

①将仪器预热约10 min。

②求仪器标准体计数率。

③测试应在碾压完后5~20 min内进行,并对测点进行表面整平处理。

④将导向板放于碾压层表面,导向板应与碾压混凝土面接合,用钻杆造一个与层面垂直的放射源插入孔,孔深与碾压层厚相近。

⑤将仪器放射源对准测孔,把放射源插至预定位置,插入时不得扰动孔壁。

⑥放射源放入孔内测读时间不得少于1 min,每个测孔以不同深度测3点,取其平均值。

(4)测试结果处理:

①在仪器不能直接调整时,应将测试前后的标准体计数率 S_1、S_2 及测点的平均计数率 n 用下式求出每个测点的容重 γ_p

$$\gamma_p = \frac{n}{(S_1 + S_2)/2} \tag{6-39}$$

②计算碾压层容重

$$\gamma_a = \frac{\gamma_{p_1} + \gamma_{p_2} + \cdots + \gamma_{p_n}}{n} k \tag{6-40}$$

(当仪器自动校正时,可事先将校正值输入仪器,此时 $k = 1$)

③计算相对压实度 k_1

$$k_1 = \frac{\gamma_a}{\gamma} \times 100 \quad (\%) \tag{6-41}$$

以上三式中 γ_p ——用表面型核子水分-密度仪测定的容重,kg/cm³;

γ_a ——经过修正后的碾压混凝土容重,kg/cm³;

γ ——标准试验块碾压混凝土容重,kg/cm³;

k ——标准试块用表面型核子水分-密度仪测得的容重与称重法测得的容重的比值;

k_1 ——碾压层混凝土容重与标准试块容重的比重。

通过现场检测,可以提供各个高程的压实容重,完整记录施工压实参数,有利于整体施工的质量评定。当现场所测的容重低于规定指标时应分析原因,如摊铺厚度是否超过规定、拌和物材料有无变化,振动碾性能、振频、激振力是否存在问题等,针对不同原因,采取相应的措施,确保碾压密实。

因此,现场容重的检测直接关系到工程质量,关系到碾压混凝土是否密实,是否达到设计要求。

三、碾压混凝土采用超声波法检测的技术要求

采用超声波法检测混凝土质量,是吸收国外超声波检测仪器最新成果和超声波检测技术的新经验,并结合我国建设工程中混凝土质量控制与检测的实际需要而产生的。其主要内容包括:超声波法检测混凝土缺陷的适用范围,检测设备技术的要求,声学参数测量方法,混凝土裂缝深度,混凝土不密实区新老混凝土结合质量,灌注桩和钢筋混凝土缺陷的检测及判别的方法。

(一)超声波检测仪的技术要求

(1)用于混凝土的超声波检测仪分为以下两类:

①模拟式。接收信号为连续模拟量,可由时域波形信号测声学参数。

②数字式。接收信号转化为离散数学量,储存数字信号,测读声学参数和对数字信号进行处理。

(2)超声波检测仪应符合国家现行有关标准的要求,并在法定计量检定有效期限内使用,且有产品合格证。

(3)超声波检测仪应满足以下要求:

①具有波形清晰、显示稳定的平波装置。

②声时最小分度为 0.1 μs。

③具有最小分度为 1 dB 的衰减系统。

④接收放大器影响范围 10～500 kHz,总增量不小于 80 dB,接收灵敏度(在信噪比为

3∶1时）不大于 50 μV。

⑤电源电压波动范围在标准值 ±10% 的情况下能正常工作。

⑥连续正常工作时间不少于 4 h。

（4）模拟式超声波检测仪还应满足以下要求：

①具有手动游标和自动整形两种声时读数功能。

②数字显示稳定，声时调节在 20 ~ 30 μs 范围，连续 1 h 数字变化不大于 ±0.2 μs。

（5）对数字式超声波检测仪还应满足下列要求：

①具有手动游标读数和自动测读两种方式。当自动测读时，在同一测试条件下 1 h 内每隔 5 min 测读一次，声波的差异应不大于 ±2 个采样点。

②波形显示幅度分辨率应不低于 1/256，并具有显示、存储和输出打印数字化波形的功能，波形最大存储长度不宜小于 4 kB。

③自动测读方式下在显示的波形上应有光标指示声时、振幅的测读位置，宜具有幅度谱分析功能（FFT 功能）。

（二）换能器的技术要求

常用换能器具有厚度振动方式和径向振动方式两种类型，可根据不同测试需要选用。厚度振动式换能器的频率宜采用 20 ~ 50 kHz，径向振动式换能器的频率宜采用 20 ~ 60 kHz，直径不宜大于 32 mm，当接收信号较弱时，宜选用带前置放大器的接收换能器。换能器的实测主频与标称频率相差应不大于 ±10%。对于用于水中的换能器，其水密性应在 1 MPa 水压下不渗漏。

（三）超声波检测仪的检定

超声波声时计量检验应按“时—距”法测量空气声速的实测值 v，并与按下式计算的空气声速标准值 v^c 相比较，二者的相对误差应不大于 ±0.5%。

$$v^c = 331.4\sqrt{1 + 0.003\ 67T_k} \tag{6-42}$$

式中 331.4——0 ℃时空气的时速，m/s；

v^c——温度为 T_k 时空气的声速，m/s；

T_k——被测空气的温度，℃。

超声波仪波幅计量检验：可将屏幕显示的首波幅度调至一定高度，然后把仪器衰减系统的衰减量增加或减少 6 dB，此时屏幕波幅应降低一半或升高一倍。

（四）声学参数测量

1. 一般规定

检测前应取得以下有关资料：

（1）工程名称。

（2）测检目的与要求。

（3）混凝土原材料品种和规格。

（4）混凝土浇筑和养护情况。

（5）构件外观质量及存在问题。

（6）构件尺寸和配筋施工图或钢筋隐蔽图。

依据检测要求和测试条件确定缺陷测试的部位。

被测试混凝土表面应清洁、平整,必要时可用砂轮磨平或用高强度的快凝砂浆抹平。抹平砂浆必须与混凝土黏结良好。

在满足首波幅度测读精度的条件下,应选用较高频率的换能器。换能器应通过耦合剂与混凝土测试表面保持紧密结合,耦合层下不得夹杂泥沙或空气。

检测时应避免超声波传播路径与附近钢筋轴线平行,如无法避免,应使两个换能器连线与该钢筋的最短距离不小于超声距离的1/6。检测中出现可疑数据时,应及时查找原因,必要时进行复测校核或加密测点补测。

2. *声学参数测量*

采用模拟式超声波检测仪测量,应按下列方法操作:

(1)测量前应根据超声波传播距离的大小将仪器的发射电压调在某一挡,并以扫描基线不产生明显噪声干扰为前提,将仪器“增益”,调至较大位置保持不动。

(2)声时测量。应将发射换能器和接收换能器分别耦合在测位中的对应测点上。当首波波幅过低时,可用衰减器调节至便于测读,再调节游标脉冲或扫描延时,使首波前沿基线弯曲的起始点对准游标前沿脉冲,读取时声值 t_i (读至0.1 μs)。

(3)波幅测量。应在保持换能器良好耦合的情况下采用下列两种方法之一进行读数:①刻度法:将衰减器固定在某一衰减位置,在仪器示波屏上读取首波读数(格数);②衰减值法:采用衰减器将首波调至一定高度,读取衰减器上的dB值。

(4)主频测量。应先将游标脉冲调至首波前半个周期的波谷(或波峰),读取声时值 t_1 (μs),再将游标脉冲调至相邻的波谷(或波峰),读取声时值 t_2 (μs),按下式计算出该点(第 i 点) 第一周期波的主频 f_i (精确至0.1 kHz)

$$f_i = 1\,000/(t_2 - t_1) \tag{6-43}$$

(5)在进行声学参数测量时,应注意观察接收信号的波形或包络线的形状,必要时进行描绘或拍照。

采用数字超声波检测仪测量应按下列方法操作:

(1)检测之前,根据测距大小和混凝土外观质量情况将仪器的发射电压采取频率等参数设置在某一挡并保持不变,换能器与混凝土测试表面应始终保持良好的耦合状态。

(2)声学参数自动测读。停止采样后即可自动读取声时、波幅、主频值,当声时自动测读光标所对应的位置与波峰(或谷底)有差异时,应重新采样或改为手动游标读数。

(3)声学参数手动测量。先将仪器设置为手动判读状态,停止采样后,调节手动声时游标至首波前沿基线弯曲的起始位置,同时调节游标幅度使其与首波峰(或谷底)相切,读取声时和波幅值。再将声时光标分别调至首波及其相邻的波谷(或波峰),读取声时差值 Δt (μs),取 $1\,000/\Delta t$ 即为首波的主频(kHz)。

(4)波形记录,对于有分析价值的波形应予以储存。

混凝土声时值应按下式计算

$$t_{ci} = t_i - t_0 \tag{6-44}$$

$$t_{ci} = t_i - t_\infty \tag{6-45}$$

式中 t_{ci}——第 i 点混凝土声时值,μs;

t_0、t_∞ ——声时初读数、终读数,μs;

t_i—— 第 i 点测读声时值，μs。

当采用厚度振动式换能器时，t_0 应参照仪器使用说明书的方法测得；当采用径向振动式换能器时，t_{∞} 应按"时—距"法测得。

超声传播距离（简称测距）测量：

（1）当采用厚度振动式换能器对测时，宜用钢卷尺测量 T、R 换能器辐射面之间的距离。

（2）当采用厚度振动式换能器平测时，宜用钢卷尺测量 T、R 换能器内边缘之间的距离。

（3）当采用径向振动式换能器在钻孔或预埋管中检测时，宜采用钢卷尺测量放置 T、R 换能器的钻孔或预埋管内边缘之间的距离。

（4）测距的测量误差应不大于 ±1%。

（五）裂缝的深度检测

一般规定：被测裂缝中不得有积水或泥浆等。

1. 单面平测法

当结构的裂缝部位只有一个可测表面，估计裂缝深度又不大于 500 mm 时，可采用单面平测法。平测时应在裂缝的被测部位以不同的测距按跨缝和不跨缝布置测点（布置测点时应避开钢筋的影响）进行测量，其测量步骤为：

（1）不跨缝的声时测量。将 T、R 换能器置于裂缝附近同一侧，以两个换能器内边缘间距（l'）等于 100 mm、150 mm、200 mm、250 mm，分别读取声时值（t_i），绘制"时—距"坐标图（见图 6-8）或用回归分析方法求出声时与测距之间的回归直线方程，即

$$l_i = a + bt_i \tag{6-46}$$

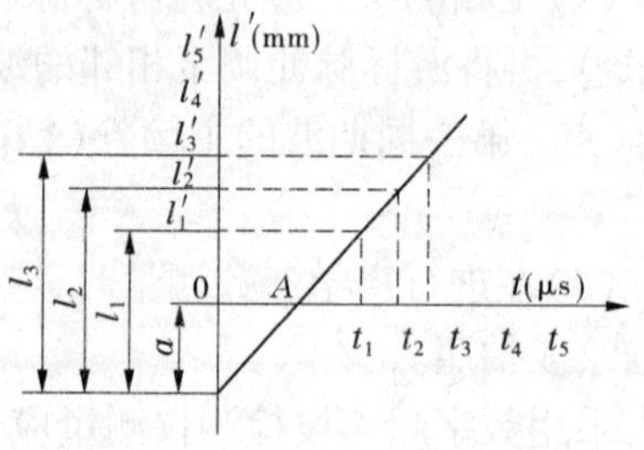

图 6-8 平测"时—距"图

每测点超声实际传播距离 l_i

$$l_i = l' + |a| \tag{6-47}$$

式中 l_i—— 第 i 点的超声实际传播距离，mm；

l'—— 第 i 点的 R、T 换能器内边缘间距，mm；

a ——"时—距"图中 l' 轴的截距或回归直线方程的常数项，mm。

不跨缝平测的混凝土声速值为

$$v = (l_n' - l_1')/(t_n - t_1) \quad v = b \tag{6-48}$$

式中 l_n'、l_1'—— 第 n 点、第 1 点的测距，mm；

t_n、t_1—— 第 n 点、第 1 点读取的声时值，μs；

b——回归系数。

（2）跨缝的声时测量。如图 6-9 所示，将 T、R 换能器分别置于裂缝为对称的两侧，l' 取 100 mm、150 mm、200 mm…分别读取声时值 t_i^0，同时观察首波相位的变化。

2. 平测法检测

裂缝深度应按下式计算

$$h_{ci} = \frac{l_i}{2}\sqrt{\left(\frac{t_i^0}{l_i}\right)^2 - 1} \tag{6-49}$$

$$m_{h_c} = \frac{1}{n}\sum_{i=1}^{m} h_{c_i} \tag{6-50}$$

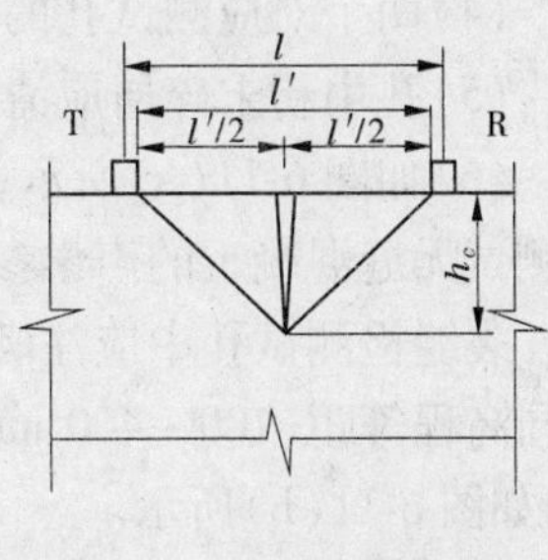

图 6-9　绕过裂缝测试图

式中　l_i——不跨缝平测时第 i 点的超声波实际传播距离，mm；

h_{ci}——第 i 点计算的裂缝深度值，mm；

n——测点数；

t_i^0——第 i 点跨缝平测的声时值，μs；

m_{h_c}——各测点计算裂缝深度的平均值，mm。

3. 裂缝深度的确定方法

(1) 跨缝测量中，当在某测距发现首波反相时，可用该测点及两个相邻测距的测量值按 h_{ci} 计算式计算 h_{ci}，取此三点 h_{ci} 的平均值作为该裂缝的深度值 h_c。

(2) 跨缝测量中如难以发现首波反相，则以不同测距按上两式计算 h_{ci} 及其平均值 m_{hc}，将各测距 l'_i 与 m_{h_c} 相比较，凡测距 l' 小于 m_{h_c} 和大于 3 m_{h_c} 的应剔除该组数据，然后取余下 h_{ci} 的平均值作为该裂缝的深度值 h_c。

4. 双面斜测法

当结构的裂缝部位具有两个相互平行的测试表面时，可采用双面穿透斜测法检测，测点布置如图 6-10 所示。将 T、R 换能器分别置于两测试表面对应点 1、2、3…的位置，读取相应声时值 t_i、波幅值 A_i 及主频率 f_i。裂缝深度测定：当 T、R 换能器的连线通过裂缝时，根据波幅、声时和主频率的突变，可以判定裂缝深度以及是否在所处断面内贯通。

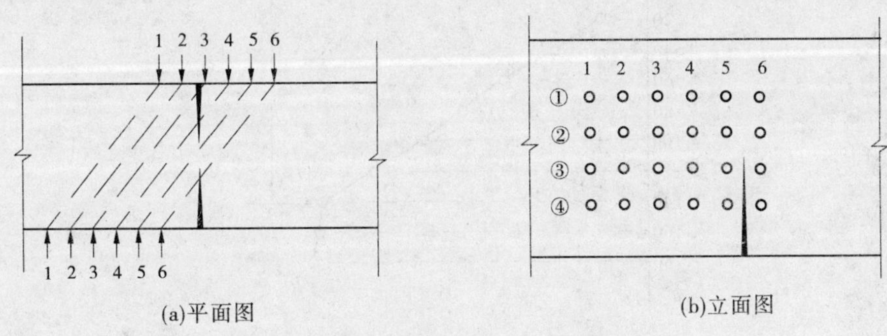

图 6-10　斜测裂缝测点布置示意

5. 钻孔对测法

钻孔对测法适用于大体积混凝土，预计深度在 500 mm 以上的裂缝检测，被检测混凝土应允许在裂缝两侧钻测孔。所钻测试孔应满足下列要求：

(1) 孔径应比所用换能器直径大 5～10 mm。

(2) 孔深应不小于裂缝预计深度 700 mm，经测试如浅于裂缝深度，应加深钻孔。

(3) 对应的两个测试孔（A、B）必须始终位于裂缝两侧，其轴线应保持平行。

(4)两个对应测试孔的间距宜为2 000 mm,同一检测对象各对测孔间距应保持相同。

(5)孔中粉末碎屑应清理干净。

(6)如图6-11(a)所示,宜在裂缝一侧多钻一个孔距相同但较浅的孔C,通过B、C两孔测试无缝混凝土的声学参数。

裂缝检测试孔中应注满清水,然后将T、R换能器分别置于裂缝两侧的对应孔中,以相同高程等距(100~400 mm)从上到下同步移动,逐点读取声时、波幅和换能器所处的深度,如图6-11(b)所示。

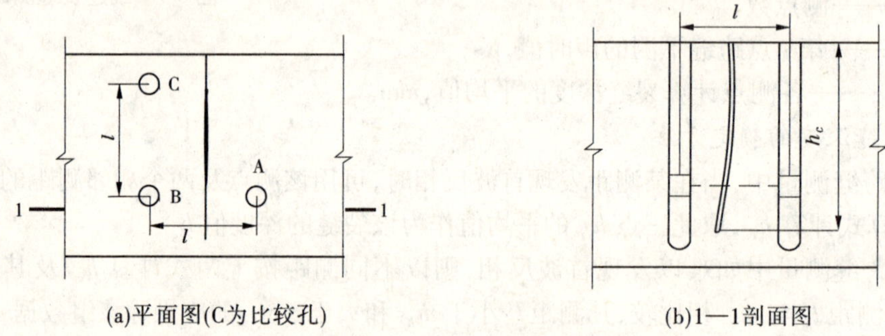

图6-11 钻孔测裂缝深度示意

裂缝深度的检测应选用频率为20~60 kHz的径向振动式换能器。以换能器所处深度h与对应的波幅A绘制$h\sim A$坐标图,如图6-12所示。随换能器位置的下移,波幅逐渐增大,当换能器下移至某一位置后,波幅达到最大并基本稳定,该位置所对应的深度便是裂缝深度值h。

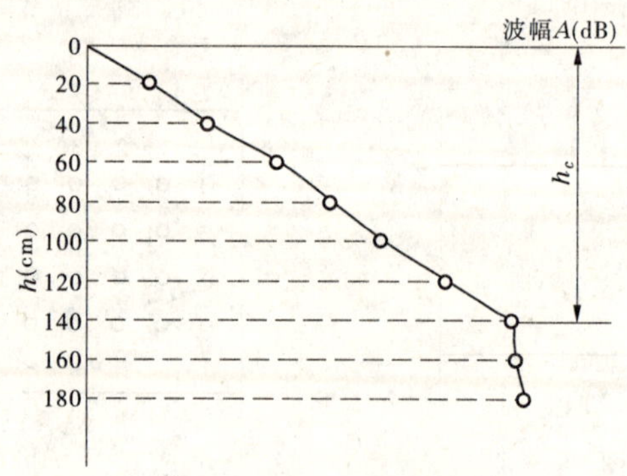

图6-12 $h\sim A$坐标图

6. 不密实区和空洞检测

1)一般规定

用超声法检测混凝土内部不密实区及空洞的位置和范围。检测不密实区和空洞时,构件的被测部位应满足以下要求:

(1)被测部位应具有一对(或两对)相互平行的测试面。

(2)测试范围除应大于有怀疑的区域,还应与同条件的正常混凝土进行对比,且比测点数不应少于 20 个。

2）测试的方法

根据被测构件的实际情况，可选择下列方法之一布置换能器：

（1）当构件有两对相互平行的测试面时，可采用对测法，如图 6-13 所示。在测试部位两对相互平行的测试面上，分别画出等间距的网格（格的间距：工业与民用建筑为 100 ~ 300 mm，其他大型建筑物可适当放宽），并编号确定对应的测点位置。

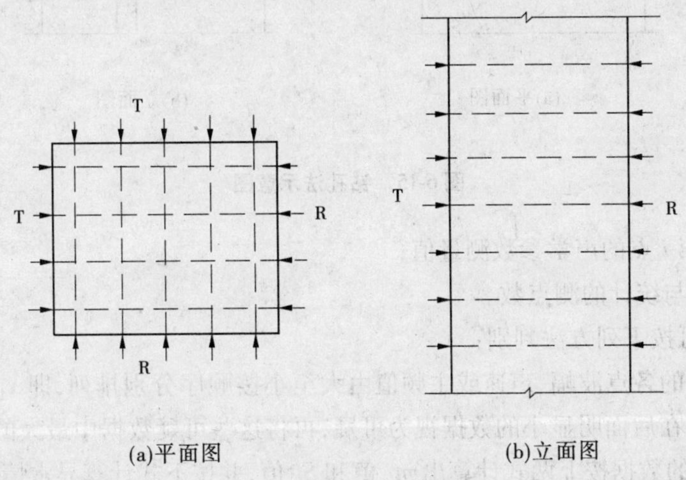

图 6-13　对测法示意图

（2）当构件只有一对相互平行的测试面时，可采用对测和斜测相结合的方法，如图 6-14所示。在测位两个相互平行的测试面上分别画出网格线，可在对测的基础上进行交叉斜测。

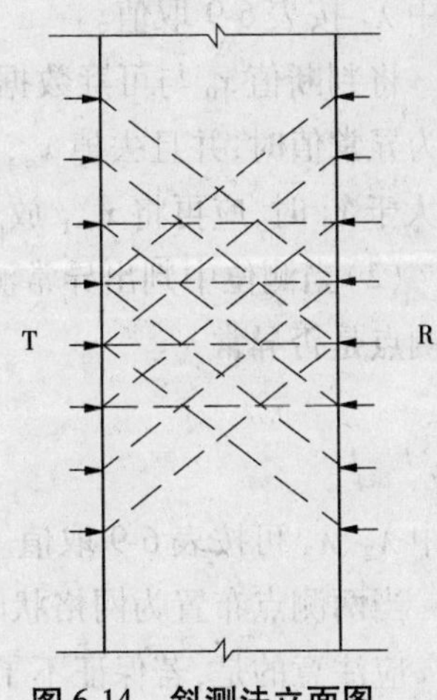

图 6-14　斜测法立面图

（3）当测距较大时，可采用钻孔或预埋管测法，如图 6-15 所示。在测位预埋声测管或竖向测试孔，预埋管内径或钻孔直径比换能器直径大 5 ~ 10 mm，预埋管或钻孔间距为2 ~ 3 m，其深度可根据测试深度而定。检测时可用两个径向振动式换能器分别置于两测孔中进行测试，或用一个径向振动式换能器与一个厚度振动式换能器分别置于测孔中和平行于测孔的侧面进行测试。

（4）每一测点的声时、波幅、主频和测距按上述声学参数测量要求进行测量。

3）数据处理及判断

测位混凝土声学参数的平均值（m_x）和标准差（S_x）应按下式计算

$$m_x = \frac{1}{n}\sum x_i \tag{6-51}$$

$$S_x = \sqrt{\left(\sum_{i=1}^{m} x_i^2 - nm_x^2\right)/(n-1)} \tag{6-52}$$

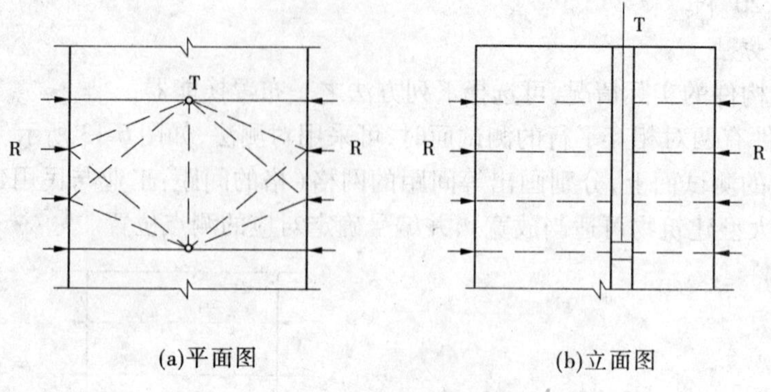

(a)平面图　　(b)立面图

图 6-15　钻孔法示意图

式中　x_i——第 i 点的声学参数测量值；

n——参与统计的测点数。

异常数据可按下列方法判别：

(1)将测位的各点波幅、声速或主频值由大至小按顺序分别排列，即 $x_1 \geqslant x_2 \geqslant \cdots \geqslant x_n \geqslant x_{n+1} \geqslant \cdots$将排在后面明显小的数据视为可疑，再将这些可疑数据中最大的一个(假定为 x_n)连同其前面的数据按上两式计算出 m_x 值和 S_x 值，并按下式计算异常情况的判断值 x_0

$$x_0 = m_x - \lambda_1 S_x \tag{6-53}$$

式中 λ_1 按表 6-9 取值。

将判断值 x_0 与可疑数据的最大值 x_n 相比较。当 x_n 不大于 x_0 及排列于其后的各数据均为异常值时，并且去掉 x_n，再用 $x_1 - x_{n-1}$ 进行计算和判别，直至判不出异常值为止；当 x_n 大于 x_0 时，应再将 x_{n-1} 放进去重新进行计算和判别。

(2)当测位中判出异常测点时，可根据异常测点的分布情况按下式进一步判别其相邻测点是否异常

$$x_0 = m_x - \lambda_2 S_x \tag{6-54}$$

$$x_0 = m_x - \lambda_3 S_x \tag{6-55}$$

式中 λ_2、λ_3 可按表 6-9 取值。

当两测点布置为网格状时取 λ_2；当单排布置测点(如在声测孔中检测)时取 λ_1。

应注意的是，若保证不了耦合条件的一致性，则波幅值不能作为统计法的判据。

当测位中某些测点的声学参数被判为异常值时，可结合异常测点的分布及波形状确定混凝土内部存在的不密实区和空洞的位置及范围。

当判定缺陷是空洞时，空洞尺寸的估算方法如图 6-13 所示。设检测距离为 l，空洞中心(在另一对测试面上声时最长的测点位置)距一个测试面的垂直距离为 l_n，声波在空洞附近无缺陷混凝土中传播的时间平均值为 m_{ta}，绕空洞传播的时间(空洞处的最大声时)为 t_n，空洞半径为 r，设 $x = (l_n - m_{ta})/m_{ta} \times 100\%$，$y = l_n/l$，$z = r/l$，根据 x、y 值可由表 6-10 查得空洞半径 r 与测距 l 的比值 z，再计算空洞的大致半径 r。

表 6-9　统计数的个数 n 与对应的 λ_1、λ_2、λ_3 值

n	20	22	24	26	28	30	32	34	36	38
λ_1	1.65	1.69	1.73	1.77	1.80	1.83	1.86	1.89	1.92	1.94
λ_2	1.25	1.27	1.29	1.31	1.33	1.34	1.36	1.37	1.38	1.39
λ_3	1.05	1.07	1.09	1.11	1.12	1.14	1.16	1.17	1.18	1.19
n	40	42	44	46	48	50	52	54	56	58
λ_1	1.96	1.98	2.00	2.02	2.04	2.05	2.07	2.09	2.10	2.12
λ_2	1.14	1.42	1.43	1.44	1.45	1.46	1.47	1.48	1.49	1.49
λ_3	1.20	1.22	1.23	1.25	1.26	1.27	1.28	1.29	1.30	1.31
n	60	62	64	66	68	70	72	74	76	78
λ_1	2.13	2.14	2.15	2.17	2.18	2.19	2.20	2.21	2.22	2.23
λ_2	1.50	1.51	1.52	1.53	1.53	1.54	1.55	1.56	1.56	1.57
λ_3	1.31	1.32	1.33	1.34	1.35	1.36	1.36	1.37	1.38	1.39
n	80	82	84	86	88	90	92	94	96	98
λ_1	2.24	2.25	2.26	2.27	2.28	2.29	2.30	2.30	2.31	2.31
λ_2	1.58	1.58	1.59	1.60	1.61	1.61	1.62	1.62	1.63	1.63
λ_3	1.39	1.40	1.41	1.42	1.42	1.43	1.44	1.45	1.45	1.45
n	100	105	110	115	120	125	130	140	150	160
λ_1	2.32	2.35	2.36	2.38	2.40	2.41	2.43	2.45	2.48	2.50
λ_2	1.64	1.65	1.66	1.67	1.68	1.69	1.71	1.73	1.75	1.77
λ_3	1.46	1.47	1.48	1.49	1.51	1.53	1.54	1.56	1.58	1.59

当被测部位只有一对可供测试的表面时,只能按空洞位于测距中心考虑空洞尺寸,按下式计算

$$r = \frac{l}{2}\sqrt{(t_n/m_{ta})^2 - 1} \tag{6-56}$$

式中　r ——空洞半径,mm;

l ——T、R 换能器之间的距离,mm;

t_n ——缺陷处的最大声时值,μs;

m_{ta} ——无缺陷区的声时值,μs。

(六)混凝土结合面质量检测

1. 一般规定

前后两次浇筑的混凝土之间的结合面质量检测,测试部位及测点的确定应满足下列要求:

(1)测试前应查明结合面的位置及走向,明确被测部位及范围。

(2)构件被测部位应具有使声波垂直或斜穿结合面的测试条件。

表 6-10

z / x / y	0.05	0.08	0.10	0.12	0.14	0.16	0.18	0.20	0.22	0.24	0.26	0.28	0.30
0.10(0.09)	1.42	3.77	6.26										
0.15(0.85)	1.00	2.56	4.06	5.97	8.39								
0.20(0.80)	0.78	2.02	3.18	4.62	6.36	8.44	10.9	13.9					
0.25(0.75)	0.67	1.72	2.69	3.90	5.34	7.03	8.98	11.2	13.8	16.8			
0.30(0.70)	0.60	1.53	2.40	3.46	4.73	6.21	7.91	9.38	12.0	14.4	17.1	20.1	23.6
0.35(0.65)	0.55	1.41	2.21	3.19	4.35	5.70	7.25	9.00	10.9	13.1	15.5	18.1	21.0
0.40(0.60)	0.52	1.34	2.09	3.02	4.12	5.39	6.84	8.48	10.3	12.3	14.5	16.9	19.6
0.45(0.55)	0.50	1.30	2.03	2.92	3.99	5.22	6.62	8.20	9.95	11.9	14.0	16.3	18.8
0.5	0.50	1.28	2.00	2.89	3.94	5.16	6.55	8.11	9.84	11.8	13.3	16.1	18.6

2. 测试的方法

混凝土结合面质量检测可采用对测法和斜测法，如图 6-16 所示。

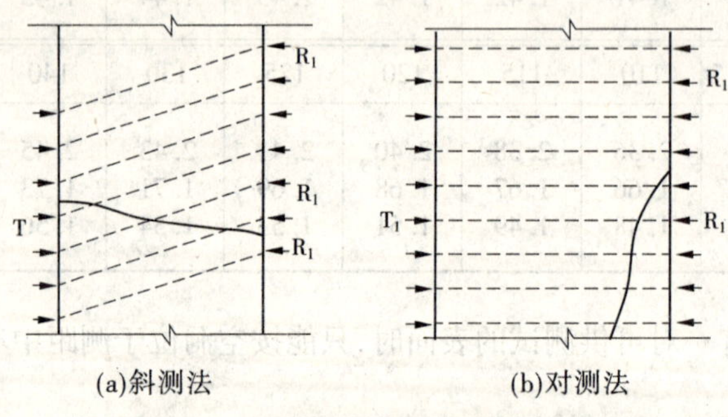

(a)斜测法 (b)对测法

图 6-16 混凝土结合面质量检测示意

布置测点时应注意以下几点：

(1)使测试范围覆盖全部结合面或有怀疑部位。

(2)各对 T、R_1(声波传播不经过结合面)和 T、R_2(声波传播经过结合面)换能器连线的倾斜角测距应相等。

(3)测点的间距视构件尺寸和结合面外观质量情况而定，宜为 100 ~ 300 mm，按布置好的测点分别测出各点的声时、波幅和主频值。

3. 数据处理及判断

(1)将同一测位各测点声速、波幅和主频值分别按上述进行统计和判断。

(2)当测点数无法满足统计法判断时，可将 T、R_2 换能器的声速、波幅等声学参数与 T、R_1 换能器进行比较，若 T、R_2 换能器的声学参数比 T、R_1 换能器显著低，则该点可判为异常测点。

(3)当通过结合部位的某些测点的数据被判为异常，并查明无其他因素影响时，可判定混凝土结合面在该部位结合不良。

(七)表面损伤层检测

1. 一般规定

由冷冻害、高温或化学腐蚀等引起的混凝土表面损伤层厚度的检测,被测部位和测点的确定应满足下列要求:

(1)根据构件的损伤情况和外观质量选取有代表性的部位布置测位。

(2)构件被测表面应平整,并处于自然干燥状态,且无接缝和饰面层,其测试结果宜作高部破损验证。

2. 测试方法

(1)表面损伤层检测宜选用频率较低的厚度振动式换能器。

(2)测试时 T 换能器应耦合好,并保持不动,然后将 R 换能器依次耦合在间距为 30 mm 的测点 1、2、3…位置上,如图 6-17 所示,读取相应的声时值 t_1、t_2、t_3…并测量每次 T、R 换能器内边缘之间的距离 l_1、l_2、l_3…每一测位的测点数不得少于 6 个,当损伤层较厚时,应适当增加测点数。

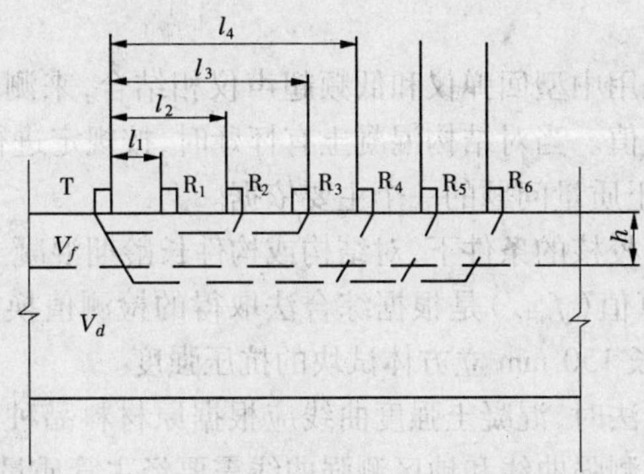

图 6-17 检测损伤层厚度示意

(3)当构件的损伤层厚度不均匀时,应适当增加测位数值。

3. 数据处理及判断

求损伤和未损伤混凝土的回归线方程,用各测点的声时值 t_1 和相对应的测距 l_1 绘制“时一距”坐标如图 6-18 所示。由图可得到声速改变形成的转折点,该点前后分别表示损伤和未损伤混凝土的 l 与 t 相关直线,用回归分析方法分别求出损伤,未损伤混凝土 l 与 t 回归直线方程。

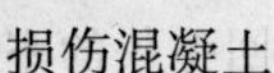

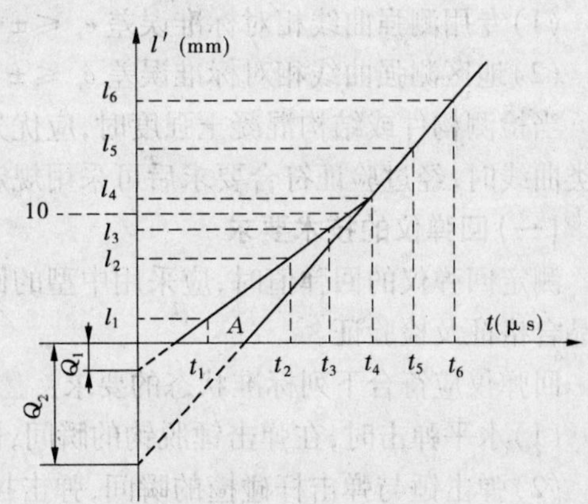

图 6-18 探伤层检测“时一距”图

损伤混凝土

$$l_f = a_1 + b_1 t_f \tag{6-57}$$

未损伤混凝土

$$l_a = a_2 + b_2 t_a \tag{6-58}$$

式中 l_f—— 拐点前各测点的测距对应于图6-18中的 l_1、l_2、l_3，mm；

t_f—— 对应于图6-18中的 l_1、l_2、l_3 的声时 t_1、t_2、t_3，μs；

l_a ——拐点后各测点的测距对应于图6-18中的 l_4、l_5、l_6，mm；

t_a—— 对应于测距 l_1、l_2、l_3 的声时 t_4、t_5、t_6，μs；

a_1、b_1、a_2、b_2 ——回归系数，图6-18中损伤和未损伤混凝土直线的截距和斜率。

损伤层厚度应按下式计算

$$l_0 = (a_1 b_2 - a_2 b_1)/(b_2 - b_1) \tag{6-59}$$

$$h_f = l_0/2\sqrt{(b_2 - b_1)/(b_2 + b_1)} \tag{6-60}$$

式中 h_f ——损伤层厚度，mm。

四、超声回弹综合法检测混凝土强度的技术要求

超声回弹综合法检测混凝土强度是目前我国使用较广的一种结构中混凝土强度非破坏检测方法，与单一的超声或回弹非破坏检测方法相比，它具有精度高、适用范围广的优点。

超声回弹综合法是用中型回弹仪和低频超声仪相结合，来测建筑结构和构筑物中的普通混凝土的抗压强度值。当对结构混凝土有怀疑时，按规定进行检测，以推定混凝土强度值，并作为处理混凝土质量问题的一个主要依据。

在具有钻心试件作校核的条件下，对结构或构件长龄期混凝土强度进行检测推定，所测得的混凝土强度换算值（$f_{cu,t}$）是根据综合法取得的检测值换算成相当于被测结构物所处条件及龄期下，边长150 mm立方体试块的抗压强度。

应用超声回弹综合法时，混凝土强度曲线应根据原材料品种、龄期和养护条件等，通过专门试验测定。专用测强曲线和地区测强曲线需要经主管质量的部门审定。专用或地区测强曲线的强度误差规定如下：

（1）专用测强曲线相对标准误差 $e_r \leqslant \pm 12\%$。

（2）地区测强曲线相对标准误差 $e_r \leqslant \pm 14\%$。

当检测构件或结构混凝土强度时，应优先选用专用测强曲线或地区测强曲线，当缺少该类曲线时，经过验证符合要求后可采用规定的测强曲线。

（一）回弹仪的技术要求

测定回弹仪的回弹值时，应采用中型的回弹仪。回弹仪应通过技术鉴定，并必须具有产品合格证及检验证。

回弹仪应符合下列标准状态的要求：

（1）水平弹击时，在弹击锤脱钩的瞬间，回弹仪的标称动能应为2.207 J。

（2）弹击锤与弹击杆碰撞的瞬间，弹击拉簧应处于自由状态，此时弹击锤起点应位于刻度尺的零点处。

（3）在洛氏硬度为 $HRC_{60} \pm 2$ 的钢砖上，回弹仪的率定值为 80 ± 2。回弹仪的率定试验宜在气温为（20 ± 5）℃的条件下进行。率定时钢砖应稳固地放在坚实的混凝土地坪上，回弹仪向下弹击，弹击杆应旋转4次，每次旋转90°左右，弹击3～5次，取连续3次稳

定回弹值计算平均值。弹击杆每旋转一次的率定平均应符合上述要求。

当有下列情况之一时，回弹仪应送专门检定机构检验：

(1)新回弹仪启用前。

(2)超过检定有效期。

(3)累计弹击次数超过6 000次(弹击拉簧、拉簧座、弹击杆、缓冲压簧、中心导杆、导向法盘、弹击锤、指针轴、指针块、挂钩及调零螺丝等)。

(4)弹击拉簧前端不在拉簧座，原孔位或调零螺丝松动。

(5)遭受严重撞击或其他损害。

检验合格的回弹仪应具有检验合格证，其有效期为一年。

当遇到下列情况之一时，应在钢贴上进行率定试验：

(1)回弹仪当天使用前。

(2)测试过程中对回弹值有怀疑时，当仪器的率定值不在80±2的范围内时，应对回弹仪进行常规保养后再进行率定，若再次率定仍不合格，则应送专门机构检验。

回弹仪的操作要求：在测试过程中，仪器的总轴线始终与被测混凝土表面保持垂直，其操作程序应符合使用说明书的规定。

回弹仪的维护：仪器每次使用完后，应及时进行维护，先把仪器外表和伸出机壳的弹击杆及前端球擦拭干净，然后将弹击杆压入仪器内，待弹击后用按钮锁住机口装入套筒，置于干燥阴凉处。

仪器有下列情况之一时，应将仪器拆开维护：

(1)弹击超过2 000次。

(2)仪器发生故障或零件损坏。

(3)率定试验不合要求。

回弹仪拆开维护应按下列步骤：

(1)使弹簧键脱钩取出机心，然后卸下弹击杆、中心导杆、缓冲压簧、刻度尺、指针轴和指针。

(2)清洗机心的中心导杆、弹击拉簧、拉簧座、弹击杆及其内孔和冲击面、指针滑块及其内孔、指针片、指针轴、刻度尺、卡环及仪器外壳的内壁和指针导槽，清洗完毕后组装仪器做率定试验。

回弹仪的拆开维护应注意下列事项：

(1)经过清洗的零部件，除中心导杆需涂上微量的轴油外，其他零部件均不得涂油。

(2)应保持弹击拉簧前端钩入拉簧座的原孔位。

(3)不得旋转尾盖上已定位紧固的调零螺丝。

(4)不得自制或更换零部件。

(二)超声波检测仪器的技术要求

超声波检测仪应通过技术鉴定，并需获有产品合格证。

仪器的声时范围应为0.5～9 999 μs，测读精度为0.1 μs。

仪器具有良好的稳定性，声时显示调节在20～30 μs范围内时，2 h内声时显示的漂移不得大于±0.2 μs。

仪器的放大频率相应宜分为10～200 kHz、240～500 kHz两频段，仪器宜具有波屏显示及手动游标测读功能，显示应清晰稳定，若采用整形自助测读混凝土超声测距不得超过1 m。

仪器能适应于温度为－10 ℃、0～40 ℃、相对湿度不大于80%，电源电压波动为(220±24)V的环境中，且能连续4 h正常工作。

换能器的技术要求：

(1)换能器宜采用厚度振动形式压电材料。

(2)换能器的频率宜在50～100 kHz的范围内。

(3)换能器实测频率与原有频率相差应不大于10%。

1.超声波检测仪的检验和操作

(1)超声波检测仪检验时应满足下列要求：

①缓慢调节，延时旋钮数字显示满足十进位递变的要求。

②调节焦点、灰度和扫描延时旋钮，扫描基线清楚稳定。

③换能器与标准棒耦合良好，衰减器及发射电正常。

④超声波在空气中传播的计算声速与实测声速值相比，相差不大于±0.5%。

(2)超声波检测仪应按下列步骤操作：

①操作前应仔细阅读仪器使用说明书。

②仪器在接通电源前，应检查电源电压，接上电源后，仪器宜预热10 min。

③换能器与标准棒耦合良好，调节首发波至30～40 mm后测读声时值。有调零装置的仪器应调节零电位以扣除初读数。

④在测时，接收信号的首波速度均应调至30～40 mm以后，才能测读每个测点的声时值。

(3)超声波检测仪的维护注意事项：

①如仪器在较长时间内不使用，每月应通电一次，每次不少于1 h。

②仪器应存放在通风、阴凉、干燥处，无论存放在何处或工作均需要防尘。

③在搬运过程中避免摔损和碰撞，工作完毕后应擦拭干净，单独存放，换能器的耦合面应避免磨损。

2.回弹值及声速值的测量与计算

(1)测试前应具备下列有关资料：

①工程名称及设计、施工、建设单位名称。

②结构与构件名称，施工图纸及要求的混凝土强度等级。

③水泥品种、强度等级、用量、出厂厂名，砂石品种，外加剂或掺合料品种、掺量，以及混凝土配合比等。

④模板类型，混凝土浇筑和养护情况以及成型日期。

⑤结构或构件存在的质量问题。

(2)测区布置应符合下列规定：

①按单个构件检测时，应在构件上均匀布置测区，每个构件上的测区数不应少于10个。

②同一批结构件按批抽样检测时,构件抽样数应不少于同批构件的 30%,且不少于 10 件,每个构件测压数应不少于 10 个。

③对长度小于或等于 2 m 的构件,其测区数量可适当减少,但不应少于 3 个。

(3)当按批抽样检测时,符合下列条件的构件才可视为同构件:

①混凝土强度等级相同。

②构件种类相同。

③混凝土原材料、配合比、成型工艺、养护条件及龄期基本相同。

④在施工阶段所处的状态相同。

(4)测区应满足的要求:

①测区布置在混凝土浇筑方向的侧面。

②测区均匀分布,相邻两测区的间距不宜大于 2 m。

③测区应避免钢筋密集区和预埋件。

④测区尺寸为 200 mm×200 mm。

⑤测试面应清洁、平整、干燥,不应有接缝、污浆和油垢,并避免蜂窝、麻面部位,必要时可用砂轮片清除杂物和磨平不平整处,并擦尽残面粉尘。

⑥混凝土测区应注明编号,并记录测区位置和外观质量情况。

⑦在每一测区宜先进行回弹测试后进行超声测试。

⑧非同一测区的回弹值及超声声速值,在计算混凝土强度换算值时不得混用。

1)回弹值的测量与计算

用回弹仪测试时,宜使仪器处于水平状态,测试混凝土浇筑的侧面或底面。

应按《回弹法评定混凝土抗压强度技术规范》的要求对构件上每一测区的两个相对测试面各弹击 8 点,每一测点的回弹值测读精确至 1.0。

测点在测区范围以内宜均匀分布,但不得布置在气孔或外露石子上。相邻两测点的间距一般不小于 30 mm,测点距构件的边缘或外露钢筋、铁件的距离不小于 50 mm,同一测点只允许弹一次。

计算侧面平均回弹值时应在该区两侧相对测试的 16 个回弹值中剔除 3 个最大值和 3 个最小值,然后将余下的 10 个回弹值按下式计算

$$R_n = \sum_{i=1}^{10} R_i/10 \tag{6-61}$$

式中 R_n——测区平均回弹值,计算至 0.1;

R_i——第 i 个测点的回弹值。

非水平状态测得的回弹值应按下式修正

$$R_a = R_m + R_{aa} \tag{6-62}$$

式中 R_a——修正后的测区回弹值;

R_{aa}——测试角度与 a 的回弹修正值,按表 6-11 选用。

表 6-11　测试角度的回弹修正值

测试角度	向上				向下			
	-90°	90°	60°	45°	30°	-30°	-45°	-60°
20°	-6.0	-5.0	-4.0	-3.0	2.5	3.0	3.5	4.0
30°	-5.0	-4.0	-3.5	-2.5	2.0	2.5	3.0	3.5
40°	-3.0	-3.5	-3.0	-2.0	1.5	2.0	2.5	3.0
50°	-3.0	-3.0	-2.5	-1.5	1.0	1.5	2.0	2.5

由混凝土浇筑方向的顶面或底面测得的回弹值应按下式计算

$$R_a = R_m + (R_v^t + R_v^b) \tag{6-63}$$

式中　R_v^t——修正后的测区回弹值；

R_v^b——测试面的回弹修正值，按表 6-12 选用。

表 6-12　测试面的回弹修正值

测试面	测试点数						
	20	25	30	35	40	45	50
顶面	2.5	2.0	1.5	1.0	0.5	0	0
底面	-3.0	-2.5	-2.0	-1.5	-1.0	-0.5	0

注：1. 在侧面测试时修正值为 0。

2. 表中未测数值可用内插法求得。

在测试时，如仪器处于非水平状态，同时构件测区又非混凝土的浇筑侧面，则应对测得的回弹值先进行角度修正，然后进行顶面或底面修正。

2）超声声速值的测量与计算

超声声速值的测量与计算，超声测点应布置在回弹测试的同一测区内，测量超声速值时，应保证换能器与混凝土耦合良好。

测试的声时值应满足精确至 0.1 μs，声速值应精确至 0.01 km/s，超声测距的测量误差应不大于 ±1%。

在每个测区内的相对测试面上应各布置 3 个测点，且发射和接收换能器的轴线应在同一轴线上。

测区声速应按下列公式计算

$$v = l/t_m \tag{6-64}$$

$$t_m = (t_1 + t_2 + t_3)/3 \tag{6-65}$$

式中　v——测区声速值，km/s；

l——超声测距，mm；

t_m——测区平均声时值；

t_1、t_2、t_3——测区中 3 个测点的声时值。

在混凝土浇筑的顶面与底面测试时，测区声速值应按下式修正

$$v_a = Bv \tag{6-66}$$

式中　v_a——修正后的测区声速值，km/s；

B——超声测试面修正系数，在混凝土顶面及底面测试时，$B=1.034$，在混凝土侧面测试时 $B=1.0$。

（三）混凝土强度的推定

构件第 i 个测区的混凝土弹度换算值 $f^c_{cv,i}$ 应根据上面所规定的修正后的测区回弹值 R_{ai} 及修正后的测取声速值 v_i 优先采用专用或地区测强曲线推定，当无该类测强曲线时，经论证后也可按下列公式计算：

（1）粗骨料为卵石时

$$f^c_{cv,i} = 0.003\ 8v_i^{1.23}R_{ai}^{1.95} \tag{6-67}$$

（2）粗骨料为碎石时

$$f^c_{cv,i} = 0.008v_i^{1.72}R_{ai}^{1.57} \tag{6-68}$$

式中　$f^c_{cv,i}$——第 i 个测点混凝土强度换算值，MPa，精确至 0.1MPa；

v_i——第 i 个测区修正后的超声声速，km/s，精确至 0.01 km/s；

R_{ai}——第 i 个测区修正后的回弹值，精确至 0.1。

当结构所用材料与所制定的测强曲线所用材料有较大差异时，须用同条件试块或从结构件测区钻取的混凝土心样进行修正。试件数量应不少于 3 个。此时，得到的测区混凝土强度换算值应乘以修正系数，修正系数可按下列公式计算：

（1）有同条件立方试块时

$$n = \frac{1}{n}\sum f_{cv,i}/f_{cv,l} \tag{6-69}$$

（2）有混凝土心样试件时

$$n = \frac{1}{n}\sum f_{cot,i}/f_{cv,i} \tag{6-70}$$

式中　$f_{cv,i}$——第 i 个立方体试块或心样试件的混凝土强度值，MPa，精确至 0.1 MPa；

$f_{cv,l}$——对应于第 i 个立方体试块或心样试件的混凝土强度换算值，MPa，精确至 0.1 MPa；

$f_{cot,i}$——第 i 个心样试件抗压强度值，MPa，精确至 0.1 MPa；

n——修正系数，精确至小数点最后两位。

结构或构件的混凝土强度推定值 $f_{cu,o}$ 可按下列条件确定：

（1）按单个构件测验时，单个构件的混凝土强度推定值 $f_{cu,o}$ 取该构件各测区中最小的混凝土强度换算值 $f_{cu,\min}$。

（2）当按批检验抽样检测时，该批构件的混凝土推定值按下式计算

$$f_{cv,e} = mf_{cv,t} - 1.645\delta f_{cn,e} \tag{6-71}$$

（3）当同批测区混凝土强度换算标准差 $\delta f_{cv,t}$ 过大时，该批构件的混凝土强度推定值也可按下式计算

$$f_{cv,e} = mf_{cvt,\min} = \frac{1}{m}\sum f_{cat,\min l} \tag{6-72}$$

式中　$mf_{cvt,\min}$——该批每个构件中最小的测区混凝土强度换算值的平均值，MPa；

$f_{cat,\min l}$——第 i 个构件中最小的测区混凝土强度换算值的平均值，MPa；

m——每批中抽取的构件数。

(4)当属同批构件按批抽样检测时，若全部测区强度的标准差出现下列情况，则该批构件按单个构件检测：

①当混凝土强度等级低于或等于 C20 时，$\delta f_{cv,e}>4.5$ MPa。

②当混凝土强度等级高于 C20 时，$\delta f_{cv,e}>5.5$ MPa。

(5)建立专用或地区混凝土强度曲线的基本要求：

①采用中型回弹仪及低频超声波检测仪均要满足各自的要求。

②选用的换能器应符合其各项要求。

③混凝土所用的水泥应符合现行国家标准《硅酸盐水泥　普通硅酸盐水泥》(GB 175—1999)和《矿硅酸盐水泥　火山灰硅酸盐水泥》(GB 1344—1999)的要求，混凝土用砂、石应符合现行部颁标准《普通混凝土用碎石及卵石质量标准及检验方法》(JGJ 53—92)和《普通混凝土用砂质量标准及检验方法》(JGJ 52—92)的要求。

(6)选用本地区常用水泥、粗骨料、细骨料按最佳配合比制作混凝土强度等级 C10～C50 的边长为 150 mm 的立方体试块。

试块试验应按下列步骤进行：

①分别以龄期为 7 d、14 d、28 d、60 d、90 d、180 d 和 365 d 进行立方体试块强度试验。

②每一龄期的每组试件由 3 个(或 6 个)试块组成。

③每种混凝土强度等级的试块不应少于 30 块，并宜在同一天内用同条件的混凝土成型。

④试块采用振动台成型，成型后的第二天拆模。

⑤如果自然养护也应将试块移至不直接受日晒雨淋处，按品字形堆放，盖上草袋并浇水养护。如用蒸汽养护，则试块静停时间和养护条件应与构件预期的相同。

试块声时值测试应按下列规定进行：

①试块声时测量，应取试块浇筑方向的测试面，宜采用黄油为耦合剂。

②声时测量应采用对测法，在一个相对测试面上测 3 点，发射和接收换能器轴线应在一直线上，试块声时值 t_m 为 3 点平均值，保留小数点后一位数字，试块边长测量精确至 1 mm，测量误差不大于 1%。

③试块的声速值按下式计算

$$v_a=\frac{L}{t_m} \tag{6-73}$$

式中　v_a——试块声速值，km/s，精确至 0.01 km/s；

L——超声测距，mm。

试块回声值应按下列规定进行测试：

回弹值测量应适用不同于声时测量的另一相对测面。将试块油污擦净，放置在压力机上下承压板之间，加至 30～50 kN，并在此压力下在试块相对测试面按规定各测 8 点回弹值，剔除 3 个最大值和 3 个最小值，将余下 10 个回弹值的平均值作为该试块的回弹值

R_a,计算精确至0.1。

回弹测试完毕,其测强曲线应按下述步骤进行计算:

①将各试块测试所得的声速值 v_a、回弹值 R_a 及试块抗压强度值 f_{ccu} 汇总进行多元回归分析和误差分析。

②回弹分析时可采用下列回归方程式

$$f_{ccu} = av_a bR_a c \tag{6-74}$$

式中 a——常数项系数;

b、c——回归系数;

f_{ccu}——混凝土强度换算值,MPa。

(7)用超声波检测仪在空气中实测声时的检验方法如下:

测试步骤:取常用平面换能器一对,接于超声波检测仪上,开机预热30 min,在空气中将两换能器制射面对准,在变动间明射面波,此相隔距离的情况下(如0.10 m、0.15 m、0.20m、0.25 m、0.30 m、0.35 m、0.40 m),将接收信号尽可能放大,以手动游标或自动关门方式测出相应于各间距的声速读数 t_1、t_2、…、t_m,同时测试时应注意以下事项(注:空气温度精确值0.2 ℃):

①换能面间应不小于或等于0.5%。

②换能面空气声速。以换能面距离为纵坐标、声速读数为横坐标,将各组数据点绘在直线坐标,点应在一直线上,在坐标纸上画出直线并标出直线斜率,即为空气声速实测值 v_c。

③空气声速计算值按下式计算

$$v_0 = 340.3\sqrt{0.948 + 0.00347T} \tag{6-75}$$

式中 v_0——空气声速计算值,m/s;

T——空气温度 ℃。

④误差计算。空气声速实测值 v_c 与计算值 v_0 之间相对误差 e_r 按下式计算

$$e_r = (v_c - v_0)/v_c \times 100\% \tag{6-76}$$

超声波检测仪在正常情况下相对误差值不应大于0.5%。

第七章 土石坝实用检测技术

土石坝的填筑是通过土石料的开采、运输、上坝压实等系列工具来完成的，坝面的填筑，主要包括卸料铺土、平土、洒水、压实、质检等工序。而碾压则是土石坝最关键的一道工序，因为只有通过压实，才能使松散合格的土坝土石料达到设计干容重的要求，成为密实的坝体，使土料的力学、渗透性指标等达到设计要求，从而起到防渗、挡水的作用。

土是松散颗粒的集合体，其自身的稳定性主要取决于土料的内摩擦力和黏结力。而土料的内摩擦角、凝聚力和抗渗性都与土的密实性有关，密实性越大，物理力学性能就越好。例如干表观密度为1.4 t/m^3 的砂壤土，压实后若提高到1.7 t/m^3，其抗压强度可提高4倍，渗透系数将降至原来的1/2 000。由于土料的压实，可使坝坡加陡，减少工程量，加快施工进度。

土料压实效果与土料的性质、颗粒组成与级配、含水量以及压实功能有关。黏性土与非黏性土的压实有显著的差别。一般黏性土黏结力较大，摩擦力较小，具有较大的压缩性，但由于它的透水性小，排水困难，压缩过程慢，所以很难达到固结压实。而非黏性土料正好相反，它的黏结力小，摩擦力大，具有较小的压缩性，但由于它的透水性大，排水容易，压缩过程快，所以能很快达到密实。

土料颗粒大小与组成也影响压实效果。颗粒越细，空隙比就越大，就越不容易压实。所以，黏性土压实干表观密度低于非黏性土压实干表观密度，颗粒不均匀的砂砾料比颗粒均匀的砂砾料达到的干表观密度要大一些。

含水量是影响黏土压实效果的重要原因之一。当压实功能一定时，黏土的干表观密度随含水量的增大而增大，并达到最大值，此时含水量为最优，大于此含水量后，干表观密度会减小，因此时土料逐渐饱和，外力被土料内自由水抵消。非黏性土料的透水性大，排水容易，不存在最优含水量，故含水量不作专门控制。

压实功能的大小，也影响着土料干表观密度的大小。压实功能增大，干表观密度也随之增大，而最优含水量随之减小。说明同一种土料的最优含水量和最大干表观密度随压实功能的改变而变化，这种特性对于含水量过低或过高的土料更为显著。

第一节 土料压实方法与机械选择

压实方法按其作用原理分为碾压、夯击和振动三类。碾压和夯击用于各类土，振动法仅适用于砂性土。根据压实原理，制成各种机械，常用的机械如表7-1所示。

一、羊脚碾

羊脚碾是用钢板制成滚筒，表面上镶有钢制的短柱，形似羊脚，如图7-1所示，筒端开有小孔，可以加入填料，以调节碾重，羊脚碾工作时，羊脚插入铺土层后，使土料受到挤压及揉搓的联合作用而压实。

表 7-1　填筑作业主要施工机械

序号	机械类型		数量	容量	功率*(hP)	性能及用途
1	推土机 CAT	D8N	9	37.5 t	285	D8N 铲容 11.7 m^3，铲宽 4.26 m 高 1.74 m，挖深 0.58 m。用于开采土料、坝面平料、养护道路等
		D9N	3	42 t	370	
		轮式	2	32.7 t	315	
2	挖掘机 HITACHI	EX400（反铲）	2	2.2 m^3	296	臂及铲长 6.37 m，最大挖距 12 m，挖深 7.89 m。用于开挖、平料、削坡等
		EX1100（反铲）	4	5.1 m^3	630	最大挖距 13.78 m，挖深 7.88 m。用于开挖、装料、削坡等
		EX1800（正铲）	3	10.3 m^3		最大挖距 13.4 m，挖深 5.92 m，挖高 14.55 m。用于装料
3	装载机	CAT988F	3	5.9 m^3	400	铲斗举高 3.69 m，用于装料；铲斗举高 6.26 m，用于装料，蛙夯区运料、刨毛等
		CAT992D	2	10.7 m^3	735	
		CAT436B	1		77	
4	自卸汽车	Perlini DP366	14	19 m^3/载重 36 t	450	车长 8.3 m，宽 3.81 m，高 3.92 m，车轮直径 1.4 m。用于运输坝料
		Perlini DP755	51	29 m^3/载重 65 t	720	车长 9.75 m，宽 4.65 m，高 4.53 m，车轮直径 2.1 m。用于运输坝料
5	光面振动碾	Ingersoll—Rand SD 170D	9	碾重 17 t	202	频率 18.3 ~ 30.4 Hz，最高离心力 315.8 kN，最大振幅 1.65 mm，鼓直径 1.6 m。用于碾压堆石、粗粒料及修路
	凸块振动碾	Ingersoll—Rand SD 170F	6	碾重 17 t	203	频率 18.3 ~ 30.4 Hz，最高离心力 315.8 kN，最大振幅 1.65 mm，鼓直径 1.58 m。用于碾压防渗土料
6	洒水车	IVECO	3	20 m^3	370	用于坝面洒水、路面洒水等
		TEREX	2	30 m^3		
7	维修车（润滑油及机油）	IVECO-135E18	2		177	维修、加油等
8	流动维修车	IVECO-135E18	2		177	现场维修
9	加油车	IVECO-380E37H	2	20 m^3	370	流动加油

注：功率：马力改法定单位为 1 hP = 735.5 W。

羊脚碾碾压黏性土的效果很好，但不适于碾压非黏性土。

羊脚碾的滚筒表面设有交错排列的柱体，形似羊脚，碾压时，羊脚插入土料内部，使羊脚底部土料受到正压力，羊脚四周侧面土料受到挤压力，碾筒转动时土料受到羊脚的揉搓力，从而使土料层均匀受压。羊脚碾压实层厚，层间结合好，压实度高，压实质量好，但仅适用于黏土。非黏性土压实中，由于土颗粒产生竖向及侧向移动，效果不好。羊脚碾压实原理如图 7-2 所示。

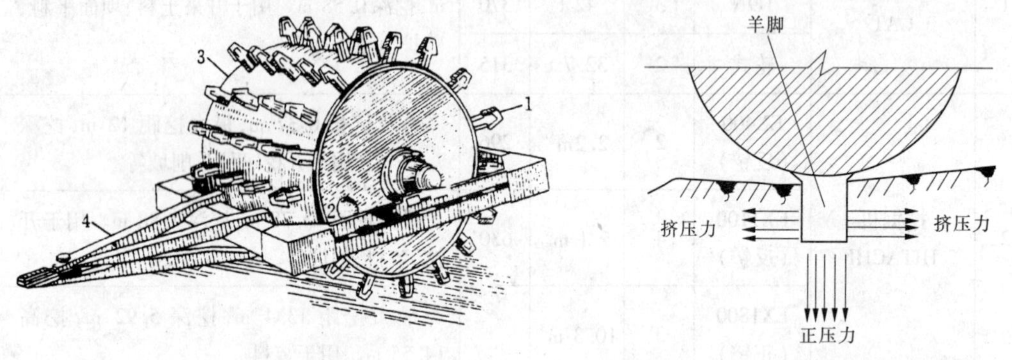

图 7-1　羊脚辗外形

1—羊脚；2—加载孔；3—辗滚筒；4—杠辕框架

图 7-2　羊脚碾压实原理

羊脚碾压实中，一种是逐圈压实，即先沿填土一侧开始，逐圈错距以螺旋形开行，逐渐移动进行压实，机械始终前进开行，生产率高，适用于宽阔的工作面，并可多台羊脚碾同时工作，但拐弯处及错距交叉处产生重压和漏压。另一种方式为进退错距压实，即沿直线前进后退压实，反复行驶，达到要求后错距，重复进行。后一种方式压实质量好，遍数好控制，但后退操作不便，用于狭窄工作面。压实遍数可按下式计算：

$$N = KS/(MF) \tag{7-1}$$

式中　S——碾筒表面面积，cm^2；

F——羊脚的端面积，cm^2；

M——羊脚的数量；

K——碾压时羊脚在土料表面分布的不均匀修正系数，一般取 1.3。

二、平碾及肋条碾

平碾的滚筒可用钢板卷制而成，滚筒一端有小孔，从小孔中可加入铁粒等，以增加其重量。平碾的滚筒也可用石料或混凝土制成。一般平碾的重量(包括填料重)为 5 ~ 12 t，沿滚筒宽度的单宽压力为 200 ~ 500 N/cm，铺土厚度一般不超过 20 ~ 25 m，如图 7-3(a)所示。

肋条碾可就地用钢筋混凝土制作，它与平碾的不同之处在于作用在土层上的单位压力比平碾大，压实效果较好，可减少土层的光面现象，如图 7-3(b)所示。

三、气胎碾

气胎碾是利用充气轮胎作为碾子，由拖拉机牵引的一种碾压机械。这种碾子是一种

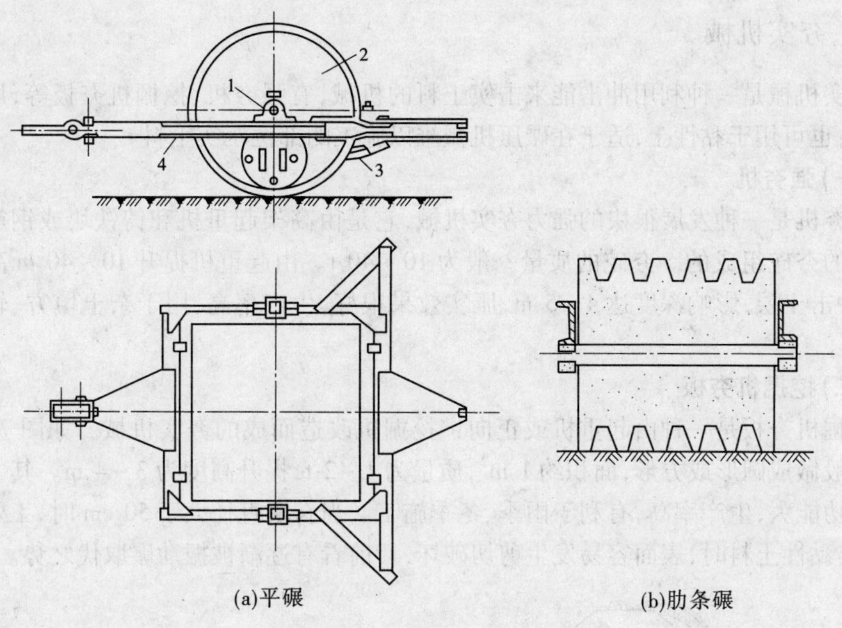

图 7-3　平碾及肋条碾

1—滚筒轴;2—滚筒;3—刮刀;4—框架

柔性碾,碾压时碾和土料共同变形,其原理如图 7-4 所示。胎面与土层表面的接触压力与碾重关系不大,增加碾重(可达几十吨至上百吨),可以增加与土层的接触面积,从而增大压实影响深度,提高生产率,它既适用于黏性土的压实,也可以压实砂土、砂砾石、黏土与非黏土的结合等。其与羊脚碾联合作业效果更佳,如用气胎碾压实、羊脚碾收面,有利于上下层结合;用羊脚碾压实、气胎碾收面,有利于防雨。

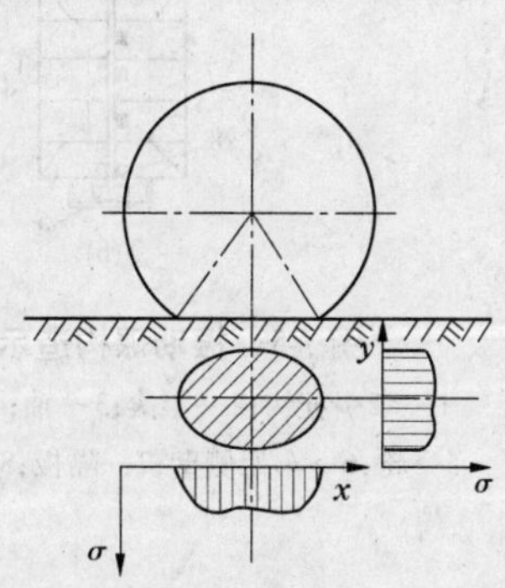

图 7-4　气胎碾压实原理

四、振动碾

振动碾是一种具有静压和振动双重功能的复合型压实机械,常见的类型是振动平碾,也有振动变形(表面设凸块肋形、羊脚等)碾。它是由振动柴油机带动碾滚内的偏心轴旋转,通过连接碾面的隔板,将振动力传至碾滚表面,然后以压力波的形式传到土内部。非黏性土的颗粒比较粗,在这种小振幅、高频率的振动力作用下,摩擦力大大减小,由于颗粒不均匀,惯性力大小不同而产生相对位移,细颗粒滑入粗颗粒空隙而使空隙体积减小,从而使土料达到密实。振动碾的构造如图 7-5 所示。

由于振动力的作用,土中的应力可以提高 4 ~ 5 倍,压实层厚达 1 m 以上,有的高达 2 m,生产率很高。振动碾可以有效地压实堆石体、砂砾石和砾质土,也能压实黏性土,是土坝砂壳、堆石坝碾压必不可少的工具,应用非常广泛。

五、夯实机械

夯实机械是一种利用冲击能来击实土料的机械，有强夯机、挖掘机夯板等，用于夯实砂砾料，也可用于黏性土，适于在碾压机械难以施工的部位压实土料。

（一）强夯机

强夯机是一种发展很快的强力夯实机械，它是由高架起重机和铸铁块或钢筋混凝土块做成的夯砣组成的。夯砣的质量一般为 10～40 t。由起重机提升 10～40 m 高后自由下落，冲击土层，影响深度达 4～5 m，压实效果很好，生产率高，用于杂土填方、软基及水下地层。

（二）挖掘机夯板

挖掘机夯板是一种由起重机或正向铲挖掘机改造而成的夯实机械。如图 7-6 所示，夯板一般做成圆形或方形，面积约 1 m^2，质量为 1～2 t，提升高度为 3～4 m。其主要优点是压实功能大，生产率高，有利于雨季、冬季施工。当石块直径大于 50 cm 时，工效大大降低，压实黏性土料时，表面容易发生剪切破坏，目前看有逐渐被振动碾取代之势。

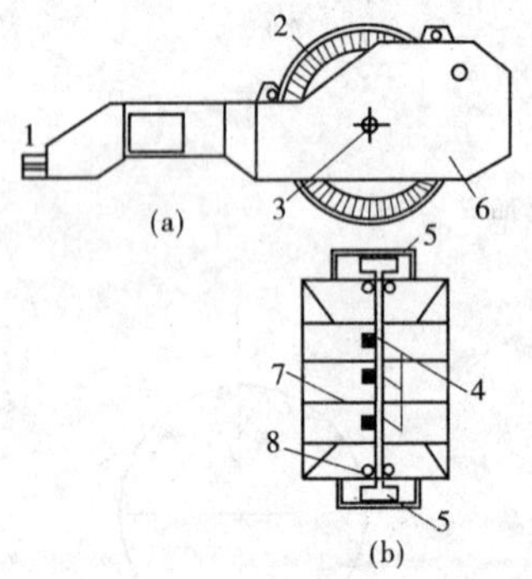

图 7-5 振动碾构造示意图

1—牵引挂钩；2—碾滚；3—轴；4—偏心块；5—轮；6—车架侧壁；7—隔板；8—弹簧悬架

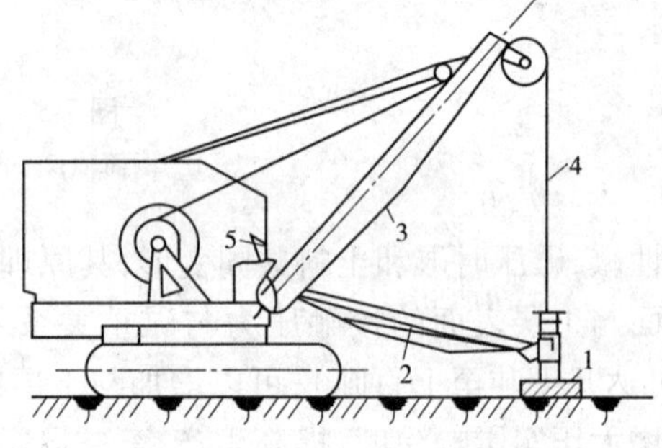

图 7-6 挖掘机夯板示意图

1—夯板；2—控制方向杆；3—支杆；4—起重索；5—定位杆

第二节 压实参数的选择与现场碾压试验

坝面的铺土压实，除了根据土料的性质正确选择压实机具以外，还应合理地确定黏性土壤的含水量、铺土厚度、碾压遍数等各项参数，以便满足设计要求，达到坝体的要求密度，而消耗的压实功能又最少。由于影响土石料压实的因素很复杂，目前还不能通过理论计算或由实验室确定各项压实参数，故为了符合现场施工的需要，宜通过现场压实试验进行选择。而且现场压实试验应在坝体填筑前，土料、石料和压实机具已确定的情况下进行。

一、压实标准

土石坝的压实标准是根据设计要求通过试验提出来的，对于黏性土，在施工现场是以干容重作为压实标准来控制填方的质量，对于非黏性土则以相对密度来控制。由于在施工现场用相对密度来控制不方便,往往将相对密度换算成干容重作为施工现场控制质量的标准。毫无疑问,土料压实越好,其物理力学性能越好,坝体质量就越有保证。但对土料过分压实,不仅提高了费用,还会造成剪力破坏。因此,应确定合理的压实标准,最好由实验室试验与现场试验的结果及理论计算结果来确定。

(一)黏性土料

黏性土料的压实标准,主要是以压实干表观密度和施工含水量这两个指标来控制的。

1. 压实干表观密度

用击实仪做击实试验来确定。我国目前采用的击实仪为28击($89.75\ t\cdot m/m^3$)作为标准压实功能,得出一般不少于25~30组最大干表观密度的平均值$\gamma_{d\max}$(t/m^3)作为依据,从而确定设计干表观密度(γ_d):

$$\gamma_d = m \cdot \gamma_{d\max} \tag{7-2}$$

式中 m——施工条件系数,一般1、2级坝及高坝采用0.97~0.99,中低坝采用0.95~0.97。

此法对于大多数黏性土料是合理的、适用的,但是土料的塑限、黏粒含量不同,对压实都有影响,应进行以下修正:

(1)以塑限为最优含水量,由试验从压实功能与最大干表观密度和最优含水量曲线上初步确定压实功能。

(2)考虑沉降控制的要求,通过控制压缩系数$\alpha = 0.009\,8 \sim 0.019\,6\ cm^2/kg$确定干表观密度(干密度)。

2. 施工含水量

施工含水量是由标准击实条件时的最大干表观密度(干密度)确定的,但最大干密度对应的最优含水量是一个点值,而实际的天然含水量总是在一个范围内变动。为适应施工的要求,必须围绕最优含水量规定一个范围,即含水量的上下限。在击实曲线上以设计干密度作为水平线,与曲线相交的两点就是施工含水量的控制范围,如图7-7所示。

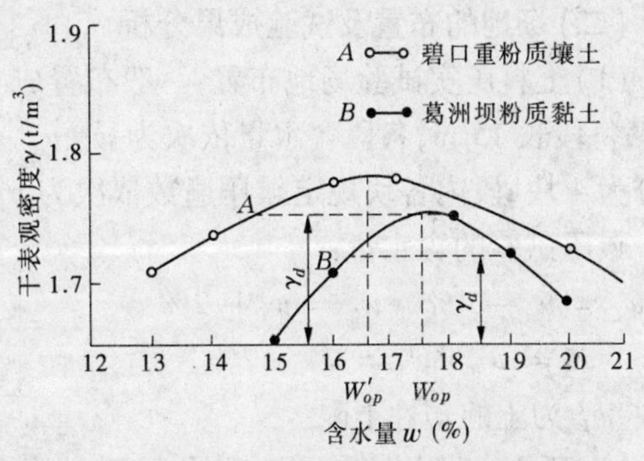

图7-7 设计干表观密度与施工含水量范围

(二)砂土及砂砾石

砂土及砂砾石的压实程度与颗粒级配及压实功能关系密切,一般用相对密度D_r表示:

$$D_r = (e_{\max} - e)/(e_{\max} - e_{\min}) \tag{7-3}$$

式中 $e_{\max}$——砂石料的最大孔隙比;

$e_{\min}$——砂石料的最小孔隙比;

e——设计孔隙比。

在施工现场,当使用相对密度不方便时,可换算成相应的干密度γ_d,即:

$$\gamma_d = \gamma_{\max} \cdot \gamma_{\min} / [\gamma_{\max} - D_r(\gamma_{\max} - \gamma_{\min})] \tag{7-4}$$

式中 $\gamma_{\max}$——砂石料最大干密度,t/m^3;

γ_{min}——砂石料最小干密度，t/m³。

在工程中，1 级建筑物可取 $D_r=0.7\sim0.75$，2 级建筑物可取 $D_r=0.65\sim0.7$。

（三）石渣及堆石体

石渣及堆石体作为大坝的填筑料，压实指标一般用空隙率表示。根据国内外的经验，碾压堆石坝体压实后空隙率应小于32%，为了防止过大的沉陷，一般规定为22%～28%，上游堆石区标准为21%～25%。

二、碾压试验

现场的碾压试验是土石坝施工中的一项技术措施，通过压实试验核实坝料设计填筑指标的合理性，作为选择压实机械类型和施工参数的依据。

土料的压实试验，是根据已选定的压实机械来确定铺土厚度、压实遍数及相应的含水量，选择有代表的土石料，各料场如有差异，应分别试验。

试验组合方法一般采用淘汰法，也叫逐步收敛法。此法每次变动一种参数，固定其他参数，通过试验求出该参数的适宜值，依此类推，待各项参数选定后，用选定参数进行复核试验。这种方法的优点是效果相同时试验总数较少。

（一）试验场地的选择

要求试验场地平坦、坚实、开阔、靠近水源，有水电附属设施，也可在建筑物附近或在建筑物的不重要部位。用试验土料先在地基上铺筑一层，压实到设计标准，将这一层作为基层，然后在上面进行碾压试验。

（二）场地的布置及试验成果分析

（1）土料压实试验场地布置：一般布置成 60 m×6 m 的条带形，然后将此条带等分为 4 段，每段长 15 m，各段含水量依次为 w_1、w_2、w_3、w_4，其误差不超过1%，再将每段沿长边等分为 4 块，段内各块规定碾压遍数依次为 n_1、n_2、n_3、n_4，如图 7-8 所示。

碾压试验的含水量：

$$w_1 = w_P - 4\% \quad w_2 = w_P - 2\%$$

$$w_3 = w_P \quad w_4 = w_P + 2\%$$

式中，w_P 为土的塑性下限。

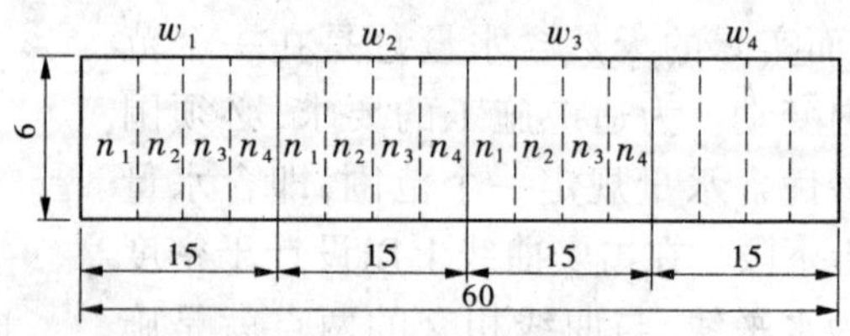

图 7-8 土料压实试验场地布置示意图 （单位：m）

（2）砾石土、风化砾石土、砂及砂砾场地不小于 4 m×8 m，卵漂石、堆石料场地不小于 6 m×10 m。由于碾压时产生侧向挤压，因此试验区的两侧应各留出一个碾宽，试验区的两端各留出 4～5 m（黏土）或 8～10 m（堆石料）作为非试验面，以满足停车和错车的要求。一般一场试验可完成十几或几十个组合试验。如堆石料压实试验场地布置如图 7-9 所示。淘汰法每场只变动一种参数，一般一场试验布置 4 个组合试验。试验的压实遍数和铺土厚度可参考表 7-2 使用。按不同遍数压实（n）、不同铺土厚度（h）和不同含水量（w）进行压实、取样。每一个组合取样数量为：黏土、砂砾石 10～15 个，砂及砂砾 6～8 个，堆石料不少于 3 个，分别测定干密度、含水量和颗粒级配，可作出不同铺土厚度时的压实遍数、干密度与含水量关系曲线，见图 7-10。根据上述关系曲线，再作 h、n、γ_{max}、w_{op} 关系曲线，如图 7-11 所示。在

图 7-11 上，根据设计干密度 γ_d 分别查出不同铺土厚度所需的碾压遍数 a、b、c 及相应的最优含水量 d、e、f，然后计算出压实遍数与铺土厚度的比值，即 a/h_1、b/h_2 和 c/h_3，取最小者，因单位铺土厚度的压实遍数最少，需要压实功能最小，最经济合理。确定了合理的压实参数后，将选定的含水量控制范围与天然含水量比较，看是否便于施工控制，否则适当改变含水量或其他参数再进行试验。

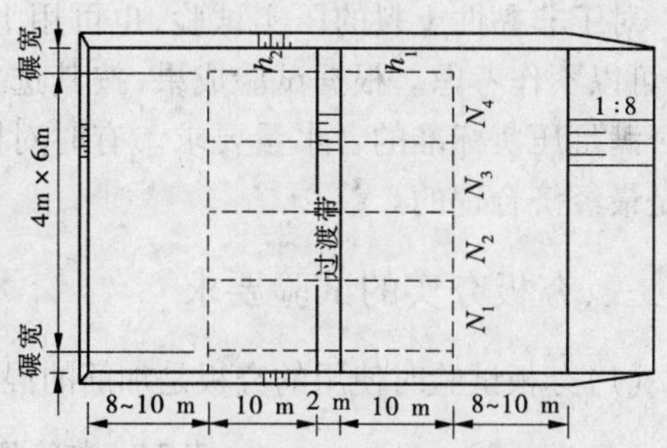

图 7-9 堆石料压实试验场地布置

表 7-2 试验的压实遍数和铺土厚度

序号	压实机械名称	铺松土厚度 h（cm）	碾压遍数 n	
			黏性土	非黏性土
1	80 型履带拖拉机	10—13—16	6—8—10—12	4—5—8—10
2	10 t 平碾	16—20—24	4—6—8—10	2—4—6—8
3	5 t 双联羊脚碾	19—23—27	8—11—14—18	
4	30 t 双联羊脚碾	50—58—65	4—6—8—10	
5	13.5 t 振动平碾	50—75—100—150		2—4—6—8
6	25 t 气胎碾	28—34—40	4—6—8—10	2—4—6—8
7	50 t 气胎碾	40—50—60	4—6—8—10	2—4—6—8
8	2～3 t 夯板	80—100—150	2—4—6	2—3—4

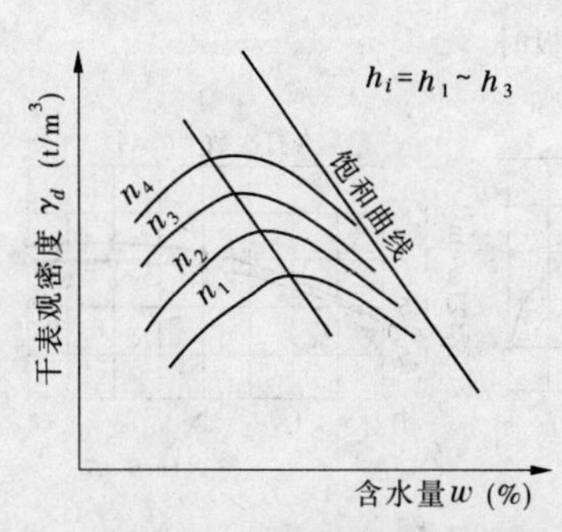

图 7-10 铺土厚度、压实遍数与干密度、含水量关系曲线

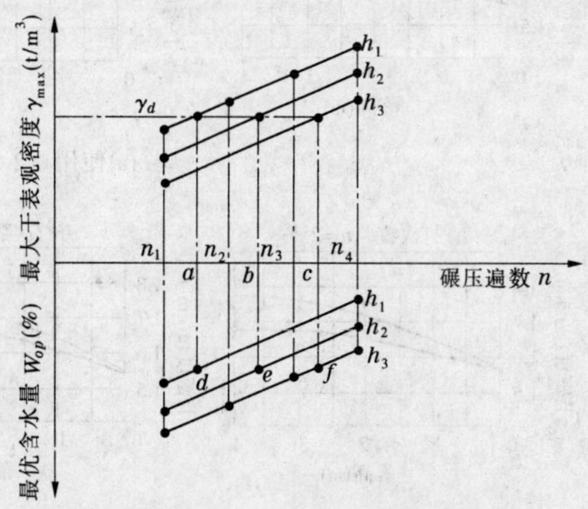

图 7-11 铺土厚度、压实遍数与最大干密度、最优含水量关系曲线

对于非黏性土料的压实试验,也可用上述类似的方法进行。但因含水量的影响较小,可以不作考虑。根据试验成果,按其选定经济压实厚度和压实遍数后,应首先核对是否满足压实标准的含水量要求。有时对同一种土料采用两种压实工具、两种压实遍数是最经济合理的。

三、夯板夯实的试验要求

(1)夯板试验时使用的夯板是加筋的混凝土板,它的规格如表7-3所示。

表7-3 加筋混凝土板规格要求

夯板质量(kg)	夯板底面尺寸(cm)	夯板底面面积(cm^2)	夯板作用于土壤单位面积上的静压力(kg/cm^2)
2.28	100×100	10.0	0.228
3.36	110×120	14.4	0.223

(2)基本原则,确定以下几项:①夯板在一个地点的最优下落高度;②夯板的最优下落高度;③最优夯实厚度;④夯实土壤的最优含水量。

(3)场地的要求:长度为20 m,宽为6 m,地面平坦、坚硬、宽阔。

(4)取样检查。检查土料的夯实程度时,从填土的表面开始,每隔20 cm深检查一次,为此在每个夯实段上都开挖了一条壕沟式的试坑,试坑的深度等于填土的高度。在每一点上都取两个土样(环刀法)。根据所得的试验结果绘制如图7-12所示的土料密度(干密度)随夯板落高而变化的关系曲线,及土料干密度的变化与夯板夯打次数的关系和用重2.28 t的夯板夯打时的干密度沿深度的分布情况如图7-13及图7-14所示。

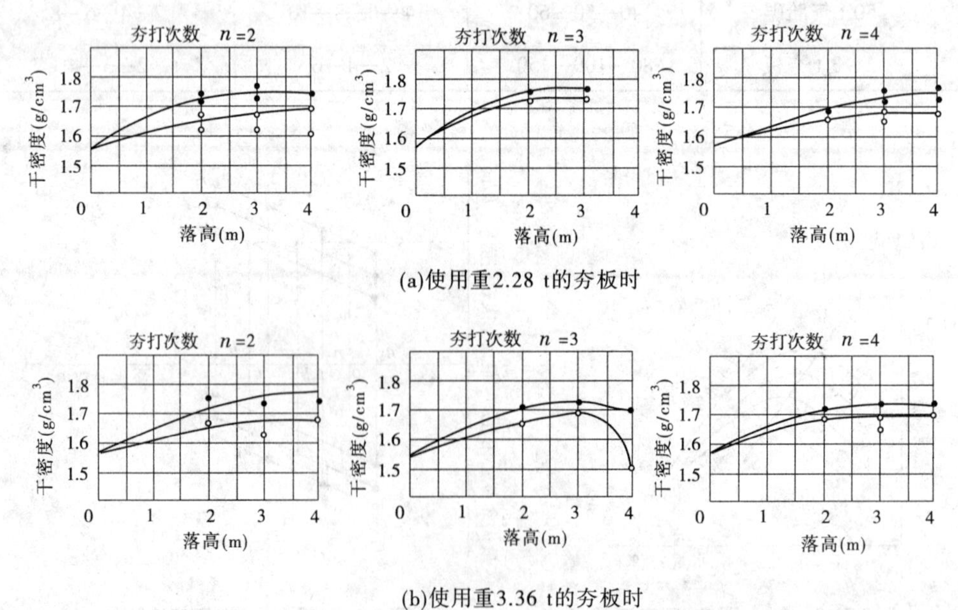

图7-12 土料密度的变化与夯板落高的关系

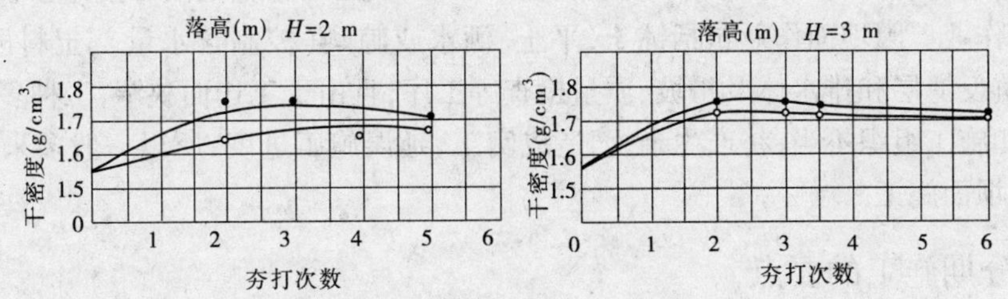

(a)使用重2.28 t的夯板时

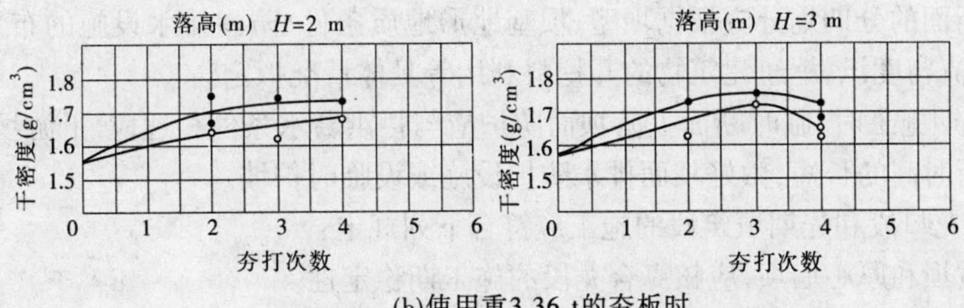

(b)使用重3.36 t的夯板时

图7-13　土料密度的变化与夯板夯打次数的关系

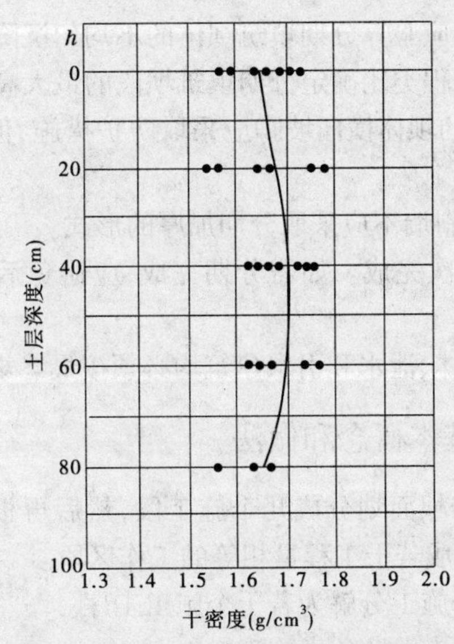

图7-14　用重2.28 t夯板夯打时土料干密度沿深度的分布情况

(5)对所绘制的曲线进行分析,可得出如下结论:①填土层的厚度从干密度状态来看,可以采取等于60 cm;②土料在夯打前的含水量应为15%～18%;③为了保证土壤的设计密度(干密度1.7～1.75 g/cm³)当落高为3 m时,夯打次数应为3次。

第三节　土石坝体填筑与压实的要求

坝体填筑应在清基完成以后从最低洼处开始,尽快填出一个平整的坝面,然后将坝面划分成几个区段,进行流水作业施工。坝体是分层进行填筑的,土料运到坝面以后,经过铺土、平土、压实等工作，完成一个填筑层施工，所以坝面与各施工段可按此三个工序组织平行流水作业。因坝面作业包括铺土、平土、洒水或晾晒（控制含水量）、土料压实、修整边坡、修筑反滤层和排水体及护坡、质量检查等工序，且由于工作面狭窄，工种多，工序多，机具多，如施工组织不当，将产生干扰，造成窝工，延误施工进度，所以一般多采用流水作业法组织坝面施工。

一、分期施工的要点

（1）土石坝分期施工临时断面的填筑高程，应根据各时段的拦洪标准和蓄水要求确定。临时断面的分期划分应根据坝型、坝基地形地质条件、防渗排水设施的布置、总体施工进度，导流与度汛，枢纽建筑物的开挖料利用等具体情况拟定。

（2）分期施工时，临时断面上游坝面防护应与拦洪蓄水条件相适应，下游坝面应视分期施工间断时间的长短，做好坝面排水防护设施或设临时护坡。

（3）对龙口段和先期填筑段的施工应符合下列规定：

①均质坝和厚心墙坝，应核算合龙段的施工期稳定性。

②先填筑坝段的横向坝坡，土料填筑不宜陡于1:3，砂砾石料不宜陡于1:1.5，堆石料不宜陡于1:1.3。

③对土质防渗体的高坝，应验算分期填筑坝体的不均匀沉降，进行发生裂缝的可能性分析，同时根据计算结果和工程类比确定分期填筑坝段的最大高差。

④龙口段两侧先期施工的坝体横向坡脚应采取防护措施，但在坝体合龙前必须将临时防护设施全部清除。

（4）土质心墙、斜心墙和斜墙不应采取分期加厚的形式。

（5）清基、削坡工作宜一次完成。如需分期完成，应避免后期施工对前期施工的影响。

（6）对分期兴建的坝、坝体、泄水和引水建筑均必须按最终规模进行设计。

二、平行流水作业的基本概念和做法

（1）根据施工工序数目将坝面划分成几个施工段，然后再根据某一段的坝面面积及坝体填筑的强度，将坝面划分成若干工程量相等的工作区段。

（2）按工作区段数将整个施工分解为若干个施工工序。

（3）每一工序都由相应的专业队负责施工。

（4）各专业队按施工工艺顺序，依次先后进入同一工作区段，分别完成各自的施工任务。

（5）每一专业队连续地从前一个工作区段转移到后一个工作区段，重复进行同样的施工内容，所谓平行是指同一时间内每一工作区段均有专业施工队在施工，流水是指每一工作区段按施工工艺顺序依次进行施工。其结果是各专业区工作专业化，有利于工人技术的熟练与提高，在施工过程中保持了人、地、机具等施工资源充分利用，避免了施工干扰和窝工。各施工段面积的大小取决于各施工期土料上坝强度。

对于某控制高程的坝面，流水施工区段 m 可按下式计算：

$$m = W_{坝} / W_H \tag{7-5}$$

式中 $W_{坝}$——某施工时段坝面工作面积，m^2，可按设计图纸，由施工高程确定；

W_H——每个流水班次的铺土面积，m^2，$W_H = Q_{运}/h$；

$Q_{运}$——每个段面的运土方量，m^3；

h——铺土厚度，m。

对坝面流水作业的实施要求：

设流水工序数为 m'，当划分的工作区段数 m 等于 m' 时，表明流水作业是在人、机、地三不闲的情况下正常施工；当 $m > m'$ 时，表明流水作业是在"地闲"，机、人不闲的情况下进行施工；当 $m < m'$ 时，表明流水作业不能正常进行。出现第三种情况是坝体升高，工作面减小，所划分的流水工序过多所致。解决的方法：①增大 m 值，可采用缩小流水单位时间的办法；②合并一些工序，以减小 m' 值，使 $m = m'$。三个工作面的流水作业如图 7-15 所示。

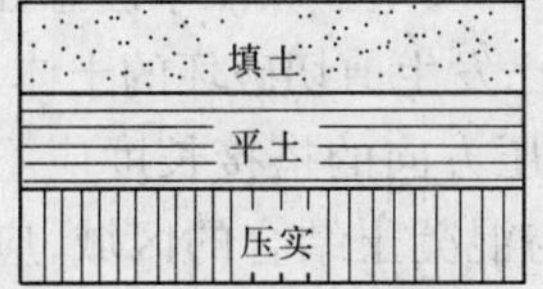

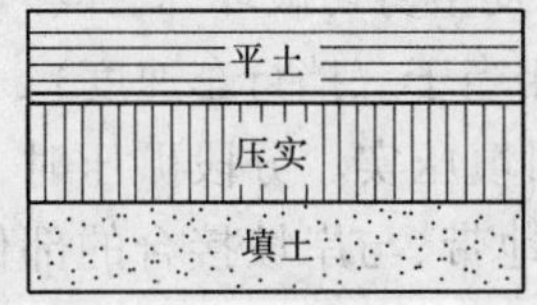

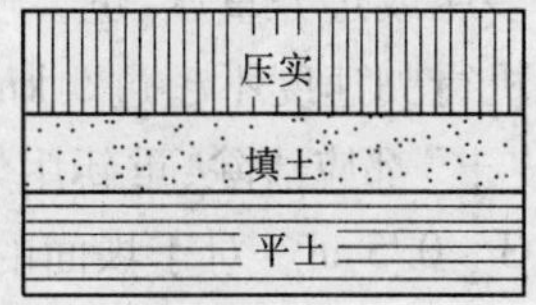

图 7-15 坝面流水作业示意图

三、坝面填筑施工

(一)铺土

铺土一般应沿坝轴线向上、下游方向一致延伸，土料必须铺填均匀和及时，并严格控制铺土厚度，误差应小于层厚的 10%。超径不合格的土块应打碎，石块应剔除。防渗体土料应采用进占法卸料。汽车在进入防渗体填筑区铺土时，宜采用进占法倒退铺土，如图 7-16 所示。汽车在铺筑的松土上行驶，穿越的防渗体路口段经常变换，每隔 40 ~ 60 m 宜设专用道口，以免汽车因穿越反滤层将反滤料带入防渗体内，造成土料反滤料边线混淆而影响坝体质量。

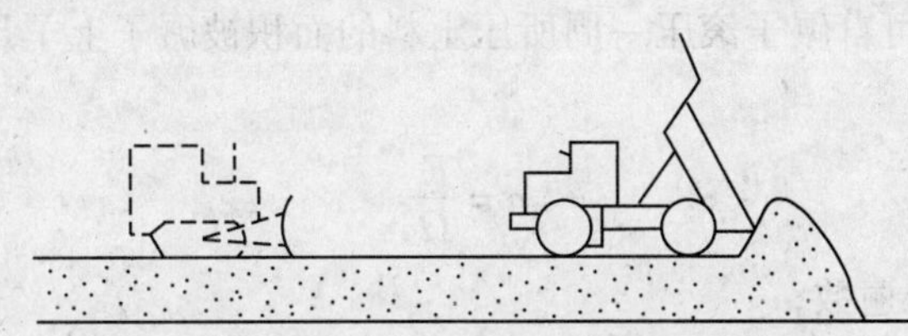

图 7-16 汽车进占法卸料示意图

由于土料在压实时，其上下游边坡是处在无侧限情况，难以将边坡附近坝体压实，甚至在碾压机械作用下产生裂缝（当预留厚度不足时），为保证设计断面，在上下游边坡铺土时，应预留一定的富裕宽度，根据碾压机具的类型而确定，一般为 0.5 ~ 1.2 m。防渗体分段碾压时相邻两段交接带应搭接碾压，垂直于碾压方向搭接宽度不小于 0.3 ~ 0.5 m，顺碾方向的搭接宽度为 1 ~ 1.5 m。

(二)平土

平土应按设计厚度分层进行平整。铺土的厚度应根据碾压工具在现场进行碾压试验来确定,以碾压后达到设计干容重标准。对于自卸汽车或皮带机上坝,由于卸料集中,多采用堆土机或平土机平土。一般可插钎检查,厚度合乎设计要求才准压实。为利于施工期间的雨水排泄,通常塑性心墙坝或塑性斜墙坝铺筑面(见图 7-17)应向上游倾斜 1% ~ 2% 的坡度;对于均质坝,可铺成中部凸起向上、下游倾斜 1% ~ 2% 的坡度,在铺填的土层上不应有波浪形的表面或凹凸不平之处,以免雨后积水而影响施工。

(三)压实

压实必须按设计的厚度及压实参数进行碾压,使用拖拉机带各种类型的滚碾进行碾压时,碾压机具的开行方向必须平行坝轴线,碾压方法多采用进退错距法(见图 7-18)。碾压遍数应严格控制,一般为避免漏压,在碾压带两侧先往复压够遍数后,再进行错距碾压。多压或过分重压,也会使土体发生剪切破坏,同样影响坝体的质量。碾压中注意控制拖拉机行驶速度不超过 5 km/h(相当于三挡行车速度)。对于已发生剪切破坏的土体,如"橡皮土"都应清除,重新用好土回填压实。分段碾压时,顺碾压方向的搭接长度应不小于 0.3 ~ 0.5 m。对于坝面的边缘地带、与岸坡接合的部位及与混凝土结合的区域,应采用夯实机具仔细夯实。

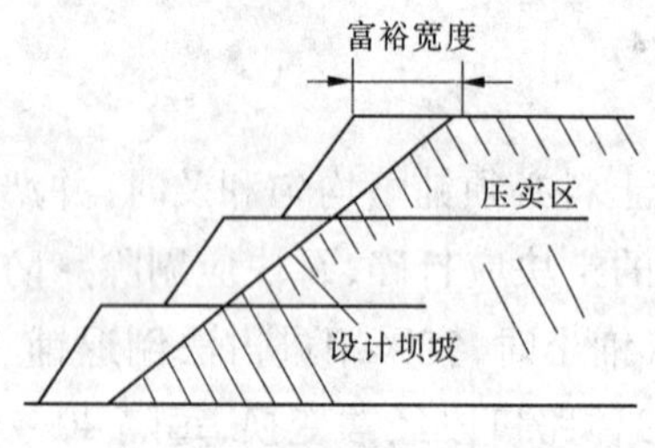

图 7-17 边坡预留富裕宽度示意图

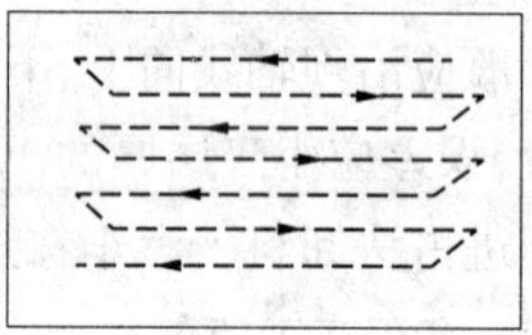

图 7-18 进退错距法

(四)平足碾碾压遍数的确定

碾子的碾压遍数可自碾子滚压一周所压土料的面积被碾子上羊足的总支承面积除所得的商求得,即:

$$n = \frac{F}{\Omega} \tag{7-6}$$

式中 n——碾子碾压遍数;

F——碾子展开面面积(即碾子滚动一周所压土料的面积),m^2;

Ω——碾子上羊足的总支承面积,m^2。

(五)含水量的控制

当黏性土含水量偏低或偏高时,须进行洒水和晾晒。洒水或晾晒工作主要在料场内进行。如必须在坝面加水,为使水分能尽快地分布到填筑土层的填筑厚度内,可在铺土时洒 1/3 的水量,其余 2/3 待铺好后再洒。洒水后应停歇一段时间,使水分能尽快地分布均匀，再进行碾压。

在实际工作中，土壤的人工润湿，或是在采土场进行或是直接在坝上进行。由于多种原因，在采土场预先使土壤润湿的方法常是人们最乐于采用的，其中基本的原因，一是土体中水分的分布比较均匀，二是土壤的挖掘比较容易。

在采土场湿润可用两种方法来进行，一种方法是将采土场地用水盖淹起来，另一种方法是经由井孔直接将水压入或注入土层中。当采土场中存在着垂直的大孔隙时，第一种方法可以得到良好的结果。在这种情况下，先在采土场上铲除植物层，将土面弄平，勿使倾斜，并在四周堆起小围墙（20 ~ 25 cm），然后用 20 ~ 40 cm 高的水层将这块地面淹盖。此后，水将不断地渗入，一面不断地添水，直至土体吸够必需的水量为止。所加的水量，须按从被淹的地面起直到预计开挖的坑底为止的全部土体来计算。

直接在坝上湿润土壤比较简单，可以用洒水车来湿润或用喷灌机来人工降雨，其半径散开使水很好地喷洒开来，使全部土体中的水分分布更加均匀。

（六）确定最优含水量

首先利用装有测压仪器（气压计或动力测压计）的水压机或螺旋压缩机。在土壤成分不变、结构相同和压实层厚度一致的情况下，最优含水量是保持不变的。土壤的含水量将随气候情况而改变，因此在工地常常需将土壤弄干或润湿，如果使某一定容积的土壤润湿到最优含水量所必需的水量为 S，湿润前土重为 G_1，而最优含水量时的土重为 G_0，则可以按如下公式计算：

$$S = G_0 - G_1 \tag{7-7}$$

式中，G_0 和 G_1 以 kg 计，S 以 L 计。

因为 G_0 是未知数，所以要通过 G_1 来表示它，即：

$$G_0 = \frac{G_1}{1 + w_1}(1 + w_0) \tag{7-8}$$

式中 w_1——土壤原有含水量（%）；

w_0——最优含水量（%）。

因

$$G_1 = \rho F h \tag{7-9}$$

式中 ρ——湿土的密度，kg/cm^3；

F——润湿层面积，cm^2；

h——润湿层厚度，cm。

以 G_1 的值代入式（7-8），则：

$$G_0 = \frac{1 + w_0}{1 + w_1}\rho F h \tag{7-10}$$

将式（7-10）中的 G_0 数值引入式（7-7），采用 $h = 1$，$F = 1$ 并加以化简，就可以得出：

$$S = \left(\frac{1 + w_0}{1 + w_1} - 1\right)1\ 000\rho \tag{7-11}$$

如果已知土壤中现有的含水量，要确定在最优含水量时，1 m^3 土壤不足或过剩的水量应用式（7-11）是很方便的。

（七）刨毛

对于汽车上坝或压实机具压实后的土料表层形成的光面，必须进行刨毛处理，以确保层间结合良好，一般要求刨毛的深度为 3 ~ 4 cm。中小型工程一般可使用履带式拖拉机或人工刨毛。

砂料或砾料在压实前必须充分洒水，利用渗水压力减小颗粒间的摩擦力，以增强压实效果，并防止碾压时产生拥砂现象。其用水量相当于砂砾石料体积的 15% ~25%，然后用拖拉机低速往返行驶，利用机身振动而达到压实的目的。

四、心、斜墙反滤料的施工

塑性心墙坝或斜墙坝的施工，如何保证土料与反滤料平起，是一个十分重要的问题，常采用的方法有如下几种：

(1)削坡法。先铺土料，然后削坡，再填筑反滤料。为了保证土料边线以内全部压实合格，每填 2 ~ 3 层土需将超厚部分削掉。此法工序多，干扰大，需用大量劳动力进行削坡，同时土料易与反滤料混杂，难以保证施工质量。

斜墙宜与下游反滤料及部分坝壳平起填筑，也可滞后于坝壳填筑，待坝壳修筑到一定高程或达到设计高程，削坡后经验收合格方可填筑斜墙，避免防渗体因坝体沉陷而裂缝。已筑好的斜墙应立即在上游铺好保护层防止干裂，保护层距填面小于 2 m。

(2)挡板法。即沿设计边线设置钢或木挡板，然后填料，待拆移挡板后再压实填料，以后循环上述工序。此法立模简单，土料与反滤料以及反滤料本身层间层次分明，减少了削坡和土砂混杂的现象，但是架立、拆除、倒运挡板仍需较多的劳力，在狭窄工作面进行的，施工干扰很大。

(3)在心墙施工中，应注意使心墙与砂壳平衡上升。因心墙上升快易干裂，影响质量，砂壳上升太快，则会造成施工困难，因此要求心墙填筑中心保持同上下游反滤料及部分坝壳平起，骑缝碾压。为保证土料与反滤料层次分明，采用土砂平起法施工，根据土料与反滤料填筑先后顺序的不同，又分为先土后砂法和先砂后土法。

先土后砂法是先填压三层土料，再铺一层反滤料与土料齐平，然后对反滤料的土砂边沿部分进行压实，如图 7-19(a)所示。由于土料压实时，表面高于反滤料，土料的卸、铺、平、压都是在无侧限的条件下进行的，很容易形成超坡。在采用羊脚碾压实时，要预留 30 ~ 50 cm 松土边，避免土料被羊脚碾插入反滤层内，当连续晴天时，土料上升较快，应注意防止土体干裂。

先砂后土法(见图 7-19(b))是先在反滤料的控制边线内，用反滤料堆筑一小堤，为了便于土料收坡，保证反滤料的宽度，每填一层土料，随即用反滤料补齐土料，收坡留下的三角区，进行人工捣实，这样对控制土砂边线有利。由于土料在有侧限下压实，松土边很少，故采用较多。

无论采用先土后砂法还是先砂后土法，土料边沿仍会有一定宽度未压实合格，所以需要每填三层土料用夯实机具夯压一次土砂结合部，先夯土料一侧，等合格后再夯反滤料，切忌交替夯实，影响质量。

另一种方法是反滤料与心墙完全平起施工，如图 7-20 所示，反滤料允许少量伸入心墙或斜墙内，此法最为简单，可优先采用。

在塑性心墙坝施工中，应注意使心墙与砂壳平衡上升，因心墙上升太快易干裂，影响

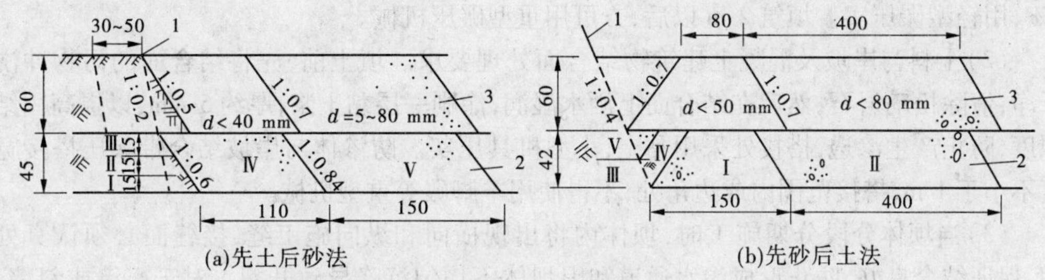

图 7-19　土砂平起法施工示意图　（单位:cm）

1—心墙设计线;2—已压实层;3—待压层;Ⅰ、Ⅱ、Ⅲ、Ⅳ、Ⅴ—填料次序

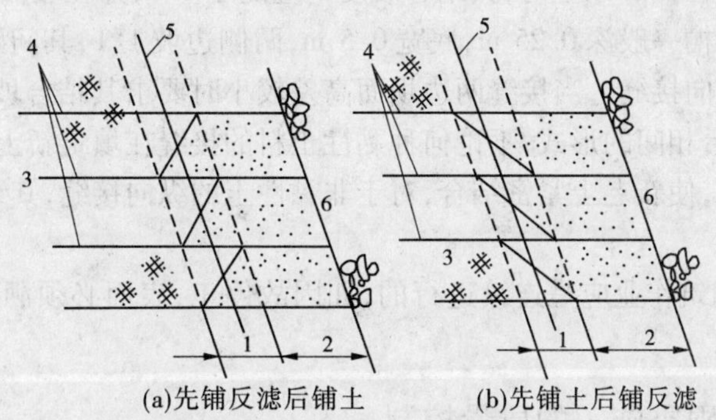

图 7-20　反滤料与心墙平起施工的另一方法

1—交错带;2—反滤料设计厚度;3—心墙;

4—心墙填筑分层;5—心墙设计边坡;6—坝壳

质量,砂壳上升太快,则会造成施工困难。

对于塑性斜墙坝施工,则宜待砂壳修到一定高度甚至达到设计高程后,再行填筑斜墙土料,以便使砂壳有较大的沉陷,避免因砂壳沉陷不均匀而造成斜墙裂缝现象。斜墙应留有余量(0.3~0.5 m),以便削坡,已筑好的斜墙应立即在其上游面铺好保护层防止干裂,保护层应随斜墙增高而增高,其相差高度不大于 1~2 m。

五、接缝处理

土石坝的防渗体要与地基、岸坡及周围其他建筑物的边界相接,由于施工导流、施工分期、分段分层填筑等要求,还必须设置纵向的接坡接缝。这些部位的结合是施工中的薄弱环节,质量控制应采取如下措施:

(1)土料与坝基结合面的处理。一般用薄层轻碾的方法施工,不允许用重碾或重型夯,以免破坏基础,造成渗漏。黏性土地基,将表层土含水量调至施工含水量上限范围,用与防渗体土料相同的碾压参数压实,然后刨毛 3~5 cm,再铺土压实;非黏性土地基,先洒水压实地基,再铺第一层土料,含水量为施工含水量的上限。采用轻型机械压实岩石地基,先把局部不平的岩石修理平整,清洗干净,然后封闭岩基表面节理、裂隙,岩石面干燥时可适当洒水,边涂刷浓泥浆,边铺土边压实或夯压。填土含水量大于最优含水量 1%~

3%，用轻型碾压实。填筑 2 m 以后，方可用重型碾压机械。

(2)土料与岸坡及混凝土建筑物结合面处理要求。填土前，先将结合面的污物冲洗干净，清除松动岩石，然后在结合面上洒水湿润，涂刷一层黏土浆，厚约 5 mm，以提高固结强度，防止产生渗透，搭接处采用黏土，小型机具压实。防渗体与岸坡结合带碾压搭接宽度不小于 1 m，搭接范围内或边角处，不得使用羊脚碾等重型机械。

(3)当坝体分段分期施工时，坝体内将出现横向和纵向施工缝，接缝面必须认真处理，保证结合良好，防止形成渗水通道和因坝体不均匀沉降导致开裂。对于心墙或斜墙，为了保证防渗要求的整体性，一般不设纵向接缝(即平行于坝轴线的接缝)。对于横向接缝，当两边坝面高差在 1 m 以上时，其结合坡度不应陡于 1∶3，并在坡面上加设结合槽，以增加防渗效果，结合槽一般深 0.25 m，底宽 0.5 m，两侧边坡 1∶1，其间距约 5 m。对于均质坝体，可允许有纵向接缝。当接缝两边坝面高差较小时要求其结合坡度不陡于 1∶2，坡面可采用斜坡与平台相间的形式，不论何种黏性土料的接缝在填筑新土时，均应将老土面刨毛，适当洒水湿润，使新老土紧密结合，对于非黏性土的纵向接缝，其结合坡度也应不陡于其稳定坡度。

(4)防渗体的铺筑作业应是连续进行的，如因故停工，表面必须洒水湿润，控制含水量。

六、土坝的冬雨季施工的质量控制

(一)土坝冬季施工的要求

当气温降至 0 ℃以下时，土料中发生水分迁移，结冰形成硬土层，难以压实。由于体积膨胀，土料间的距离扩大，破坏了土层结构，化冻后的土料变得疏松，降低了施工质量。由于黏土受冻时，水分迁移慢，有一定的抗冻性。而非黏性土，土粒粗，水分迁移快，极易受冻，故规范规定，日平均气温低于 0 ℃时，按低温季节施工。冬季一般采取露天施工方式，要求土料压实温度必须在 -1 ℃以上。当日最低气温在 -10 ℃以下，或虽在 0 ℃以下但风速大于 10 m/s 时，应停工；黏土料的含水量不大于塑限的 90%，粒径小于 5 mm 的细砂砾料含水量应小于 4%；填土中严禁带有冰雪、冻块；土、砂、砂砾料与堆石不得加水，防渗体不得受冻。低温施工应采取如下措施：

(1)要求用含冻土不超过 20% 的融解土壤填筑。

(2)要求土壤含水量接近塑限。

(3)对取土场的要求：

①在冬季需要开挖的取土场，应在负气温来临之前，加以翻耕和耕松。翻耕的深度应达 25 cm。

②在头几次降雪时，在翻耕过的地段应借助于木板、芦草、树枝、帆布篷覆盖。

③在冬季开挖取土场之前，应先将冻结土壤疏松，并将其中的主要部分抛弃。

④防冻措施：降低土料含水量或采用含水量低的土料上坝；挖取深层正温土料；加大施工强度，薄层铺筑，增大压实功能；快速施工，争取受冻前压实结束。

⑤保温措施：加覆盖物保温，如塑料布、帆布篷等；设保温冰层，即在土料面上修土埂放水冻冰，将冰层下的水放走，形成冰盖，冰盖下的空气夹层起到保温作用；在土料表面进

行翻松等。

(二)土坝雨季施工的要求

雨季施工最主要的问题是土料含水量的变化给施工带来的不利影响。黏土对含水量反应敏感,应避开雨天施工,非黏性土可在小雨时施工,大雨停工。雨季施工应采取以下措施:来雨前用光面碾快速压实松土,防止雨水渗入;铺料时心墙向两侧、斜墙向下游铺成2%的坡度,以利排水;做好坝面防雨保护,如设防雨笼,覆盖苫布、帆布、油布等;做好料场周围的排水系统,控制土料含水量。

七、面板堆石坝施工的质量控制

(一)堆石坝材料的质量要求

根据施工组织设计,查明各料场的储量和质量。如果利用施工中挖方石料,要按料场要求增做试验,1、2级高坝坝料室内试验项目应包括坝料的颗粒级配、相对密度、抗剪强度和压缩模量,垫层料、砂砾料、软岩料的渗透和渗透变形试验。100 m以上的坝,应测定坝料的应力应变参数。

垫层料要求有良好的级配,最大粒径为80~100 mm,小于5 mm的颗粒含量为30%~50%,小于0.075 mm的颗粒含量不宜超过8%,中低坝可适当降低要求。用天然砂砾料作垫层料时,要求级配连续,内部结构稳定,压实面渗透系数为1/1 000~1/10 000 cm/s。寒冷地区垫层的颗粒级配要满足排水要求。

过渡料要求级配连续,最大粒径不宜超过300 mm,可用人工细石料、经筛分加工的天然砂砾料等。压实后的过渡料要压缩性小、抗剪强度高、排水性好。

次、主堆石料可用坝基、溢洪道输水洞、泄洪洞的开挖料或料场开采石料,要求级配良好,最大粒径不应超过压实层厚度,小于5 mm颗粒的含量不宜超过20%,小于0.075 mm颗粒的含量不宜超过5%,在开采前应做专门的爆破试验。

(二)堆石坝的坝体分区

堆石坝坝体应根据石料来源及对坝料的强度、渗透性、压缩性、施工方便和经济合理性等要求进行分区。在岩基上用硬岩堆石料填筑坝体如图7-21所示,依其工作性质将堆石坝填筑体分成三个主要区域:

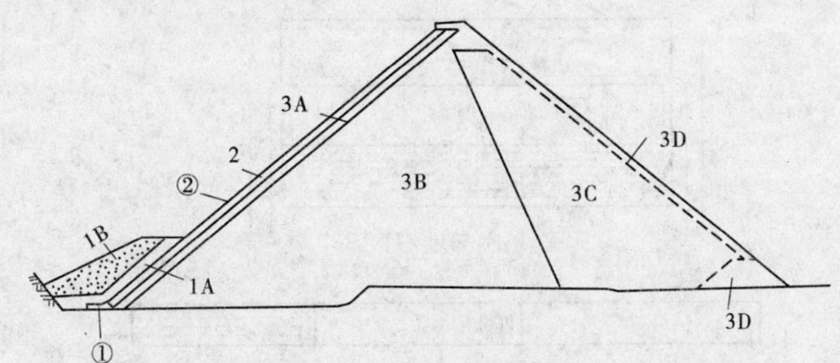

图7-21　硬岩堆石分区

1A—防渗土料;1B—任意料;2—垫层;3A—过渡区;3B—主堆石区;3C—次堆石区;3D—大块石护坡及坝趾;①—趾板;②—混凝土面板

1 区称为防渗补强区,用防渗土料填筑或水下抛填而成,其目的是用不透水料或粉细砂去覆盖周边缝及高程较低处的面板,当面板出现裂缝和板间缝,周边缝张开时,这些防渗土料可以起辅助的防渗作用。而松散粒料将随水流进入缝中,并受面板下垫层料的反滤作用而淤堵裂缝,使其自愈而达到防渗性能。于其上再覆盖任意料以防防渗土料失稳。防渗补强区设置的高程通常可达死水位,对于某些坝因其死水位很高,也可以在死水位以下潜水员所能潜水的深度(一般小于 40 m)以下予以填筑。

2 区称为垫层区,该区直接位于面板下游侧,是混凝土面板堆石坝中最重要的部位之一,它既是防渗面板的基础,又是坝体防渗的第二道防线。垫层料一般都需要经过加工。周边缝下常用小区料。

3 区称为堆石区,该区是面板堆石的主体,是承受水荷载的主要支撑体,通过它将水荷载传达到地基中去,它的沉降变形,特别是蠕变变形将直接影响到面板的可靠程度,因此要求本区上游部分要用低压缩性、级配良好的坝料填筑,并要碾压到足够的密实度。下游部分的变形不影响面板变形,材料及压实要求可略低。

为了根据坝体不同的变形性状和充分利用当地材料,3 区又可分为 3A、3B、3C 和 3D 区,各区之间均应满足变形模量递减和水力过渡的原则,3A 区为过渡区,3B 区为主堆石区,3C 区为次堆石区,只起稳定边坡的作用,可用较差材料填筑或规定较低的压实密度。3D 区为大块石组成的下游护坡及下游坝趾。

(三)堆石坝体的填筑工艺要求

1. 堆石坝体填筑的流水作业法

堆石坝体填筑作业包括洒水、铺料、碾压三道主要工序,还有超径石处理、垫层上游坡面整坡、斜坡碾压及防护、下游护坡铺设等项工作。为提高工作效率,避免相互干扰,确保施工安全,坝料填筑作业应采用流水作业法组织施工,即把整个坝面适当地划分工作面,形成若干个面积大致相等的填筑块,在填筑块内依次完成填筑的各道工序,使各工作面上所有工序能够连续进行,如图 7-22 所示。工作面的划分应根据坝面面积大小、坝体分区、分段条件,并随坝的填筑高程来划分,各工作面之间应插上小旗或画线作为标志,并保持平起上升,避免出现高差,否则容易混乱,形成超压或漏压等事故。

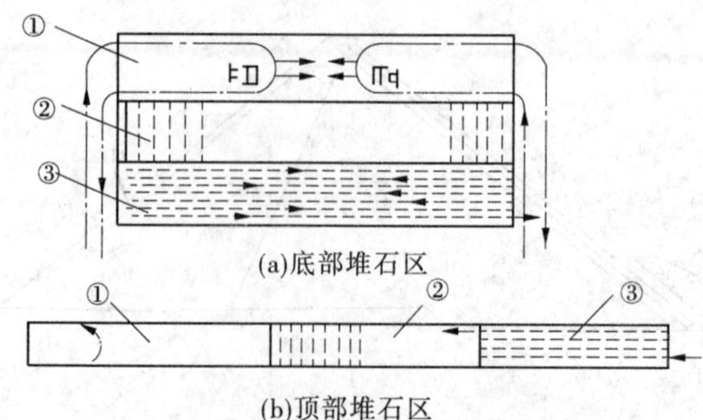

图 7-22 坝体填筑分块示意图

①—铺料区;②—洒水区;③—碾压区

2. 坝料铺筑要点

堆石坝料由自卸汽车运至坝面填筑区以后，采用推土机摊铺平整。铺填方法主要有进占法、后退法和混合法三种方式，如图 7-23 所示。

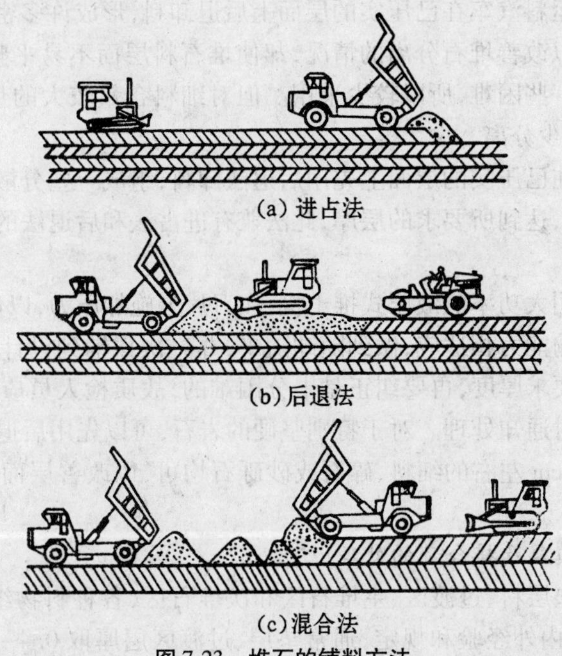
(a) 进占法

(b) 后退法

(c) 混合法

图 7-23　堆石的铺料方法

进占法铺料是运料汽车在新填的松料上逐步向前卸料，并且用推土机随时推平。这是最常用的铺料方法。其主要优点是容易整平，容易控制堆石的填筑厚度，为重车和振动碾行驶提供较好的工作面，有利于减少推土机履带、汽车轮胎和振动碾的磨损。但这种方法容易使石料分离。由于在每层已铺好的表面上用推土机推一小段距离，可以使大块石在填筑层的下部，小石及细料在填筑层的上部，压实密度也有不同，如图 7-24 所示。

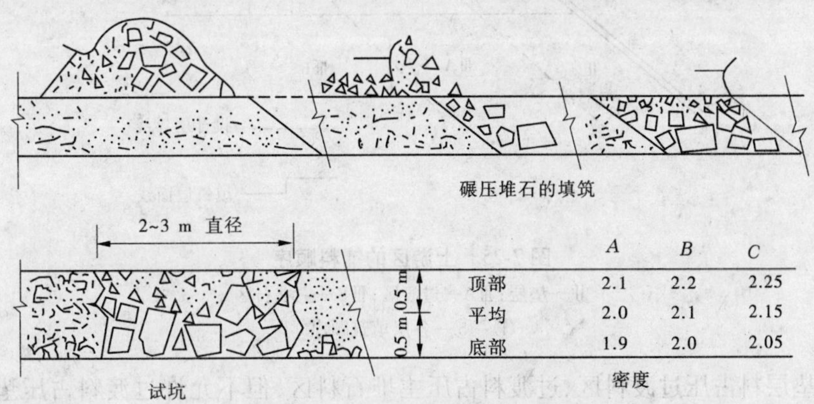

	A	B	C
顶部	2.1	2.2	2.25
平均	2.0	2.1	2.15
底部	1.9	2.0	2.05

图 7-24　进占法铺料堆石分层情况

过去有人担心这种分离会带来不利影响，现在因经验的积累而逐步改变了看法。出现分离的成层堆石可能使通过堆石体的渗流在水平方向比在垂直方向容易流走，这对于未浇面板的度汛挡水断面，可以增加下游边坡的稳定性，同样对于细料含量较高的石料，成层堆石的平均渗透系数要比均匀堆石大很多。但是对于垫层、过渡区料是不允许分离的，靠近过渡区的主堆石料也不允许有大块石集中、架空现象。

后退法铺料时运料汽车在已压实的层面上后退卸料，形成许多密集的料堆，再用推土机整平。这样做可以改善堆石分离的情况，却使堆石料层面不易平整，层厚也不易控制，为振动碾压实带来一些困难，所以较少采用。但对细料含量较大的垫层、过渡层料，常采用后退法铺料，以减少分离。

混合法铺料是在已压实的层面上先用后退法卸料，组成一些分散的料堆，再用进占法卸料，用推土机整平，达到所要求的层厚，此法兼有进占法和后退法的优点，适用于层厚较大的情况。

铺料时必须采用大功率的液压式推土机，在刀片上施加压力，以便控制层厚。其生产能力应与汽车的运输能力相适应，做到随卸随平，并一次摊铺到设计厚度，积压太多或一次铺料不符合设计要求厚度，再要纠正是十分困难的，故质检人员应随时检查铺层厚度，如不符合要求应及时通知处理。对于特别坚硬的岩石，可以先用后退法铺料，然后用进占法在表面铺一层 10 cm 左右的细料、碎石或砂砾石均可，以改善层面的平整度，有利于机械运作和有效压实。

3. 坝体各区的填筑及接合部的处理

堆石坝体分为垫层料、过渡区、主堆石区和次堆石区，各种料物组成由于填筑碾压参数不同，根据目前国内外经验和规定，通常垫层、过渡区层厚取 0.4 ~ 0.5 m，主堆石区层厚取 0.8 ~ 1.0 m，次堆石区层厚取 1.0 ~ 1.6 m。主堆石区层厚是垫层和过渡层的 2 倍，以便使过渡区和堆石区有良好的搭接，保持上游坝面平起填筑。垫层区、过渡区至堆石区的铺料顺序应从上游往下游铺料，如图 7-25 所示。

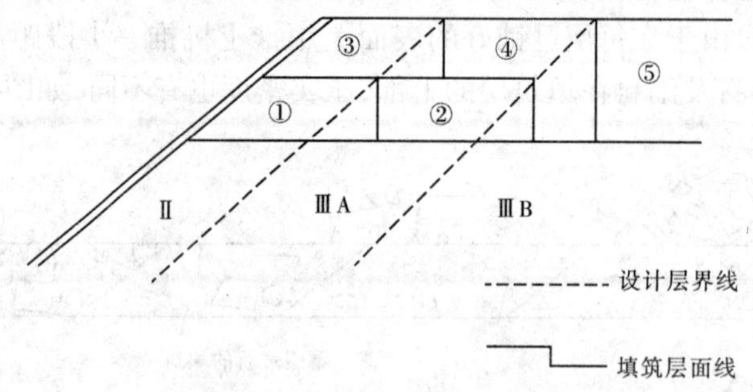

图 7-25 上游区的铺料顺序

Ⅱ—垫层；ⅢA—过渡区；ⅢB—主堆石区

①～⑤—各层填筑顺序

允许垫层料占压过渡料区、过渡料占压主堆石料区，但不允许过渡料占压垫层料区、主堆石料占压过渡料区。

对于垫层料的摊铺方法，如采用自卸汽车卸料和推土机平料的方式，则其宽度取决于推土机刀片的宽度，一般需 3 m 左右。因垫层料薄，其摊铺方法应采用反铲或装载机的斗子沿上游边线铺料,并辅以人工整理,垫层料区摊铺时的上游边线应超出设计边线 10 ~ 15 cm(坡面法线方向),待坡面修整和斜坡碾压后达到设计边线。

过渡料区与垫层料区或主堆石区的界面不能有大块石集中或架空现象。为了保证质量,必须尽量降低过渡料的超径石率,少量的大块石可用推土机推到离界面较远的堆石区使用,或推到下游坡面用做护坡面。

主、次堆石区的界面虽不十分严格,但要求主堆石料可以占压次堆石区,次堆石料不能占压主堆石区。

4. 坝体分期分段填筑时接合部的施工控制

分期分段填筑的结合部位容易出现漏压与欠压的质量事故。因为振动碾碾压时,靠近外坡都存在一定厚度(30 ~ 50 cm)的松坡无法压实,另外在填筑上层料时很难避免上层料物不向下部溜滑,从而又增加了松坡带的厚度,如一次填料厚度为 1.5 m 时,外坡坡度1∶1.3,则底部约 2.35 m 处于未压实或半压实状态,故这部分料需在下一期填筑外部料时加以处理。

对于一坡到顶的,收坡的处理方法是进行削坡。利用装载机或反铲将松料挖下平铺,然后碾压,或利用推土机削坡,在后填筑区填新料时,靠近先填筑体边坡处留一槽,推土机在新填筑层上部削坡,边削坡边填至预先留下的槽中,如图 7-26 所示,即图中的Ⅰ(松方)削填至Ⅰ′沟槽中,削至水平宽度 1.0 ~ 1.5 m,这时未压实或半压实的顶部露出,待碾压新填料时一并骑缝碾压结合部,然后依次边削边填边碾压到顶部,使先填筑区的外坡松散带得到处理。

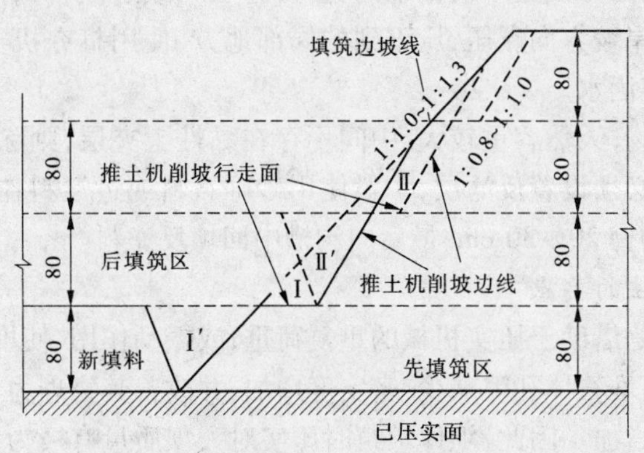

图 7-26　削坡法处理松散边坡　(单位:cm)

如填筑场面较大,可采用台阶收坡法。下一期填筑接坡时不再削坡,仅用碾压机具骑缝压实即可,如图 7-27 所示,台阶宽度可视铺筑层厚度而定,层厚 1.0 m 时台阶宽度以 1.0 ~ 1.5 m 为宜。层厚 1.6 m 时台阶宽度以 1.5 ~ 2.0 m 为宜。这种方法可以简化工序,易保证质量,更能适应机械化快速施工的需要,故应优先选用。

5. 坝体与岸坡接合部的填筑要求

堆石坝体地基要求不能有反坡,因在反坡的情况下坝料不易填满,也无法靠近边坡碾压,故反坡部位应予削坡,填混凝土(或浆砌石)处理,如图 7-28 所示。

坝体与岸坡或混凝土建筑物接合部填筑时,如不采取适当措施,易出现大块石集中现

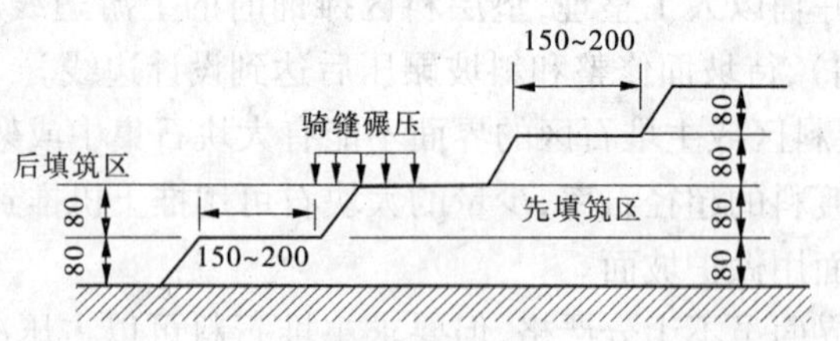

图 7-27 台阶收坡法填筑边坡 (单位:cm)

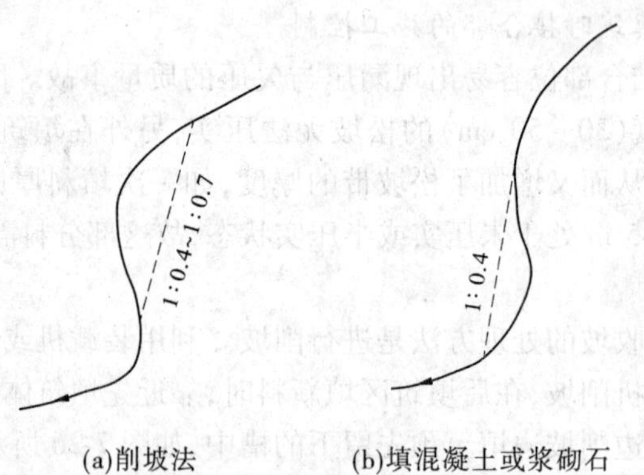

图 7-28 岸坡的反坡处理

象,加之振动碾不易靠近碾压,而该部位填筑质量的好坏对坝体及周边缝的变形有较大影响,故此部位一般采用的方法是填筑偏细的材料(垫层料或过渡料),减薄铺土层厚度,然后尽可能使振动碾沿岸坡方向碾压,压不到的局部地方,使用打夯机实行夯实,或用小型振动碾压实,同时应多洒水。

如岸坡残存坡积物,天然容重较大,中间不存在黏性土夹层,则除应清除草皮与腐殖土外,可不予清理,但必须设置反滤层,一般使用砂砾石料或过渡料作反滤料。填筑时先填堆石料,沿岸预留沟槽 20 ~ 30 cm,最后向沟槽中回填反滤料。

6. 坝料的压实方法的要点

坝料压实的原理是借助于压实机械的重复荷重,或振动作用,使堆石坝料的颗粒和块体位置得到重新排列,堆石体孔隙减少,密实度增加,并改善其物理力学性质,使压缩性降低,强度提高,稳定性增加。因此,坝体填筑时压实对大坝质量有极为重要的意义,它是控制堆石坝体质量的关键工序,对于坝体变形、边坡稳定等有重要影响,同时坝料压实还关系着坝体的填筑强度、土石料压实的方法可分为静压、冲击和振动三大类。静重压实机械主要有平碾、羊足碾、凸块碾、网格碾、气胎碾等,其工作原理是在填土表面施加静荷载,在土中产生压应力而使土石料压实。羊足碾、凸块碾等机具还有搓揉作用,同时可在土中产生剪力,与压力起共同作用。冲击式压实机械主要有夯板、电动夯、爆炸夯等,是靠重锤下落时在填土表面产生冲击力,从地表传入土中的压力波起压实作用,兼有静压力和振动作用,但振动产生的压力波是间歇性的,其效果较差。振动压实机械主要有振动板和振动碾,可在填土表面施加一种快速和连续的冲击,每次冲击就在土中产生一个压力波,使土得以压实。振动平碾用于压实无黏性土,而振动羊足碾、振动凸块碾、振动网格碾等可用于压实黏性土。在振动压实过程中,动应力起主要作用,如 13 t 振动碾,振动和不振动的土中应力比为 5∶1。这三类压实机械的工作原理示意图见图 7-29 所示。

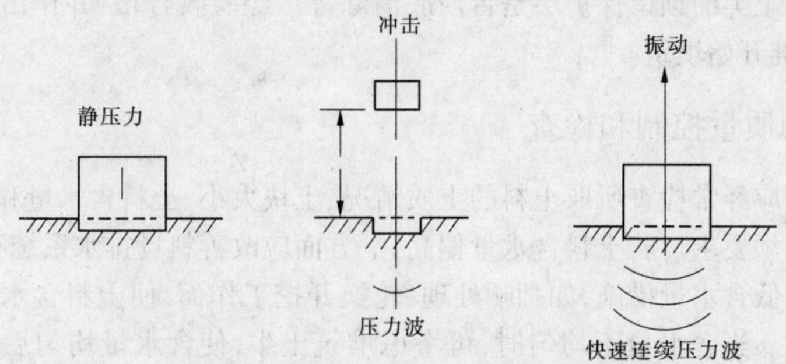

图 7-29　三类工作机械工作原理示意图

振动作用能促进更好压实,主要是两种作用:一种是振动时土石颗粒处于运动状态,土中粒间阻力大大减小,甚至消失,有利于土的压实;另一种是由于静重和压力波形式的动力作用,在土中粒间同时产生压应力和剪应力,且以动应力起主要作用,大大增加了压实的应力,更易于克服粒间阻力,使颗粒重新定位排列而趋于密实状态。此外,颗粒及棱角的破碎也可增加其密实度。

第四节　土石坝施工质量控制与检查

质量控制和检查是土石坝施工中极重要的一环,它应贯穿于各施工环节及施工全过程,一个完整的土石坝现场,其施工质量控制应包括坝基防渗与岸坡处理、料场作业、坝体填筑、反滤排水工程、护坡工程等。

一、坝基与岸坡的处理要求

坝基与岸坡清理、处理属隐蔽工程,质量好坏直接影响坝体的安全。坝基与岸坡清理的内容、要求和检查方法如表 7-4 所示。

表 7-4　坝基与岸坡清理的内容、要求和检查方法

坝基与岸坡 6 清理的内容和要求	检查方法
1. 有机质含量不大于 2%	1. 清基后,进行全面检查,看是否符合设计要求 2. 一般布置 50 m 的方格网,在其角点挖坑取样,测定其物理力学性质,检查深度为 1 m,对有害地基部位,方格网可加密至 25 m,检查深度根据具体情况而定 3. 清理后,应进行地质描述,并作记录和绘制平面图
2. 凡草皮、树根、砖瓦、乱石、墓穴等均须清除,各种试坑钻孔等须堵塞	
3. 凡表层淤泥、泥炭、粉砂应予以清除	
4. 相对密度小于 0. 67 的细砂或经压实处理后相对密度仍小于 0. 67 者,应清除	

土石坝防渗体(心墙或斜墙)断面坝基范围内,当开挖处理达到设计标准后,应进行验收,其内容包括基岩的清理和断层等缺陷处理,嵌槽的宽度、坡度等是否符合设计规定,易风化的灵敏性土类的预留保护层是否彻底清除等。经验收合格,并作出隐蔽工程正式验收记录后,方准开始填筑。

二、料场的质量控制和检查

对土料料场应经常检查所取土料的土质情况、土块大小、土料含水量和砂砾料的颗粒级配是否符合上坝要求。若土料含水量偏高,一方面应改善料场排水系统和防雨措施,另一方面应采取降低含水量措施,如翻晒处理、轮换开挖工作面,使土料含水量降低到规定范围以内再开挖。当含水量不均匀时,可考虑堆筑土牛,使含水量均匀后,再运送上坝。当含水量偏低时,对黏性土应在料场加水,以提高含水量。料场土料含水量的控制,还应根据运输条件、气象因素和施工开采方法,来测定土料含水量变化情况,并作适当调整。如一般在天气干燥和风速较大季节,运输过程中土料水分损失较多,土料在土场的含水量可控制得稍高些;反之,如在夜间、雾天或湿度较大的天气施工,土料含水量应控制得稍低些。

土料含水量检查,经常由质量控制人员于现场用手试估测,有疑问时才进行试验,一般每 500 ~ 1 000 m^3 应做一组试验测定其含水量。

对于砂砾料场及堆石料场,应对级配小于 0.1 mm 颗粒含量及小于 0.075 mm 颗粒含量进行试验,对大于 5 mm 颗粒含量(亦称砾石含量)及允许最大粒径等方面进行控制。

三、坝体填筑的质量控制

(一)施工动态控制

填筑前,认真审查每个填筑作业面的新项目开工申请单,同时对填筑各项准备工作进行全面检查,内容包括施工总体布置、基础处理检查验收、料场备料、材料加工、临时施工道路布置、机械设备及人员状况,以及相关项目作业的可能干扰等,在确认现场已具备填筑条件并且符合已批准的施工计划、方法和程序,以及规范要求,通过验收后才签发项目开工令。

针对土石坝施工过程复杂、工序烦琐、技术问题多等特点,认真控制填筑每一道工序质量,特别是每一道工序中,均设有质量控制点进行重点控制,保证按照预定的施工工艺及流水作业方式进行。同时,填筑过程中,定期统计分析填筑工程量和绘制形象进度图,并认真审签当班的各项填筑记录,班报表,做到随时控制现场施工动态。

(二)现场质量控制

坝体填筑过程中在现场进行质量控制,就是组织监督和检查承包商根据合同及技术规范、图纸规定的标准进行施工的全过程,这个过程包括了对填筑各道工序质量进行控制、对质量资料及填筑记录图表的审核,对设计变更和图纸的审核,对填筑作业的质量监督、检查和验收以及现场填筑质量信息反馈等内容。

在坝体填筑过程中,还应分别检查和控制铺土厚度,土块大小、含水量、干容重及压实层间结合是否符合设计及施工要求，其中现场质量控制主要是检查控制含水量和干容重。对于经碾压后达不到标准或压实层间产生光面和剪切破坏现象的应分析原因并采取措施及时处理。此外，还要检查坝基、岸坡及结合部等处理是否满足设计和施工规范要求。坝体每升高 5 m 左右，应于坝体各已填筑压实部位取代表性土样进行物理力学性质试验，在每压好一层取样 2～3 组合格后，才能进行下一道工序。不同坝体部位、不同土料，现场质量控制取样数量可参考表 7-5。

表 7-5　土石坝坝体取样要求

坝料类别、部位			试验项目	取样试验次数
防渗体	黏性土	边角夯实部位	干容重、含水量	(2～3)次/层
		碾压部位	干容重、含水量、结合层描述	1 次/(100～200 m^3)
		均质坝	干容重、含水量	1 次/(200～400 m^3)
	砂质土	边角夯实部位	干容重、含水量、砾石含量	(2～3)次/层
		碾压部位		1 次/(200～400 m^3)
反滤料、过渡料			干容重、砾石含量、颗粒分析、含泥量	1 次/(1 000 m^3)，1 次/(1～2 m 厚)
坝壳砂砾料			干容重、砾石含量、颗粒分析、含泥量	1 次/(400～2 000 m^3)，1 次/(5 m 厚)
坝壳砾质土			干容重、含水量、颗粒分析、含泥量、<5 mm颗粒含量	1 次/(400～2 000 m^3)
碾压堆石			干容重、<5 mm 颗粒含量、颗粒分析	1 次/(10 000～50 000 m^3) 1 次/(5～10 m 厚)

对于截水槽的填土取样，纵向不少于两排，每排取样间距不得超过 30 m，除在每个碾压段有代表性的地点取样外，还必须在所有压实可疑部位或重要的结合部位（土质变化，含水量过高或过低，铺土厚度不均匀，漏压及坝体与岸坡、坝体与混凝土建筑物防渗体及坝壳结合部位，坝体内施工缝接缝处等）进行重点取样检查。

四、多种坝料的施工要求

因填筑坝料种类多，因此合理地安排材料的填筑次序、控制施工偏差及保证设计断面，对保证填筑质量及施工进度不受影响是相当重要的。多种坝料的施工要求主要有：

（1）平起填筑。均衡坝体的填筑速度，尽可能平起上升填筑。这种方法能减少施工接缝、接坡、削坡等工序，有利于大机械作业。

（2）填筑次序。按材料分区的不同区间，确定各种坝料填筑的先后次序。

（3）控制边界偏差。采用先进、精密的测量仪器，并在工区内建立合理的大地测量控制网点，对每一填筑层的材料边界均测量放样，减小施工偏差，保证设计断面。

（4）对相邻料界及施工缝削坡后一律采用跨缝碾压的方法。

五、防渗料的控制检查

防渗料填筑过程中重点检查的项目有：

(1)压实度。每一填筑层的压实度必须大于或者等于100%。

(2)含水量及水分调节。上坝前土料的含水量必须调节至规范要求和设计要求的允许范围内。坝面上仅对运输过程中有少量水分损失的土料进行水分调节，采用配有雾状喷头的20 m^3 洒水车对土层表面洒水湿润，以利于上下填筑层的结合。

(3)填筑层厚。通过观察、采用有刻度钢钎分区定点测量等手段检查填筑层厚。统计心墙区定点测量结果、坝体上升高度。

(4)碾压。按规定的参数和方向碾压，任何时候发现"弹簧土"、脱空、起皮及剪切破坏的情况，一律返工处理。

(5)上下结合层填筑处理。随时保持土料表面湿润，并对光滑表面刨毛处理。特别是雨、雪天气后恢复填筑时或寒冷天气出现冻土时，对表面的不合格土料必须清除至坝外，检查合格后方可继续填筑。

(6)界面处理。相邻料区、边界料区必须控制在规范允许偏差范围内，对污染料一律予以清除。

(7)冬季施工。冬季施工即每年的12月至次年的2月期间的施工。由于冬季日气温变化较大，夜间周围气温均在0 ℃以下，故冬季施工中容易出现质量问题，将会影响防渗土料的填筑进度及填筑质量，危及大坝的安全。为此，应根据国内外有关土石坝冬季施工的经验，并依据技术规范的相关要求，提出详细的施工方法来指导现场施工。一般的要求如下：

①料场应优先在向阳、背风处取土，开采前应清除表面冻土，保证装料时的土料为正温且符合上坝土料要求。

②有专人在料场进行土温、含水量的测试，要求上坝土料在控制范围内，并且不大于塑限含水量的90%。

③对表面风干冻土必须进行剔除处理，含水量合适，无风干的轻微冻土，迅速翻耙、整平，并用凸块碾击碎石，快速铺料，接坡处、基础面以上1 m厚填土范围(蛙夯区)不允许含有冻土，在任何情况下不允许含有冰雪。

④碾压前的松土温度不得低于-1 ℃。

⑤气温低于-10 ℃，或0 ℃以下而风速超过10 m/s时停止施工。

⑥合理分区填筑，加强现场施工管理，集中施工设备，搞好流水作业，做到快铺、快压、快检，随铺、随压、随检。

⑦如因下雪停工，复工前须将坝面积雪、不合格土层清理干净，检查合格后方可复工。同时，要求随时掌握气候变化，做好寒潮预报，在寒潮到来之前，做好压实土的防冻工作，当发现被冻结之后，要立即进行处理。

六、反滤料及砂砾石料的控制检查

反滤料及砂砾石料填筑过程中重点检查的项目有：

(1)材料质量。通过填筑前的控制试验和填筑后的记录试验测其级配、密度。

(2)填筑层厚。施工时在填筑面上各点插钢筋标明填筑层厚度,并通过观察、尺量及测量等手段检查层厚。

(3)碾压质量。按规定遍数和方向碾压。

(4)界面处理。严格按多种料施工法施工,控制边界偏差及注意对污染料的及时处理。

(5)冬季施工要点:

①控制上坝反滤料的含水量不大于4%。

②控制冻块粒径小于15 cm,如出现整层结冻,应首先用凸块碾击碎,再用平碾碾压。

③任何情况下反滤料中不允许含有冰雪。

七、过渡料及堆石料的控制检查

过渡料及堆石料填筑过程中重点检查的项目有:

(1)材料质量要求坚硬、完整、有棱角,按规范要求进行填筑前的级配控制试验,重点控制小于0.1 mm和5 mm的粒径含量。

(2)填筑层厚。通过观察、尺量等手段检查层厚。

(3)碾压。使用规定的振动碾压机械,按规定的碾压参数、严格规定的碾压遍数压实,并注意检查振动碾的行走速度和振动频率,保证碾压质量。

(4)界面及接缝处理。避免在相邻料界处出现大块石集中、架空的现象,界面处应及时平整并跨缝碾压,对施工缝处填筑每一层时进行削坡处理,坡度不陡于1:1.75,亦要求剔除界面处的集中大石块,平整并跨缝碾压。

八、对垫层料的要求

对高坝垫层料的要求:应具有连续级配,最大粒径为80~100 mm,粒径小于5 mm的颗粒含量为30%~50%,小于0.075 mm的颗粒含量宜少于8%,压实后应具有内部渗透稳定性、低压缩性,高抗剪强度,并应具有良好的施工特性。

级配的连续性要求:细颗粒的连续级配。其主要优点如下:

(1)细料能起到填充粗料孔隙的作用,容易得到较高的密度和变形模量,能对混凝土面板有良好的支撑作用。

(2)透水性小于早期的均匀垫层,具有半透水性时,面板一旦开裂,能对面板上游设置的防渗铺盖和抛投的土料起反滤保护作用,达到堵塞渗漏通道而自愈。

(3)级配连续的垫层料便于整平坡面。

(4)施工期可直接利用垫层挡水度汛,可以限制进入坝体的渗流量,保证堆石体的稳定,这样就可以降低围堰和导流建筑物的规模,节省投资。

(5)坝料压实后具有内部渗透稳定性、低压缩性、高抗剪强度,并具有良好的施工特性。

(6)对周边缝下游特殊垫层区,采用最大粒径小于40 mm且内部稳定的细反滤料,薄层碾压密实,可减少周边缝的位移,同时对缝顶粉细砂、粉煤灰等能起到反滤作用。

第五节　土石坝填筑现场质量检测的方法与内容

土石坝的填筑质量现场检测，是施工管理的重要内容。为切实保证坝体的填筑质量，必须按有关的规程、规范及设计的具体要求，对每一个施工环节进行严格的全面质量管理。控制坝体填筑质量应对坝体填筑的各个环节(包括坝料、铺填、洒水、碾压等)进行抽样检查，并把检查的结果反馈给施工人员，以便及时控制施工质量。

土石坝在施工中应严格按照试验确定的压实参数进行施工过程控制，最后通过高精度的试验来检测每个区段的施工质量，确保大坝的施工符合设计、规范要求。以下主要介绍土料干密度的测定检查。

干密度的检查方法一般有以下几种：环刀法、试坑注水法(灌砂法或灌水法)、压实计法、面波仪法、核子密度仪法等。

一、环刀法

环刀法适用于各种土质坝的检测，环刀是用内径 5.5 cm、高 6.3 cm 的无缝钢管制成，其容积(V)约为 150 cm^3，下端制成刃口，上端另加一个活络套环，如图 7-30 所示。取样时，先将压实土层的表面刮去 5 cm，四周挖成临空土柱，然后把环刀加上套环套在土柱上，用平头木锤垂直打下，直至环刀装满和套环上口间保留少量空隙，最后把环刀上下两端从土柱上取下，用刀刮平，抹净量筒外表的松土，称其重量，扣除环刀重，即得湿土样重($W_{湿}$)，该土样的湿密度 $\rho_{湿} = W_{湿}/V$，单位为 g/cm^3，$W_{湿}$ 经烘干至恒重即得土样干密度$\rho_{干} = W_{干}/V$($W_{干}$为烘干至恒重的质量)。砾质土取样的环刀容积要根据土料中含砾的最大粒径而适当加大环刀直径和高度，一般要求环刀容积为 500 ~ 1 000 cm^3。

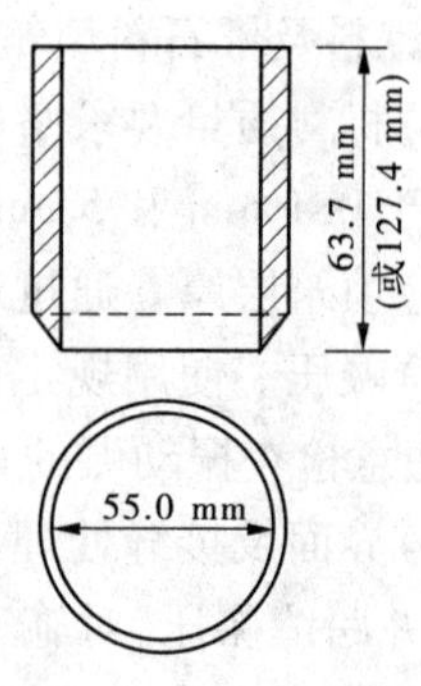

图 7-30　环刀示意图

二、试坑注水法(即灌砂法或灌水法)

采用试坑注水法主要测定砂砾料和堆石料的干密度及颗粒级配，该法的试验仪器设备主要有：

钢环：内径 D = 1 000 ~ 2 000 mm，高度 h = 20 mm。为保证钢环的钢度，钢环两沿口应焊接宽度为 100 mm 的环板，并在环外侧设加劲板。

套筛：方或圆孔，孔径为 150 mm、80 mm、40 mm、20 mm、10 mm 等的套筛，自制尺环(φ6 钢筋制成)，内径为 300 mm、600 mm(方口尺环最大内径为 1 000 mm，活口尺环最大内径为 1 000 mm)。

磅秤：称量 500 kg，感量 0.2 kg。

方木尺：长度等于加劲环板的外径，即 D + 200 mm(D 为加劲环板的直径)，中间钉钉。钉长出尺面 50 ~ 100 mm。

水箱：容积约为 400 L，底部设放水阀，亦可采用高精度流量计。

橡皮板：平面尺寸为 1 m×2 m，厚 2～3 mm。

其他还有直尺、水桶（15 L）、量筒（2 000 mL）、带盖小桶（3 L）、人字扒杆等。

试验步骤如下：

（1）将钢环放在欲检测的压实层面上，并用块石沿钢环外缘将环压紧，使其固定。

（2）检环内表面松动石块和锐利的碎片。

（3）将隔水薄膜铺放在环内，并使隔水薄膜尽可能与环内边角及石块表面相接触。

（4）将水箱放在磅秤上并充满水，同时称量水及水箱重 W_1（kg），打开下阀门放水入环，当水面恰好达到放置在环上木尺中心的钉尖处，停止放水，称量水及水箱的总重 W_2（kg）。计算试坑初始体积 V_0：

$$V_0 = \frac{W_1 - W_2}{\rho_w} \tag{7-12}$$

式中 ρ_w——水的密度，取 1 kg/L。

（5）将水除去，掀去隔水薄膜，并检查薄膜是否漏水，若有漏水则需重复步骤（3）、（4）另做。

（6）由中心向边缘挖出环内石料，如遇大块石，可借扒杆从试坑中取出，整个过程严防钢环扰动或产生位移。试坑深度应与所检验的填筑层厚度（压实后）相近。其直径 D 应不小于坑内坝料最大粒径 d_{max} 的 3 倍，试坑应近似呈等径圆柱状，当因块石分布影响试坑形状，出现坑壁极不规整或越出钢环外沿时，此坑应予废弃。

（7）用约 15 L 桶装满黏土砂浆，沿桶缘刮平，然后取桶内砂浆涂抹填补坑内部分凹陷边壁，将桶内剩余砂浆表面抹平，用量桶量水注入桶内，以测出抹入试坑内砂浆的体积 V_2。

（8）将隔水薄膜铺入试坑，并注意该膜在钢环外的预留余量。

（9）称量水箱内的水重 W_3，打开下阀向试坑注水，使水面至木杆中心钉尖处，然后称水箱及剩余水量 W_4（有时因试坑容积大于水箱容积，应累计计量）。计算试坑体积 V：

$$V = \frac{W_3 - W_4}{\rho_w} \tag{7-13}$$

（10）重复步骤（5）。

（11）对试坑中取出的坝料，过套筛分级并称重，再用尺环、活尺环测量大粒径，并分别称重记录，以求自试坑中挖出的坝料总重量 W_5。

（12）粒径小于 10 mm 者应筛在橡皮板上，并用苫布覆盖，以防水分蒸发，筛分完毕后用四分法取样约 3 kg，装入带盖桶内，速送实验室进行含水量及颗粒分析试验。

按下式计算湿密度 ρ 与干密度 ρ_d。

$$\rho = \frac{W_5}{V_2 + V - V_0} \tag{7-14}$$

$$\rho_d = \frac{\rho}{1 + 0.01w} \tag{7-15}$$

式中 W_5——自试坑中挖出的坝料总质量，kg；

w——坝料含水量（%）；

V_0——试坑初始体积,L;

V——修整后的试坑体积,L;

V_2——涂入试坑壁的黏土砂浆体积,L。

坝料含水量 w 可采用烘干法将试坑挖出的全部料烘干求得,或由小于 10 mm 料的含水量,按下式修正得到:

$$w_{10} = (I_{10} + 0.5I_{20} + 0.25I_{40} + 0.125I_{80}) \times 100\% \tag{7-16}$$

式中 w_{10}——粒径小于 10 mm 颗粒的含水量(%),由实验室测得;

I_{10}、I_{20}、I_{40}、I_{80}——0 ~ 10 mm、10 ~ 20 mm、20 ~ 40 mm、40 ~ 80 mm 各粒组相对含量,对于粒径大于 80 mm 颗粒含量可忽略不计。

试坑注水法对块石测定的操作过程见图 7-31。

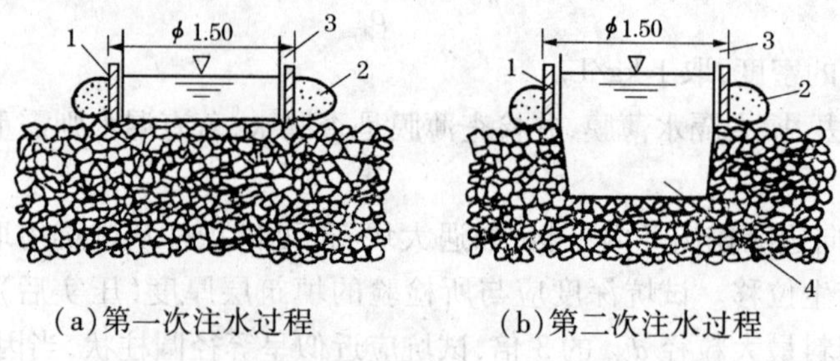

图 7-31 注水法对块石测定的操作过程 (单位:m)

1—钢环;2—砂袋;3—软质薄膜;4—试坑

三、压实计法

压实计是近来发展起来的一种控制碾压质量的一种新型仪器,将压实计安装在振动碾上,如图 7-32 所示,可以对整个碾压作业面进行全面的实时的质量控制。在碾压过程中,驾驶员通过指示仪表,即可随时了解工作面的压实情况,并可根据仪表的指示确定是否增加压实遍数。

一般情况下,压实计读数只表示坝料的压实程度,而不表示一定的工程参数,有些厂家生产的压实计经过率定后,其读数可以表示工程参数(干密度、沉降率、孔隙率等)。在后一种情况下,应尽可能保持施工参数与率定时的施工参数相同。

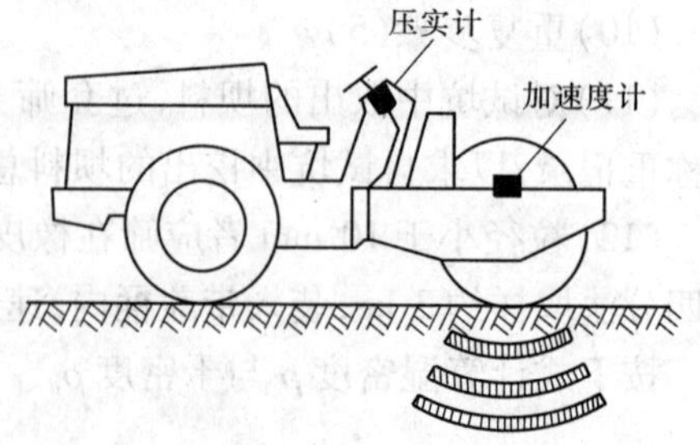

图 7-32 安装在振动碾上的压实计

(一)压实计的组成与安装

压实计由传感器、信号处理器、指示仪表、电源、电缆、记录仪表等部件组成。

(1)传感器:安装在振动碾振动轮轴上方,以保证测量时传感器随振动轮上下运动。

(2)信号处理器:安装在驾驶室内。

(3)指示仪表:安装在操作台上。

(4)电源:一般采用振动碾所带的+12 V蓄电池。

(5)电缆:按说明要求将上述(1)~(4)项各部件用动力电缆和信号电缆连接起来。

(6)记录仪表:各种型号压实计所配的记录仪表不同,有打印机或笔绘记录器等,平时记录仪表安装在振动碾上,需要记录时,按说明书将记录仪表与信号处理器连接。

(二)压实计的率定

压实计的率定就是找出压实计读数与填筑干密度或孔隙率的对应关系的过程,其方法与碾压试验大致相同,尽可能结合施工前的现场进行碾压试验。

压实计率定时,若压实计具有频率选择功能,则碾压前应将其频率选择开关调到与振动碾压工作频率相同处。碾压过程中应保持振动碾的行进速度恒定,率定的速度一般以0.5~1 km/h为宜。碾压必须采用分道方式,不能采用错距方式。

在碾压过程中,每碾压1遍或2遍后退进行一次沉降测量。每道碾压应选择10~15个测点,在碾压过程中或碾压结束后,采用试坑注水法测定堆石体的干密度(或孔隙率)。

资料分析与整理,计算同一碾压遍数的压实计读数、沉降率、干密度(孔隙率)的算术平均值,然后绘制压实计读数、沉降率、干密率与碾压遍数的关系曲线,如图7-33所示,并由所绘出的关系曲线确定符合设计施工标准的干密度(孔隙率)所对应的压实计读数和碾压遍数。

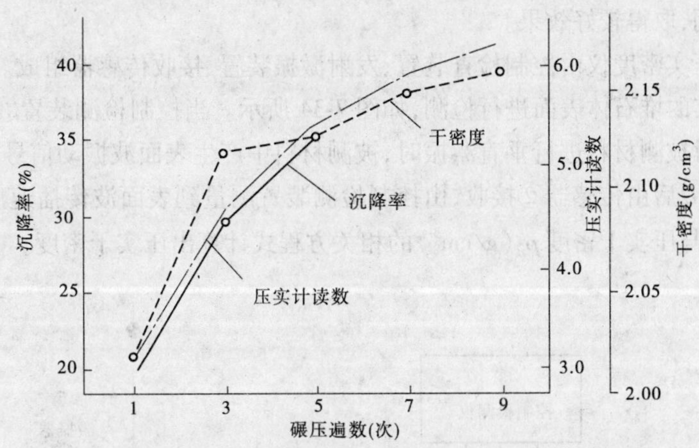

图7-33　压实计读数、干密度、沉降率与碾压遍数的关系曲线

(三)压实计的使用

压实计在坝体堆石填筑中,主要作为压实指示仪表(见图7-32)。压实计在未作率定的情况下采用这种工作方式。碾压过程中,压实计的读数指明堆石碾压密实的程度,可根据仪表的指示确定是否还需要增加碾压遍数。当仪表读数不再增加或增加量很小时,即表示作业面已碾压密实。

(四)注意事项

在压实计使用之前,应详细阅读压实计的使用说明书,了解压实计的适用范围和标准方法。注意有些压实计可以测量混合料、堆石料、砂砾料等,有些压实计只适用于均质体。

在施工中还应尽量减少下列因素对测试结果的影响:

(1)频率。振动碾振动频率应保持恒定,压实计的工作频率应调整到与振动碾的振动频率相同,其偏差最好不大于 100 次/min。

(2)振动碾速度。测试时振动碾行进速度应保持恒定。速度变化将影响压实计读数。速度快,压实计读数偏小。

(3)振动碾方向。由于振动碾在前进与后退时激振力的变化,因而压实计读数不同,应在振动碾前进时读数。

(4)含水量。黏土、淤泥、粉砂等细颗粒材料的含水量对压实计读数影响很大。含水量较大时,压实计读数较小,且指示一个常数。但此时材料仍能被压实。含水量等于或略小于最佳含水量时,压实计能较好地工作。

四、面波仪法

用面波仪原位检测堆石体的干密度是“七五”、“八五”国家科技攻关成果之一。在利用激振设备在半无限弹性介质表面进行垂直激振时,介质中质点产生相应的纵向和横向振动,介质表面质点的振动沿表面传播,产生表面波。表面波在介质中的传播速度 V_R 与介质的密度、强度等特性参数存在良好的相关性。通过率定建立起相关方程式以后,即可用现场检测表面波传播速度的方式,换算成堆石体的质量参数,快速并无损地在现场对碾压质量进行监测和评估。这种质量监测技术开发以来,已在十三陵、上池、莲花等面板坝工地实际应用,取得较好效果。

表面波压实密度仪由控制检查装置、发射激振装置、接收传感器组成。使用时将仪器安装在已压实的堆石体表面进行检测,如图 7-34 所示。当控制检测装置③按给定频率控制激振器①对被测材料进行垂直激振时,被测材料中产生表面波振动信号,沿填筑层表面传播,经距离 L 后由传感器②接收,由控制检测装置测量到表面波传播速度 V_R(m/s)值,然后根据 V_R 与压实干密度 ρ_d(g/cm^3)的相关方程式计算出压实干密度。

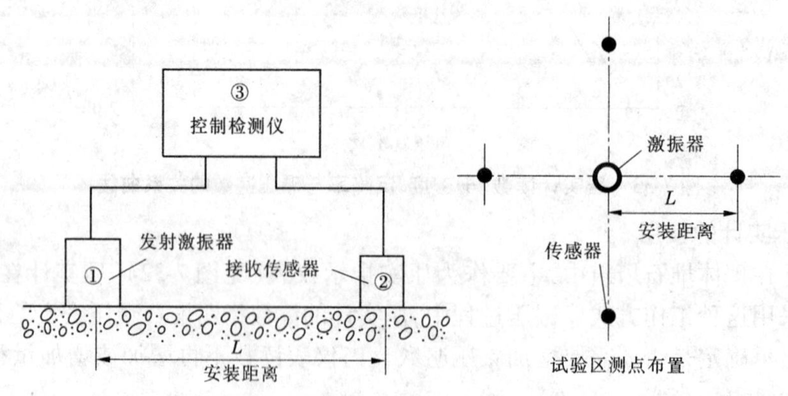

图 7-34　表面波无损检测仪测试布置图

中国水利水电科学研究院仪器研究所开发的 BZJ－3A 型表面波压实密度仪,频率范围 50 ~ 4 000 Hz,检测深度为 0. 2 ~ 1. 5 m,检测水平范围 0. 6 ~ 2 m,仪器质量 14 kg,便于在现场使用。

在这种压实密度仪中，存入了 $V_R \sim \rho_d$ 的相关方程式：$\rho_d = a + bV_R$ 及计算程序。实际应用前，应使用原型材料在碾压试验或初期填筑阶段对面波速度与试坑注水法测得的干密度进行检测，建立相关关系，并进行回归分析，确定相关方程中的 a、b 值，输入到仪器中供实际应用。

在现场检测时，为使仪器与堆石体表面有良好接触，对表面凸凹不平处要用砂土垫平，并根据粒径大小和铺层厚度确定仪器发射频率 f，检测水平距离 L 及采样次数 T 等参数。如对堆石料，铺层厚度 1 m，可选用 $f = 100$ Hz，$L = 0.5$ m 或 0.75 m；$T = 7$；对垫层料等较细材料，铺层厚度 0.3 ~ 0.5 m 可选用 $f = 200$ Hz，$L = 0.3$ m，$T = 7$ 等。通常以激振器为中，在互为 90°的四个方向布置传感器，得出半径为 L 范围内堆石体的平均压实干密度值。

如在十三陵、上池面板堆石坝的实际检测结果见图 7-35 及图 7-36。面波仪法的检测结果与试坑注水法的对比见图 7-37，由图可见，在碾压 4 遍以上时，两者十分接近。

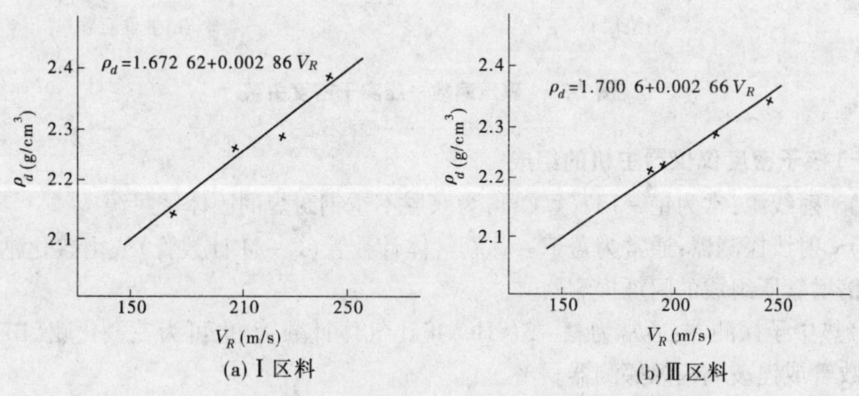

(a) Ⅰ区料　　(b) Ⅲ区料

图 7-35　碾压试验率定曲线（面波仪）

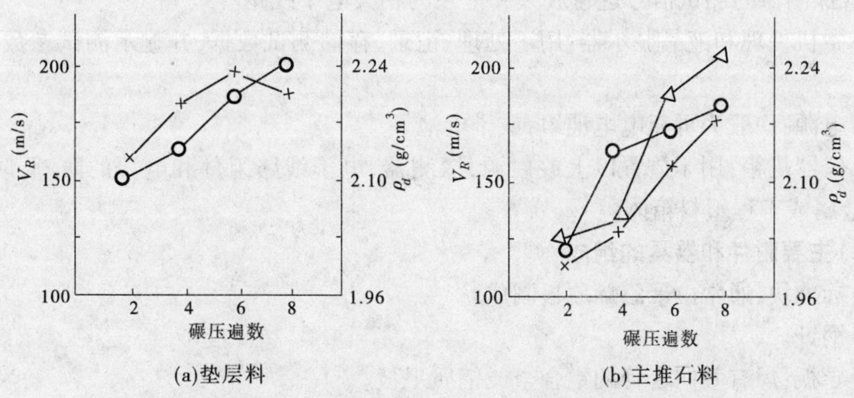

(a)垫层料　　(b)主堆石料

图 7-36　不同碾压遍数的 V_R 与 ρ_d（面波仪）

五、核子密度仪法

利用核子密度仪测定土石等材料原位密度和含水量是一种迅速发展起来的无损、快速检测新技术，并成为质量检测和控制的一种重要工具。

核子密度仪可分为表层型核子密度仪和深层型核子密度仪两种类型。

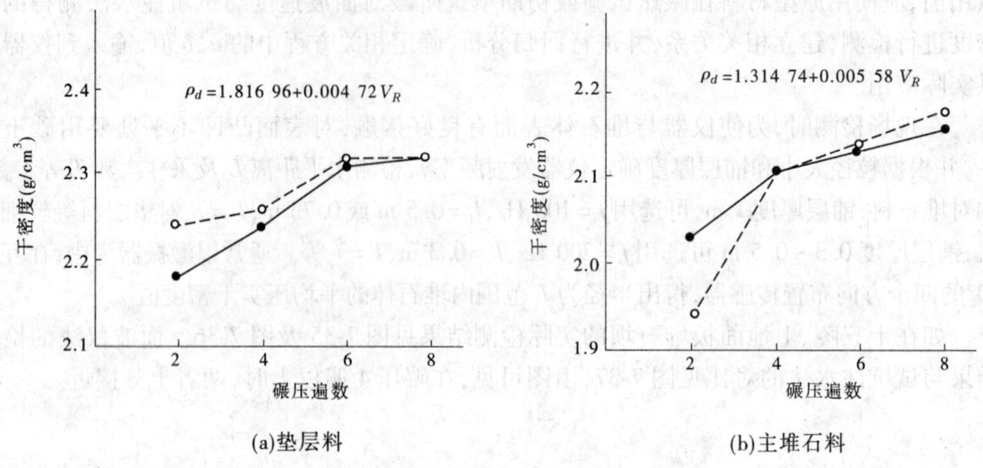

(a)垫层料　　(b)主堆石料

图 7-37　碾压遍数—压实干密度关系

——试坑法　　------面波仪法

(一)核子密度仪仪器主机的组成

(1)γ射线源:常为铯-137(^{137}Cs),为双层不锈钢封焊的固体密封源。

(2)γ射线探测器:通常为盖革-弥勒气体计数管(C-M计数管)或由碘化钠闪烁体和光电倍增管所组成的闪烁探测器。

(3)热中子探测器:通常为氦-3(^3He)正比气体计数管,也可为三氟化硼(BF_3)正比气体计数管或锂玻璃闪烁探测器。

(4)定标器电子线路:提供给γ射线探测器和热中子探测器工作的高、低电压电源,并对来自探测器的测试信号进行放大和记录的相关电子线路。

(5)微机处理和液晶显示器:用于处理、记录、存储测试数据,并显示测试参数和测量结果。

(6)电源:一般为可充电电池组,或干电池。

(7)仪器机箱:用于放置以上放射源,探测器,电子线路组件和电源的防潮、防尘,为坚固的金属或工程塑料箱体。

(二)主要附件和器具的组成

(1)标准块,通常由聚乙烯原板制成。

(2)钢钎。

(3)导板:焊有垂向套管的铝合金或钢质平板。

(4)铁槌、充电器、运输箱和个人辐射剂元件。

(三)核子密度仪使用时的一般规定

(1)在现场测试前,或对仪器工作状态产生怀疑时,都应对仪器标准计数进行测量和检验,检验合格后方可使用。

(2)每次测量标准计数所采用的方式和测量条件应完全相同,并符合仪器使用说明书的有关要求。

(3)标准块可放置在干燥、平坦的压实土石、混凝土、沥青混凝土和其他建筑材料表面,其密度不宜小于1.6 g/cm^3,含水量不宜大于0.24 g/cm^3,对某些型号仪器,标准块也可放在所配置的运输箱上。

(4)进行标准计数测量时,应将仪器放置在标准块上,并将仪器源杆放在安全位置,标准块表面和仪器底面应无油垢、尘土,两者应有良好的接触。

(5)进行标准计数测量时,仪器周围8 m以内不应有放射源,3 m以内不应有大型建筑物,测量人员应与仪器保持2 m以上的距离。

(6)当室内外温差很大时,仪器应在现场放置大约20 min后再进行标准计数测量,测取标准计数的环境温度与现场测量的环境温度应相近。如测试当日温度变化很大,宜在现场测试过程中适当增加标准计算测量次数。

(7)在仪器整个使用期间,应完整记录和保留仪器标准计数及有关资料(如时间、地点、条件和环境等),并建立档案,长期保存。

(四)核子密度仪标准计数检验的规定

(1)手动单次测量方法测取标准计数的检验应符合下列规定:

①用手动单次测量方法测取新的标准计数,如新测取的密度或水分标准计数符合式(7-17)为合格,否则视为不合格。

$$|n-n_0|\leqslant 2.0\sqrt{n_0/f} \tag{7-17}$$

式中 n——新测取的密度或水分标准计数;

n_0——仪器先前已测取的4个密度或水分标准计数的平均值;

f——预置比例因子。

②用手动单次测量方法测取新的标准计数,如新测取的密度和水分标准计数分别符合

$$|n-n_0|\leqslant 0.01n_0 \tag{7-18}$$

和

$$|m-n_0|\leqslant 0.02n_0 \tag{7-19}$$

的规定范围,则该新测取的密度或水分标准计数为合格,否则视为不合格。

③如仪器还没有测取和存储过合格的标准计数或者已有,但是在2个月以前测取的,或者新的测量地区其环境放射性有明显异常,则都应先重新测取4个密度或水分标准计数,并取其平均值,按①或②的规定对以后新测取的标准计数进行检验。

(2)自动连续多次测量方法测取标准计数的检验应符合下列规定:

用自动连续多次测量方法测取新的标准计数,如新测取的密度或水分标准计数符合公式

$$0.75\leqslant\frac{\sigma}{\sqrt{n/f}}\leqslant 1.25 \tag{7-20}$$

的规定范围,则该新测取的标准计数为合格,否则视为不合格。

式中 σ——该组单次测取的密度或水分标准计数的标准差;

其他符号含义同前。

(3)不同型号的仪器均按(1)、(2)的规定方法进行标准计数的检验。如第一次检验不合格,可再次检验,其间可让仪器开机继续稳定一段时间,达到规定检查标准计数测取

条件。如不合格应及时纠正后再继续检验。如多次检验仍不合格，则认为仪器不能正常工作，需要检查和修理。

（五）核子密度仪现场标定

1. 一般规定

（1）对不同的被测材料和不同测量条件，仪器在现场测试前，应进行现场标定。相同被测材料在相同测量条件下，进行现场连续测试时，每隔3～6个月应进行一次现场标定。

（2）仪器现场标定所采用的被测材料和所处的测量条件应与仪器现场测试时的被测材料和测量条件相同。被测材料的密度和含水量范围应包含现场测试中被测材料的密度和含水量变化范围。

（3）仪器现场标定可采用密度和水分标样法，也可采用原位取样法。

（4）现场标定时仪器应距其他放射源8 m以上，应距大型建筑物3 m以上，仪器操作人员在测量过程中应与仪器保持2 m以上距离。

（5）现场标定时仪器测量时间应采用4 min。

2. 密度和水分标样法现场标定

（1）密度和水分标样的制作应符合下列规定：

①应采用现场被测材料和使用钢模板制作密度和水分标样。标样应不小于以下尺寸：

背向散射法密度测量：600 mm×450 mm×250 mm；

透射法密度测量：600 mm×450 mm×350 mm；

水分测量：600 mm×1 450 mm×350 mm。

②密度和水分标样数量分别应有3个。

③土石材料密度标样制备，应准备3个容器，其尺寸应符合上述的规定。分别向容器内充填现场被测土石材料，充填时应保持材料原有级配和分布均匀，并分层充填和夯实，分层厚度可为50 mm或100 mm，直至将容器填满，夯实到容器顶面并最后刮平。测量容器充填体积和称量所充填的土石材料质量，可计算出每个密度标样的密度。密度值误差在±0.005 g/cm^3 范围以内。

④混凝土材料密度标样制备，应准备3个容器，其尺寸应符合上述规定。分别向容器内充填混凝土材料，该混凝土材料和级配应与现场浇筑使用的混凝土材料相同。充填时应分层充填和压实，分层厚度可为50 mm或100 mm，直至将容器填满，压实到容器顶面并最后刮平。测量容器充填体积和称量所充填的混凝土质量，可计算出每个密度标样的密度。密度误差应在±0.005 g/cm^3 范围以内。

⑤土石材料水分标样制备，应准备3个容器，其尺寸应符合上述规定。分别向容器充填现场被测土石料，充填时应分层充填和压实，并使其密度与现场情况大体相同，分层厚度可为50 mm和100 mm，直至容器填满、压实，到容器顶面并最后刮平。充填完成后应采用塑料薄膜覆盖其表面。当仪器对以上各个水分标样测量完成后，应取样并采用烘干法测出每个水分标样的含水量。含水量值误差应在0.005 g/cm^3 范围以内。

（2）标样法密度现场标定应符合下列要求：

①仪器开机，经预热和自检程序后进入工作状态，按规定测取和输入合格密度标准计

数。

②应将仪器分别放置在已制作好的土石或混凝土材料的 3 个密度标样表面，使仪器底面与标样表面在长边方向相一致，并且其位置前与后及左与右对称。

③根据土石或混凝土材料标样不同，应分别按规定对每个标样采用现场测试所选择的测量深度，并采用 4 min 测量时间，启动仪器测取 3 次密度值，取这 3 次密度值的平均值，作为仪器测量结果。

④计算每个密度标样的仪器密度测量结果与标样实际密度值的差值，取这 3 个差值的平均值作为仪器在采用该测量深度时密度测量结果的校正偏差。

(3)标样法水分现场标定应符合下列要求：

①仪器开机，经预热和自检进入工作状态，应按规定测取和输入合格的水分标准计数。

②应将仪器分别放置在制作好的 3 个土石材料水分标样表面，使仪器底面与标样表面在长边方向相一致，并且其位置前与后及上与下对称。

③按规定分别对每个标样采用 4 min 测量时间，启动仪器测取 3 次含水量值，取这 3 次含水量的平均值作为仪器测量结果。

④计算每个水分标样的仪器含水量测量结果与标样实际含水量的差值，取这 3 个差值的平均值作为仪器含水量测量结果的校正偏差。

(4)原位取样法现场标定：

根据被测材料种类和性质可采用不同的原位取样方法。对土石材料的密度测量，可采用灌砂法和环刀法，含水量测量可采用烘干法；对于混凝土和沥青混凝土密度测量，可采用灌砂法和钻孔取芯法。

现场标定应选择有代表性的测点。仪器测试与原位取样应在相同位置进行，并在仪器测量后立即进行原位取样。

原位取样法所取芯样应为直径 200 mm 的圆柱体，该圆柱体应正好坐落在仪器 γ 射线源和 γ 射线探测器连线中间位置。当采用背向散射法密度测量时，圆柱体高度可为 75 mm 左右；当采用透射法密度测量时，圆柱体高度应为仪器测量深度；当进行含水量测量时，圆柱体高度可为 150 mm 左右。

可采用相关法确定仪器密度和含水量测量结果分别与原位取样法密度和含水量测量结果的相互关系。对比测点不应少于 30 个，且相关曲线的相关系数应不小于 0.9。

(5)原位取样法现场标定应符合下列要求：

①仪器开机，经预热和自检后进入工作状态，应按规定测取和输入合格的密度和水分标准计数。

②应在选定的测量位置上放置好仪器，对被测材料分别为土石、混凝土和沥青混凝土则分别按相应规定，采用现场测试所选择的测量深度和采用 4 min 测量时间，启动仪器进行密度和含水量测量，记录相应的密度和含水量测量结果。

③应按规定进行原位取样，并将所取试样送实验室测定其密度和含水量。

④应按规定整理和绘制原位取样法密度和含水量测量结果分别与仪器密度和含水量测量结果的相关曲线。

⑤计算所有测点的原位取样法密度测量结果的平均值和仪器密度测量结果的平均值,取两者的差值作为仪器在采用该测量深度时密度测量结果的校正偏差。

⑥计算所有测点的原位取样法含水量测量结果的平均值和仪器含水量测量结果的平均值,取两者之差作为仪器含水量测量结果的校正偏差。

(六)现场测试规定

1. 一般规定

(1)现场测试前应检查仪器电源储电状况。如不能满足现场测试需要,应及时充电或更换干电池。

(2)现场测试前应对仪器的各项测量功能进行检查,检查结果应符合仪器使用说明书要求。

(3)现场测试前仪器应按规定进行现场标定。

(4)现场测试前应按规定,测取和检验仪器的标准计数,检验合格方可使用。

(5)现场测试前应按被测材料种类、碾压层厚度、现场标定所确定的校正偏差和测量精度要求等设计和设置仪器相关测量参数。

(6)现场测试时仪器测量地点周围8 m以内不应有任何放射源,3 m以内不宜有大型建筑物。仪器测量人员在测试过程中宜与仪器保持2 m以上距离。

(7)当仪器放在沟渠内测试时,应按仪器说明书要求确定适合仪器测量的沟渠最小宽度。当沟渠宽度小于规定宽度时,仪器测量结果应按仪器说明书要求进行校正。

(8)对土石和混凝土密度测量,仪器测量深度应稍大于或等于碾压层厚度。对薄面层压实密度测量,仪器背向散射法测量深度应稍小于或等于该薄面层厚度。如仪器背向散射法测量深度大于该薄面层厚度,应按仪器使用说明书要求,对仪器测量结果进行校正。

(9)当碾压层厚度大于或等于100 mm时,宜采用透射法密度测量方式。如被测材料不宜或不易成孔时,则可采用背向散射法密度测量方式。

(10)采用背向散射法测量密度时,测量时间不应小于1 min。无论采用背向散射法或是透射法,只要是包含有含水量测量,测量时间均不应小于4 min。如进行单一的含水量测量,仪器源杆宜设置在背向散射法测量位置。

(11)仪器测量精度和测量误差应符合工程实际要求。仪器测量精度和误差分析可按相应规定执行。

(12)现场测试中的仪器使用、保管和运输中有关辐射防护安全要求应按有关规定执行。

2. 土石材料密度和含水量现场测试

(1)仪器测试前应按相应规定做好仪器现场测试前的检查和准备工作。

(2)背向散射法测量应符合下列规定:

①测量场地准备:

a. 选择和确定测量位置。

b. 将测量表面浮土清除干净,使其露出被测土石材料表面。

c. 用导板等工具平整好测点表面,平整面大小应以能安放下仪器底面为宜。

d. 对不易平整的凹凸不平处,应使用相同细粒土或细砂填补,填补料厚度不宜大于 3 mm,填补面积不宜大于仪器底面积的 10%,最后用导板刮平。

②仪器测试:

a. 将仪器放在已准备好的测量表面,仪器底面应与测量表面有良好接触。

b. 检查和确认仪器测量参数设置后,将仪器源杆设置到背向散射法测量位置。

c. 启动仪器进行测试,在测试过程中测量人员应退到离仪器 2 m 以上距离。

d. 可按相关要求记录和填写密度及含水量测试结果数据、相关参数和有关内容。测试结束后应立即将仪器源杆退回安全位置。

(3)透射法测量应符合下列规定:

①应按有关规定做好测量场地准备。

②测孔准备和仪器安放位置标记:

a. 用导板、铁锤和钢钎,在已准备好的测量表面上,按预定测量深度造一个测孔,该测孔应垂直于测量表面。

b. 在钢钎没有拔出的情况下,以导板四角为定位标志,画好仪器安放位置定位标记线。

③仪器测试:

a. 参照已画好的定位标志线,将仪器准确地放在测点位置。

b. 检查和确认仪器测量参数设置后,将仪器源杆缓慢向下插入测孔至预定测量深度。在源杆下插过程中应避免扰动孔壁和防止测孔坍塌。

c. 以源杆为轴左右稍微转动仪器,使仪器平稳地坐落在测面上,其底面应与测面有良好接触。再轻轻挪动仪器,使源杆紧贴最靠近仪器 γ 射线探测器一侧的孔壁。

d. 启动仪器进行测试,在测试过程中测量人员应退到离仪器 2 m 以上距离。

e. 可按相关要求记录和填写密度及含水量测量结果数据、相关参数和有关内容。测试结束后应立即将仪器源杆退回安全位置。

④当采用背向散射法和 200 mm 以内深度的透射法密度测量时,被测土石材料最大粒径不宜大于 20 mm。当采用 200 mm 以上深度的透射法密度测量时,被测土石料最大粒径不宜大于 40 mm。

⑤当被测土石材料中存在个别超大粒径颗粒或空洞时,应采用以下方式进行校正:在同一测点,将仪器沿源杆转动 180°进行第二次测试。如两次干密度读数差值在 ±0.03 g/cm^3 范围以内,取该两次读数的平均值作为仪器测量结果;如两次干密度读数差值超出 ±0.03g/cm^3 范围,则应将仪器分别转动到 90°和 270°位置再进行两次测试,取其 4 次读数的平均值作为仪器测量结果。

(七)混凝土密度现场测试

(1)仪器测试前应按有关规定做好仪器现场测试前的检查和准备工作。

(2)背向散射法测量应符合下列规定:

①测量场地准备:

a. 选择和确定测量位置。对钢筋混凝土材料,测点处混凝土保护层厚度应不小于仪器测量深度。

b. 对尚未硬化的混凝土,可用导板等工具将测量表面修整抹平。

c. 对已硬化的混凝土,则应选择较平整表面,清除其上松散砂粒。若有凹凸不平处,应使用细砂充填,但充填料厚度不应大于 3 mm,充填面积不应大于仪器底面的 10% ,最后用导板抹平。

②应按有关规定进行测试,并按相关要求记录和填写密度测试结果数据、相关参数和有关内容。

(3)对于未硬化混凝土用透射法进行测量应符合下列规定:

①可按相关规定做好测量场地准备。在钢筋混凝土测点位置的下面,预定的测量深度内,γ 射线所穿过的路径上不应有钢筋存在。

②应按相关规定做好测孔准备和仪器安放位置标记。

③应按相关规定进行仪器测试,并按相关要求记录和填写密度测试结果数据、相关参数和有关内容。

(八)沥青混凝土密度现场测试

(1)仪器测试前应按相关规定做好仪器现场测试前的检查和准备工作。

(2)背向散射法测量应符合下列规定:

①测量场地准备:

a. 测量位置应选择在经碾压并已冷却后的较为平整的表面。

b. 用毛刷清洁测量表面。

c. 如测量表面仍有凹凸不平处,应使用细砂填补,但填补厚度不宜大于 3 mm,填补面积不应大于仪器底面积的 10% ,最后用导板抹平。

②应按相关规定进行测试,并按相关要求记录和填写密度测试结果数据、相关参数和有关内容。

第八章　大坝安全监测实用技术

随着工程的进展,水利水电大坝工程建设由于施工蓄水而进入正常运行,工程管理体制随之转化,大坝安全监测工作的机制也随之转化。因此,要注意其交叉和衔接,以保证安全监测工作的连续性、正常性。

水利水电工程大坝安全监测工作的范围包括各类工程各种坝型、坝体、坝基、坝端,与坝体的安全有直接关系的输泄水建筑物和设备,以及对坝工建筑场有重大影响的近坝区岸坡。安全监测的方法有巡视检查和用仪器设备进行观测。

第一节　安全监测的基本要求

水利水电工程的大坝安全监测工作,必须根据工程等级、规模、结构型式及其地形地质条件和地理环境等因素,设置必要的监测项目及相应设施,定期进行系统的观测。各类监测项目及分类如表 8-1 所示。

表 8-1　坝工安全检测项目及分类

序号	监测类别	观测项目
一	巡视检查	含日常、年度和特别三类
二	变形	表面变形、内部变形、裂缝及接缝、岸坡位移
三	渗流	渗流量、坝基渗流压力、坝体渗流压力、绕坝渗流
四	压力(应力)	孔隙水压力、土压力(应力)、接触土应力
五	水文、气象	上下游水位、降水量、气流、水温、波浪、坝前(库区)泥沙、冰冻
六	地震反应	地震强震动、孔隙水压力
七	水流	泄水建筑物的水力学观测

水利水电大坝安全监测工作应遵循如下原则:

(1)各监测仪器、设备的布置应密切结合工程的具体条件,既能较全面地反映工程的运行状态,又要重点做到少而精。相关项目统筹安排,配合布置。

(2)各监测仪器、设备的选择要在可靠、耐久、经济、实用的前提下力求先进和便于实现自动化观测。

(3)各监测仪器、设备的安装和埋设必须按设计要求精心施工,确保质量。安装和埋设完毕应绘制竣工图,填写改正表,存档备查。

(4)应保证在恶劣气候条件下仍然能进行必要的项目的观测,必要时可设专门的观测站(房)和观测廊道。

各阶段的监测工作应符合以下要求:

(1)可行性研究阶段,应提出安全观测系统的总体设计方案、观测项目及所需要的仪器设备的数量和投资估算(占主体建筑物总投资的1%~3%)。

(2)初步设计阶段,应优化安全监测系统的总体设计方案、测点布置、观测设备及仪器数量和投资概算。

(3)招标阶段,应提出观测设备仪器的清单、各主要的观测项目及观测资料、各观测设备仪器的安装技术要求及投资预算。

(4)施工阶段,应根据监测系统设计和技术要求,提出施工详图,承建单位应做好仪器的埋设、安装、调试和保护,固定专人进行观测工作,并应保证观测设备完好及观测数据连续准确、完整。工程竣工验收时应将观测设施和竣工图、埋设记录、施工期观测记录,以及整理分析等全部资料编成正式文件,移交管理单位。

(5)初期蓄水阶段,应制定工作计划和主要的监控技术指标,在大坝开始蓄水时就做好大坝安全监测工作,取得连续性的初始值,并对大坝的工作状态作出初步评估。

(6)运行阶段,应进行正常的及特殊情况下的巡视检查和观测,定期对大坝的工作状态提出分析和评估(工作状态可分为正常、异常和险情三类),为大坝的安全鉴定提供依据。

(7)各监测项目的阶段和测次,应使用记录表格,认真填写,严禁涂改、损坏和遗失。观测数据应随时整理和计算。如有异常应立即复测。当影响工程安全时,应及时分析原因和采取对策,并上报主管部门。

(8)当发生有感地震、大洪水以及大坝工作状态出现异常等特殊情况时,应加强巡视检查,并对重点部位的有关项目加强观测。

(9)当采用自动化监测系统时,必须进行技术经济论证,仪器设备要稳定可靠。观测数据连续、准确。完整的系统功能应包括数据采集、数据传输、数据处理和分析等。

安全监测工作的作用如下:

(1)指导施工,检验施工质量。施工中常根据现场观测资料安排施工进度,改进施工工艺并检验其效果。

(2)保证大坝安全运行。通过观测可以及时发现异常情况和隐患,对大坝安全有举足轻重、防患于未然的作用。

(3)充分发挥工程效益。根据大坝观测资料可以推断大坝在各级水位的安全度,确定安全控制水位,使大坝在安全的前提下充分发挥工程效益。

(4)对设计进行反馈,不断提高设计水平。可通过安全监测的结构检验设计数据和计算方法,从而推进坝工技术的进步。

大坝观测的工作内容如表8-2所示。

大坝安全监测系统的设计应全面合理,以保证观测工作的长期顺利进行。观测设计包括:确定观测项目,选定重点观测部位和观测方法及仪器设备,进行观测系统布置,制定设备埋设和操作运用的技术要求,对主要观测项目提出观测值的设计变动范围等内容。

安全监测设备的设计应结合坝型、等级、规模、地质等与大坝设计同时进行。选定的项目和布置应符合设计规范的要求,并使之形成一个有机的整体。除能全面反映大坝的工作状态外,同时也应以重要部位和薄弱环节为主要对象,即突出重点、兼顾全面。观测

表 8-2　大坝观测的工作内容

工作名称	工作内容
观测设计	选定观测方案、项目及仪器设备,绘制观测系统布置图、施工详图,编写说明书、观测技术要求,编制观测系统工程概预算书
仪器设备的埋设安装	仪器设备的检验、标定及配套按图施工,做好施工记录,填写考评表,绘制竣工图
现场观测	现场检查,严格按规范及管理制度的规定观测并做好记录
资料整理与分析	及时整理现场观测成果,制表造册并进行分析。若发现异常现象立即找出原因并采取措施。定期进行系统分析,鉴定大坝工作状态,研究影响因素及大坝变化规律,提出工程运用、维修加固的意见

方法宜简捷直观,满足精度要求,且便于校核。观测设备应有必要的保护装置。要保证整个系统的工作可靠,即使在大洪水、地震的情况下,也能正常工作,观测现场的交通要便利,并有照明、防潮、防寒等设施。对施工期观测和第一次蓄水时基准值的观测要有切实的保证,有条件的情况下可考虑设计自动化的监测系统。

大坝安全检测项目的观测次数如表 8-3 所示。

表 8-3　大坝安全监测项目的观测次数

项目	第一阶段(施工期)	第二阶段(初蓄期)	第三阶段(运行期)
日常巡视检查	10~4 次/月	30~8 次/月	4~2 次/月
表面变形	6~3 次/月	10~4 次/月	6~2 次/年
内部变形	10~4 次/月	30~10 次/月	12~4 次/年
裂缝及接缝	10~4 次/月	30~10 次/月	12~4 次/年
岸坡位移	6~3 次/月	10~4 次/月	12~4 次/年
混凝土面板变形	6~3 次/月	10~4 次/月	12~4 次/年
渗流量	10~4 次/月	30~10 次/月	6~3 次/月
坝基渗流压力	10~4 次/月	30~10 次/月	6~3 次/月
坝体渗流压力	10~4 次/月	30~10 次/月	6~3 次/月
绕坝渗流	10~4 次/月	30~10 次/月	6~3 次/月
孔隙水压力	6~3 次/月	30~4 次/月	6~3 次/月
土压力(应力)	6~3 次/月	30~4 次/月	6~3 次/月
接触土压力	6~3 次/月	30~4 次/月	6~3 次/月
混凝土面板压力	按需要	按需要	按需要
上下游水位	2 次/月	4~2 次/月	2~1 次/月
降水量、气温	逐日测量	逐日测量	逐日测量
水温	按需要	按需要	按需要
波浪	按需要	按需要	按需要
坝前(及库区)泥沙	按需要	按需要	按需要
冰冻	按需要	按需要	按需要

第二节 安全监测工程的施工程序

安全监测施工程序可分为总体程序和工艺程序。选择合理的施工程序是保证施工质量和安全、缩短工期、降低造价的关键所在。安全监测工程的施工程序是施工准备、土建工程施工、临建工程施工、材料设备加工、仪器设备检验率定、仪器组装与电缆连接、仪器设备安装埋设、观测电缆走线工程施工、终端及自动化系统安装调试、观测资料的整理分析、施工期观测及反馈、编写施工竣工图与竣工报告、工程验收等。质量与安全控制贯穿在每个工序及各环节中。

编制施工程序应考虑到工程总进度计划和施工程序的协调平衡,避免冲突和干扰,确保初期监测和施工监测能够取得时间上和空间上连续的、全过程的资料,避免仪器设备损坏,确保仪器设备安装埋设的质量要求。

为保证安全监测工程严格地遵循有关的规程与规范,确保工程保质保量地完成,实现工程安全质量要求的监测目的,为日后工程技术理论分析提供可靠的数据,使仪器正常发挥作用,需要编制一套现场实施技术规程。

一、技术规程编制的原则

(1)现场施工技术规程应根据设计要求和现行的有关规程、规范、技术标准编制。

(2)技术规程的类别与项目应与施工程序内容一致。

(3)内容应具体到工艺程序和标准,切实可行。

(4)规定的技术要求应给执行者有余地和随机量。

(5)技术规程应包括对影响安全和质量的因素提出控制要求。

二、技术规程的内容

(一)土建工程施工技术规程

(1)监测工程仪器孔,包括打孔机械、孔位、钻孔个数、孔径、孔深、孔内是否冲洗、孔壁光滑度、是否下套管、孔斜率、工期、孔口装置及注意事项等。

(2)仪器孔注浆,包括注浆方式、砂灰比、浆液浓度、与仪器安装的配合方式、注浆前后的处理、对仪器的保护及灌浆标准等。

(3)自动化监测,一般包括数据采集、传输、处理、判别与评估等程序。从现实的情况看,由于电子技术、计算机技术等的发展,分段或整体上实施上述程序,尤其是处理、判别、评估等,技术上应当不是主要问题,主要问题在于投资与效益,而在认识上也可能并非人人认同。

(二)仪器设备组装率定技术规程

(1)检测设备仪器检验率定的目的:

①校核仪器出厂参数的可靠性。

②检验仪器工作的稳定性,以保证仪器性能长期稳定。

③检验仪器在搬运中是否损坏。

(2)监测仪器现场检验内容：

①出厂仪器参数资料、卡片资料是否齐全，仪器数量与发货单是否一致。

②外观检查，仔细查看仪器外部有无损伤、痕迹、锈斑等。

③用万用表测量仪器线路有无断线。

(3)仪器组装率定技术：

①应写明率定时使用的工具、仪器，率定的接压量、分级数、循环次数、选定方法及要求，率定后的计算和对仪器的质量判断标准。

②仪器的电缆连接，包括电缆本身的要求、芯数、连接方式，接线前后的检查方式和质量标准。

③仪器附件要求，包括设计加工的原则，要考虑尺寸大小的要求，使用材料达到的性能。

④仪器设备的安装埋设技术规程。仪器安装埋设要求写明埋设时现场具备的条件和注意事项(特别是能发生质量安全事故的问题)，埋设步骤，工艺要求和标准，环境要求，工具、材料及附件的情况，仪器保护及电缆走线的要求。

⑤观测资料的整理分析技术规程。技术规程中应提出观测频率的确定原则与方法、资料的处理和整理分析方法与要求、各种监测报告的编写要求。

此外，在技术规程中，应对对监测工程施工有影响的施工条件提出有限定的要求文件。

第三节　安全监测仪器设备的安装埋设方法与要求

一、安全监测工程施工前的要求

(1)监测项目合同签订后，承包商在进场前应将进驻工地的专家简历和其他人的情况报建设、监理单位审批，并按监理单位审批后的人员进场。

(2)监测项目承包单位进驻工地人员中至少有一位经过监理单位批准的专家，专家应具备至少5年安全监测仪器埋设、安装、观测和资料分析的经验并具有中级以上职称。

(3)监测项目承包单位应于该项目工程开工前30 d，将施工实施计划报监理单位审批，同时申请工程开工。实施计划应包括：

①仪器布置及埋设详图(仪器安装详图及设备安装辅助图)；

②施工进度计划及网络图；

③施工方法及措施；

④仪器、设备、材料及人员安排计划；

⑤安全防护措施；

⑥其他。

上述计划一式两份，经监测项目负责人签署后送监理单位审批。

单位工程一般以一个合同作为一个单位工程或项目工程。一个合同内容较多，有外观变形监测、内观应力应变及温度监测、渗流监测、岩体监测、水力学及振动监测等，可将每一种监测作为分部工程或单元工程，也可把分部工程中每一种仪器视为单元工程。

(4)监测项目承包单位收到监理单位审批的单位工程开工通知后，按安全监测技术规程和设计要求进行仪器设备安装、埋设前的准备工作。

(5)各单元工程开工前的20 d，安全监测项目承包单位应向监理单位递交分部工程开工申请单，需要钻孔的监测项目应同时递交监测仪埋钻孔开工申请单。

(6)监测项目承包单位在进行各类仪器检验、电缆连接时，应通知监理人员进行监理。

(7)各项仪器安装前10 d，监测承包商应将所安装仪器设备清单及检验结果(包括仪器制造厂家、说明书、仪器厂家参数和检验参数、防水性能、电缆连接等资料)一式三份，经承包单位负责人签署后报送监理审核。当监理单位认为不合格时，应按监理工程师的意见进行修改，重新检验或更换仪器。只有监理工程师批准后的仪器才能埋设安装，否则监理工程师拒绝验收。

(8)各类仪器安装埋设时，监理单位应要求承包单位提前2 d向监理单位申请仪器埋设，并派人到现场进行监理，仪器埋设时，承包单位应填写清单并请监理工程师签字验收，验收后的清单作为结算付款的依据。仪器埋设安装过程中如有违反规程和设计图纸现象，监理工程师有权制止，施工单位应按监理工程师意见修改，否则监理工程师拒绝验收。

(9)各类仪器的安装埋设的参加人员必须是经过培训并取得上岗资格的人员，埋设时，应佩戴埋设证明(上岗证)，以备监理工程师抽查，仪器埋设安装时，至少应有一名专业监理工程师在场。

(10)仪器安装埋设后至移交前，承包单位应加强观测设施的维护和保养，保证各项安全监测设施的正常运行。

(11)监测仪器安装埋设完毕后，承包单位应严格按安全监测技术规程规范中的观测频率进行观测，观测时必须两人以上，且应为经过培训并取得上岗资格的人员。观测人员应具有处理观测中出现的一般异常现象的能力，不得聘用临时工单独进行观测工作。

(12)观测的原始记录应为正规的记录表格，不得用其他的表格和记录本代替。原始记录必须在现场用铅笔填写，填写时如发生错误，不得涂改，应用铅笔或钢笔将错处用斜线划掉，然后在上角填写正确记录，应在左上角标识问号，并在各注栅内说明原因，不得无故漏测。

(13)施工承包单位应及时整理资料，每月月底将监测成果报送监理单位，每年进行整理分析，观测成果报监理单位及建设单位(业主)。

(14)施工承包单位应根据业主计划、监理单位控制性进度计划，结合施工进度，必须在每年前20 d向监理单位送交下一年的施工进度计划，每季度前10 d，每月开始前5 d送交下季度、下月的施工进度计划，并报当月计划完成情况，其内容包括：

①当月完成的工程量(指安装完成仪器的数量)、下月进度计划和预计完成的工程量。

②主要仪器设备、材料供应计划和当月消耗的情况。

③当月在场人员数量和下月施工人员计划。

④工程付款结算情况(指当年、季、月)以及下期(指计划季、月)预计完成工程量和投资。

⑤其他需要说明事项。

(15)审查批准施工计划是作为施工单位、施工承包单位申请开工(仓)许可证和申请支付的依据之一。

(16)单元工程的检验及开工(仓)签证是工程质量控制的最基本环节,是工程质量等级评定的基础,施工单位、承包单位、施工班组"自检"(初检),施工队和专职检验员"复检",施工单位质检机构"终检"后,送监理单位进行单元工程检验签证。单元工程检验签证的主要任务是检验单元工程的质量,并对工程质量进行评定,以及确定后序工程能否开工。单元工程的主要成果是签发施工质量终检合格证及单元工程质量评定表。

(17)安全监测工程按惯例设计图纸均由设计单位提供,一般供图程序是:设计单位将设计文件、图纸技术要求、修改设计通知等送交建设单位(业主),业主批转监理单位,监理单位审查确认和签字后送交施工单位施工,未经监理单位审查确认和签字并盖监理单位的章的图纸,施工单位不能作为施工的依据,否则监理有权拒绝支付工程价款。

二、安全监测施工过程中的要求

大坝安全监测的主要内容包括外部变形、内部变形和应力、渗流等观测项目,一般所埋设的仪器有渗压计、绕坝渗流计、多点位移计、单向测缝计、三向测缝计、两向应变计、倒垂线、量水堰、水位计、激光准直线、导线、正垂线、测斜管、倾斜仪、收敛计、测桩等。

(一)观测布置设计

观测布置设计的内容,主要是指安全监测项目的确定、监测断面高程部位的选取,以及监测仪器的选型,所有这一切都应体现工程的特点与要求。因此,监测布置从整体上规定了一个工程的监测规模、投资与效益。为此,对于重要工程,应当进行多方案的对比取舍。

(二)观测布置设计主要考虑的因素

观测布置设计主要考虑的因素可归纳以下几点:

(1)工程等级、规模与施工条件等因素。施工条件主要指施工工期、施工布置进度、技术工艺水平等。

(2)地质条件及地质概况。例如,坝址河谷宽窄、陡缓,有无断层,破碎带、覆盖层的情况,有无防渗墙等。

(3)监测仪器的类型与性能。在这方面,有仪器性能的选择、确认和研究,有仪器监测方向的确认与校测,前者可以考虑监测仪器的重要布置,后者可以考虑校测布置。

(4)专门问题的考虑。专门问题是指工程设计未能充分论证而遗留的问题,也可以是工程中的特殊问题或拟研究的问题,还可以是监测仪器系统的研究,如布置技术、仪器性能、管线回路等。

(5)监测变量间的校核,验证监测布置,有条件时应尽可能使相关监测变量之间能相互校核与验证,同时也要尽可能使其形成分布线、等值线。

三、变形观测项目及表面变形观测技术的要求

(一)变形观测项目

(1)变形观测项目主要有坝的表面变形、内部变形、裂缝及接缝和岸坡位移等观测。

(2)变形观测项目主要用平面坐标及水准高程,应与设计施工和运行诸阶段的控制网坐标系统相一致,有条件的工程应与国家网建立联系。

(3)变形观测工作应遵守下列规定:

①表面竖向位移及水平位移观测,一般应共用一个测点,深层竖向位移及水平位移观测应尽量与布置竖向位移及水平位移观测配合进行。

②观测基点应设在稳定区域内,测点与坝体或岸坡牢固结合,基点及测点应有可靠的保护装置,并受国家法律保护。

③变形观测的正负号规定:水平位移向下游为正,向左岸为正,反之为负;竖向位移向下为正,向上为负;裂缝和接缝之间位移,对开仓张开为正,闭合为负;对沉陷向下为正,向上为负;对滑移向坡下为正,向左岸为正,反之为负。

(二)表面变形观测技术的要求

表面观测变形包括竖向位移和水平位移,水平位移中包括垂直轴线的横向水平位移和平行坝轴线的纵向水平位移。

1. 观测布置的要求

(1)观测横断面一般不少于3个,通常选择最大坝高或原河床处、合龙段、地形突变处、地质条件复杂处、坝内埋管及运行有异常反应处。

(2)观测断面一般不少于4个,通常在坝顶的上下游两侧布置1~2个,在上游坡正常水位以上布置1个,正常水位以下可视需要设临时测点,下游坝坡半坝高处以上布设1~3个,半坝高以下布置1~2个(含坡脚1个),对软基上的坝还应在下游坝址外侧增设1~2个。

(3)对"V"形河谷中的高坝和两坝端以及坝基地形变化陡峻坝段,坝顶测点应适当加密,并宜加测纵向水平位移。

(4)测点的间距,一般坝长小于300 m时宜取20~50 m,坝长大于300 m时,宜取50~100 m。

(5)视准线应离建筑物1.0 m以上。

各种基点均应布置在两岸岩石或坚实的土基上,引测方便,避免自然及人为影响起测基点,可在每一纵排测点两端的岸坡上布置1个,其高程点与测点高程相近。

采用视准线进行横向水平位移观测工作的基点,应在两岸每一纵排测点的延长线上各布设一个。当坝轴线为折线或坝长超过500 m时,可在坝身每一纵排测点中增设工作基点,也可用测点代替。工作基点的距离保持在250 m左右,当坝长超过1 000 m时,一般可用三角网法观测增设工作基点的水平位移,有条件的宜用测边网法或倒垂线法。

水准基点一般在坝下游1~3 km处布设2~3个。

采用视准线法观测的校核基点,应在两岸同排工作基点连线的延长线上各设1~2个。

2. 观测设施的要求及安装注意事项

1)观测设施的要求

(1)测点和基点的结构必须坚固可靠,且不易变形,并力求美观大方、协调实用。

(2)测点可采用柱式或墩式,同时兼作竖向位移和横向水平位移观测的测点,其立柱应高出坝面0.6～1 m，立柱顶部应设有强制对中底盘，其对中误差均应小于0.2 mm。

(3)在土基点一般宜采用整体钢筋混凝土结构，立柱高度以司镜者操作方便为准，但应大于1.2 m，立柱顶部强制对中误差应小于0.1 mm。

(4)在土基点起测点可采用墩式混凝土结构，在岩基上的起测基点可凿坑就地浇筑混凝土，在坚硬岩基埋深大于5～10 m的情况下，可采用埋深双金属管柱作为起测基点。

(5)校核基点的结构与埋设可参照国家水准测量规范GB 12897—91和GB 12893—91的有关规定执行。

(6)水平位移观测视标可采用视标杆、视标牌或光灯标，其尺寸与方案应根据观测条件选定。

2)观测设施安装注意事项

(1)测点和土基上的基点底座埋入土层的深度不小于0.5 m。冰冻区应深入冰冻线以下，并采取措施防止雨水冲刷、护坡块石挤压和人为碰撞。

(2)埋设时，应保持立柱铅直、仪器基座水平，并使各测点强制对底盘中心位于视准线上，其偏差不得大于10 mm，底盘调整水平，倾斜度不得大于4′。

3)观测方法与要求

(1)竖向位移。表面竖向位移一般用水准法测量，也可用连通管法测量。用水准仪观测表面竖向位移时，可参照国家三等水准测量GB 12892—91的方法进行，但闭合差不得大于$\pm 1.4\sqrt{n}$(n为测站数)。起测基点的引测、校测可参照国家二等水准测量GB 12897—91的方法进行，但闭合差不得大于$\pm 0.72\sqrt{n}$。

用连通管观测表面竖向位移时，可采用移动式或固定式，观测应在气温最为稳定的时间进行，观测时应注意保持水平面稳定，应平行测读两次，两次读数差不得大于2 mm。

(2)水平位移。横向水平位移一般用视准线法测量，必要且有条件时也可增设倒垂线或引张线装置观测水平位移，倒垂线和引张线装置的设计、安装与观测应结合各类大坝变形的特点，并参照土石坝安全监测技术规范及混凝土大坝安全监测规范执行。

用视准线观测方法观测横向水平位移时，可采用经纬仪或视准线仪，当视准线长度大于500 m时，应采用J_1级经纬仪或全站仪。

视准线的观测方法，可根据实际情况选用活动觇标法或小角度法，观测时宜在视准线两端各设固定点，用各测点的仪器其靠近的位移测点的偏离值。

用活动觇标法校测工作基点、观测增设的工作基点时允许误差应不大于2 mm(取两倍中误差)，观测位移测点时，每测回的允许误差应小于4 mm(取两倍中误差)，所需测回数不得少于两个测回。

用小角度观测横向水平位移时，一般采用J_1级经纬仪，测微器两次重合读数之差不应超过0.4″，一个测回中正倒镜的小角值较差不应超过3″，同一测点各测回小角值较差不应超过2″。

用三角网前方交会法观测增设工作基点(或测点)的横向水平位移时，应用J_1级经纬仪和全站仪测回法，且不少于4个测回。各项限差要求为，平测回归零差±0.6″，两倍视差之互差±0.8″，各测回法的测回差±5″。

有条件时，可采用大气激光准直法观测横向水平位移，设施的设计安装及观测应照

《混凝土坝安全检测技术规范》(DL/T 5178—2003)及《土石坝安全监测技术规范》(CSL 60－94)执行。

表面纵向水平位移观测,一般用钢尺测量或用普通钢尺加改正系数,其中误差不大于0.2 mm。有条件时可用光电测距仪测量。

(3)三角网布置应符合以下要求:

①根据设计图纸放样,选定三角点点位。

②三角点的观测墩应尽量建于稳定的基础上,基点处宜设计观测室。室内观测墩可用普通混凝土墩,野外观测墩宜采用双层观测墩。

③观测墩顶应设强制对中底盘,应将其调整水平倾斜角度不得大于4′。

④交会点(位移标点)应设观测墩,觇墩顶的固定牌面应与交会角的分角线垂直,牌上的图案轴线应调整铅直,倾斜角不得大于4′。

(4)视准线布置应符合以下要求:

①工作基点应采用钢筋混凝土观测墩,并修建观测室。

②测点宜采用双层观测墩,觇标应高出地面1.2 m以上。

③视准线各测点的强制对中底盘中心应埋设在两端点底盘中心线上,其偏差不得大于10 mm。

④观测墩顶部的强制对中底盘的对中精度应不低于0.2 mm,并应将其调整水平,倾斜度不得大于4′。

(5)引张线的布置应符合以下要求:

①定位卡读数尺的安装,通常宜在张拉测线之后进行。

②定位卡的U形槽,槽底应沿水平方向与测线一致。

③安装滑轮时,应使滑轮槽的方向及高度与定位卡U形槽一致。

④同一条引张线的读数尺的零方向必须统一,一般零点安装在下游测尺面,应保持水平,分划线应平行于测线尺的位置,并根据尺的量程和位移量的变化范围而定。

⑤仪器底盘的水平位置及方向应依据所采用的仪器而定。

⑥水箱水面应有足够的调节余地,以便调整测线的高度,满足测量的需要。

⑦保护管安装时,应使测线位于保护管中心,保护管和测点保护箱应封密防风。

(6)激光准直线的布置应符合以下要求:

①大气激光准直线设备:点光源的小孔光缆和激光探测器必须与端点观测墩牢固结合,保证两者对位置长期稳定不变,板应垂直于准直线,其中心应在准直线上,其偏离值不得大于10 mm。距点光源最低点的几个测点偏离值不得大于3 mm。

②真空管激光准直线,真空管道内壁必须清洁,测点箱和法兰短管的焊接应采用双面焊,管道安装后应做检漏试验,管道不平直度不得大于10 mm,每段管道中部用管卡将其固定在支墩上,其余支墩上设活动滚杠,以便管道两端自由伸缩。

(7)导线布设应符合下列要求:

①导线观测墩采用槽钢插入基岩。

②测点上装强制对中底盘、微型觇标和轴杆头。测站点的两侧安装滑轮拉力架,用以引张固定的因瓦丝。

③中间点上只安装固定微型觇标。

④在导线两端的径向设置倒垂线。

⑤弦矢导线在安装仪器底盘时，应保证在矢距仪的测量范围内，并应顾及位移量的变化范围。

(8)正垂线的布置应符合以下要求：

①正垂线挂点应尽量设在坝顶附近，并考虑换线及调整的便利。

②测线采用强度较高的不锈刚丝或不锈因瓦丝。

③观测点宜采用钢筋混凝土测墩，墩顶设强制对中底盘，底盘对中误差不应大于0.1 mm，观测站宜设防风保护箱或观测室。

(9)倒垂线布设应符合下列要求：

①倒垂线孔内宜埋设壁厚为5～7 mm、内径不小于100 mm的保护管，必要时孔外还应安装测线防风管，内径不宜小于100 mm。

②测线采用强度较高的不锈钢丝，其直径的选择应保证极限拉力大于浮力的3倍。通过固定块将测线一段用水泥砂浆浇固在钻孔保护管底。

③浮体组安装应使浮子水平，连杆垂直，浮子位于浮筒中心，处于自由状态。

④观测站宜采用钢筋混凝土观测墩，墩顶设置强制对中底盘，底盘对中误差不应大于0.1 mm，观测站宜设防并装门加锁。

⑤宜先安装测线，再安装坐标对中底盘。底盘位置应根据仪器的量程和位移量大小而定，底盘应调整水平，使仪器导轨平行于观测方向。

⑥设置浮体组的观测站必须建造观测室。

第四节　安全监测仪器现场检验与率定

一、安全监测仪器检验率定的目的与任务

(1)校核仪器出厂参数的可靠性。

(2)检验仪器的稳定性，以保证仪器性能长期稳定。

(3)检验仪器在搬运中是否损坏。

二、安全监测仪器现场检验的内容

(1)出厂仪器资料参数卡片是否齐全，仪器数量与发货单是否一致。

(2)外观检查，仔细查看仪器外部有无损伤痕迹、锈斑等。

(3)用万用表测量仪器线路有无断线。

(4)用兆欧表测量仪器本身的绝缘是否达到出厂值。

(5)用二次仪表测试一下仪器测值是否正常。

三、各项仪器的率定要求

(一)差动电阻式仪器的率定

目前我国使用的安全监测仪器主要有差动电阻式仪器,通常使用的有大小应变计、钢筋计、测缝计、渗压计、温度计、应力计、土压力计等,二次仪表均为水工比例电桥。率定的内容有最小读数f、温度系数α、绝缘电阻R、防水能力。

1. 最小读数f的率定

(1)率定设备及工具:大、小校正仪各1台,水工比例电桥1台,活动扳手2把,尖嘴钳1把,起子1把。

(2)率定准备。在记录表中填好日期、仪器名称、率定人名,按仪器芯线颜色接入水工比例电桥的接线柱,测量自由状态电阻比及电阻值。将大应变计放入校正仪两夹具中,用扳手扳紧螺丝,将两端凸缘夹紧。拧螺丝时,四颗要同时缓慢地进行,边紧螺丝边监视电阻比的变化。仪器夹紧时,电阻比读数与自由状态下电阻比之差值应小于20,否则放松后重按上述进行。然后将千分表放入固定支座内夹紧,但须注意让千分表以活动伸缩杆能自由移动为限,移动千分表支座,使千分表活动杆顶住仪器端面,并顶压0.25 mm之后,固定千分表支座,转动表盘使长针指零,摇动校正仪手柄,对仪器预埋0.15 mm,回零再压0.25 mm,这样经过3次之后,可正式进行率定。

(3)正式率定。开始时,千分表盘上的小针指0.05(mm),长针指零,摇动校正仪手柄,每拉0.05 mm读一次电阻比,并记入表中,拉3次后反摇手柄分级压,每级仍为0.05 mm读一次,再继续反摇手柄,使仪器压每0.05 mm读一次电阻比,照此继续使仪器压至0.25 mm后又分级退压直到回落。完成一个循环的率定,即可结束该支座应变计的率定工作。取下仪器,测量率定后自由状态电阻比及电阻值。小应变计率定步骤同上,拉伸范围为0.06 mm,压缩范围为0.12 mm。

(4)率定后最小读数的计算

$$f = \frac{\Delta L}{L(z_{\max} - z_{\min})} \tag{8-1}$$

式中 ΔL——压气量程的变形量,mm;

L——应变计标距长度,mm;

$z_{\max}$——拉伸至最大长度时的电阻比(×0.01%);

$z_{\min}$——压缩至最小长度时的电阻比(×0.01%)。

率定结果f值相差小于3%认为合格。

(5)直线性a的计算

$$a = \Delta\tau_{\max} - \Delta\tau_{\min} \tag{8-2}$$

式中 $\Delta\tau_{\max}$——实测电阻比最大极差(×0.01%);

$\Delta\tau_{\min}$——压缩到最小长度时的电阻比极差(×0.01%)。

率定结果,若$a\leqslant$(×0.01%)为合格。

2. 温度系数α的率定

差动电阻式应变计对温度很敏感,它可兼作温度计使用。计算应变时须使用温度修正测值,因此应率定温度系数。

(1)率定设备及工具:恒温水浴 1 台,水银温度计 1 支(读数范围 -20 ~ 50 ℃,精度 0.1 ℃),水工比例电桥 1 台,千分表 1 块,扳手 2 把,记录表若干张。

(2)率定步骤:

①将若干冰块敲碎,冰块小于 30 mm,备用。

②恒温水浴底均匀铺满碎冰,厚 100 mm,把仪器横向卧在冰上,仪器与浴壁不能接触,再覆盖 100 mm 厚的碎冰,仪器电缆线按颜色接上电桥的接线柱,把温度计插入冰中,向放好仪器的碎冰槽内注入自来水,水与冰的比例为 3∶7 左右,恒温 2 h 以上。

③ 0 ℃电阻测定:每隔 10 min 读一次温度和电阻值,并记下测值,连续 3 次读数不变后,结束 0 ℃试验,得到 0 ℃时的电阻值(R_0)。

④再加入水或温水,搅动使温度升到 10 ℃左右,恒温 30 min 保持 10 min 读一次温度和电阻值。连续测读 3 次,结束该级温度测试,再加入温水搅匀,使温度计保持恒温后读数,按上述方法测 4 级。

⑤温度系数 α 的计算

$$\alpha = \frac{\sum_{i=1}^{n} T_i}{\sum_{i=1}^{n} (R_i - R_0)} \tag{8-3}$$

式中 T_i——各级实测温度,℃;

R——各级实测电阻值,Ω;

R_0——0 ℃时的电阻值,Ω。

⑥温度 T 的计算

$$T = \alpha \times (R_i - R_0) \tag{8-4}$$

式中 R_i——计算温度时用的电阻值,Ω;

其他符号含义同前。

如果率定值温度之差小于 0.3 ℃,则认为合格。

3. 防水试验

(1)试验设备及工具:压力容器,压力表,进水管,排水管,排水阀,手动或电动压力试验泵,水工比例电桥,兆欧表,扳手等。

(2)试验步骤:

①用兆欧表测仪器绝对度。将绝缘值大于 50 MΩ 的仪器放入水中浸泡 24 h 之后,测浸泡后的绝缘值,若浸泡后绝缘值下降视为不能防水。

②将初验合格的仪器放入压力容器,把电线从出线孔中引出,将封盖关好。用高压皮管将泵与压力器连接,启动压力泵,使高压容器充水,待水从压力表安装孔溢出,排出压力容器内所有的空气后,再装上 0.2 级的标准压力表,拧紧电缆出线孔螺栓。

③试压水可加压到最高压力,看密封处是否已密封好,打开回水阀,降至零。如没有封堵好,处理好后再试压,直到完全密封不漏水为止。

④把仪器的电线按芯线颜色接到水工比例电桥上。

⑤按最高水压分 4 ~5 级(等分),从零开始分级加压至最高压力后,应分级退压直到回零,各级测读一次电阻比,并记录到正式的记录表中。完成上述试验循环后结束。

⑥用 500 V 兆欧表测仪器的绝缘电阻。绝缘电阻大于 50 MΩ 为防水性能合格。

(二)渗压计的率定

渗压计需作最小读数 f 的率定、温度系数 α 的率定及防水检查。

1. 最小读数 f 的率定

(1)率定工具及设备:活塞式压力计或手摇水(油)泵,0.35 级标准压力表,水工比例电桥,起子,记录表。

(2)率定步骤:

①按表格填好检验日期、人员。将渗压计电缆按芯线颜色相应地接到水工比例电桥的接线柱上,记录好仪器编号。量测自由电阻和电阻比。

②把渗压计进水口螺丝与油泵螺丝旋紧,必要时加上垫圈,装上压力表。油泵用干净的变压器油,排除油管内空气后与仪器连接。

③试压 3 个循环后,分 4 ~5 级加压和减压,测读各级压力的电阻比,做一个循环后结束。

(3)计算最小读数 f,计算直线性 a 和重复性,其计算方法同前。重复性为加荷两次率定过程同挡位两个电阻比的最大差值。$a \leqslant 6 \times 0.01\%$ 为合格。

2. 温度系数 α 的率定

渗压计温度系数 α 的率定方法与应变计相同。

3. 防水检查

设备与方法同前。

(三)钢弦式应变计的率定

1. 灵敏度 K 值的率定

(1)率定设备及工具:率定架 1 台,千分表 1 块,8 号扳手 2 把,起子 1 把,钢弦式频率计 1 台。

(2)率定步骤:

①在规定的表上填好率定日期、试验者、仪器编号、自由状态下的频率。

②将应变计放入率定夹头内,用扳手将仪器的两端夹紧,前后的频率变化不得大于 20 Hz。

③在率定架上安装千分表,使千分表测杆压 0.5 mm 后固定,转动表盘使表针指零。

④对仪器拉压 3 次,拉 0.15 mm 后,压 0.25 mm,记录零位频率,分级拉压 0.05 mm 完成一次拉压后回零,为一个循环,每级测读一次频率,做 3 个循环,取下仪器,测其自由状态下的频率。

(3)计算灵敏度系数 K

$$K = \frac{\sum_{i=1}^{n} \frac{L_i}{L}}{\sum_{i=1}^{n} (f_i^2 - f_0^2)} \tag{8-5}$$

式中　L_i——各级拉压长度,mm;

L——仪器长度,mm;

n——拉压次数;

f_i——各级测读的频率,Hz;

f_0——未拉时的频率,Hz。

(4)判断率定资料的合格方法

$$\varepsilon'_i = \frac{K(f_i^2 - f_0^2)}{L} \tag{8-6}$$

$$\Delta = \frac{\varepsilon_i - \varepsilon'_i}{\varepsilon'_i} \tag{8-7}$$

式中　ε_i——实测各级应变值;

ε'_i——计算的各级应变值;

Δ——相对误差。

当$|\Delta| \leq 0.01$时为合格。

2. 防水试验

钢弦式应变计的防水试验与差动电阻式率定的方法相同,只是测量仪表改用频率计。

(四)位移计的率定

位移计一般由传感器及其若干附件组成,它的率定是指对传感器的率定和组装率定。

1. 灵敏度系数 K 的率定

(1)率定的设备及工具:大率定架附一套传感器夹具,扳手2把,起子1把,频率计1台,大量程千分表2只。

(2)率定步骤:

①将传感器和拉杆夹在率定架上,再安装好百分表摇动手柄,按传感器的量程分级拉3次。

②在记录表中填好仪器的编号、试验日期、人员等,用频率计读出初读数。按量程等分若干级进行拉压,各级读一次频率数计入表中,做3个循环后结束,取下传感器。

(3)灵敏系数 K 的计算

$$K = \frac{\sum_{i=1}^{n} L_i}{\sum_{i=1}^{n} (f_i^2 - f_0^2)} \tag{8-8}$$

式中　L_i——每次拉伸长度,mm;

f_i——每次拉伸 L_i 长度的频率,Hz;

n——拉伸次数;

f_0——未拉时的初始频率,Hz。

(4)相对误差 Δ 的计算

$$L_i = K(f_i^2 - f_0^2) \tag{8-9}$$

$$\Delta = \frac{L_i - L'_i}{L_i} \tag{8-10}$$

式中　L_i——各级拉伸长度,mm;

L'_i——各级计算的长度,mm。

2.温度系数 α 的率定

位移计温度系数 α 率定与差动电阻式应变计的率定相同,因温度影响较小,因此工地无条件时,可免做。

3.防水检查

水下型位移计的防水检查与差动电阻式应变计的防水检查相同,一般可根据厂家提供的参数做现场检查。

(五)压力计的标定

压力计的标定根据使用条件采用相应的试验方法。不同的传力介质所标定的参数有一定的差别,因此标定工作需在压力计使用前标定方向,常用如下方法标定。

1.油压标定

(1)方法:油压标定是把压力计放入高压容器中,用变压器油作传力媒介,试验方法同差动电阻式应变计防水试验,标定时应等分压级以上的压力级,各级稳压 10 ~ 29 min 之后,才能加压或减压。

(2)灵敏度系数 K 的计算

$$K = \frac{\sum_{i=1}^{n} p_i}{\sum_{i=1}^{n} (f_i^2 - f_0^2)} \tag{8-11}$$

式中　p_i——各级压力时标准压力表读数,MPa;

f_i——各级压力下的频率,Hz;

f_0——压力为零时的频率,Hz。

(3)仪器的相对误差 Δ 计算

$$p'_i = K(f_i^2 - f_0^2) \tag{8-12}$$

$$\Delta = \frac{p_i - p'_i}{p_i} \tag{8-13}$$

式中　p'_i——计算得的压力值,MPa。

$|\Delta| \leqslant 1\%$ 为合格,当此规定与国家有关规定规范有出入时,以规范为准。

2.水压或气压标定

此法是把压力计放入高压容器内,用水压或气压作媒介对压力计进行加压。除气压需高压泵打气外,其他所用的设备工具、试验方法都与油压试验相同。

最小读数 f 值的误差计算与油压法相同。

3.砂压标定

(1)主要设备:砂压标准(定)罐(其内径应大于压力计外径的 6 倍,罐的底板和盖要有足够的刚度,在高压下应无大的变形),0.35 级标准压力表 1 只,小型空压机 1 台,频率计 1 台。

(2)标定的方法:将压力计放在标定罐的底板上,让压力计的受力膜向上,盒底与放置底板紧密接触,导线从出线孔引至罐外。

标定用砂要与工程实际相似,如为土需要夯实,厚度应大于 10 mm。正式标定前,先试加压至最大量程,观察标定罐有无漏气,仪器是否正常,再按压力计允许量程等分 5 级,逐级加荷卸荷,照此做一个循环,在各级荷载下测读仪器的频率值。

(3)灵敏度系数 K 的计算及合格判断均同油压试验。

压力计使用前还应通过率定确定压力盒或液压枕边缘效应的修正系数。

第五节　安全监测仪器的安装埋设技术要求

安全监测仪器的安装埋设工作是最重要的环节,这一工作若没做好,监测系统就不能正常使用。大多数已埋设仪器是无法返工或重新安装的。这样导致观测成果质量不高,甚至整个工作失败。因此,仪器的安装埋设必须事前做好各种施工准备,埋设仪器时尽量减少其他施工的干扰,确保埋设质量。下面按各类仪器的要求分别叙述安装埋设的要求。

一、压力计的安装埋设

压力计的安装埋设一般采用坑埋和非坑埋两种方式,应根据工程和施工现场情况决定采用哪种方式。

(1)非坑埋方式:在埋设高程即达到设计埋设高程时,在填筑面上测点位置制备仪器基面。基面必须平整、均匀、密实,并符合规定的埋设方向。在坝体内,仪器基面应分层填筑,然后按设计观测方向安装压力计。掩埋保护层铺平、压实,仪器周围安全覆盖厚度以内的填方应采用薄层铺料、专门压实的方法,确保仪器安全,并尽量使仪器周围的材料级配、含水量、密度等与邻近填方接近,为了不损坏受压板与其接触的材料,一般采用中细砂。

(2)坑埋时,根据埋方材料的不同在填方高程超过埋设高程 1.2 ~ 1.5 m 时,在埋设位置挖土至埋设高程,坑底面积 1 m^2。在坑底制备基面,仪器就位后将开挖土、石料分层回填压实。对于水平方向和倾斜方向埋设的压力计,按要求方向在坑底挖槽埋设,槽宽为 2 ~ 3 倍仪器厚度,槽深为仪器半径。回填方法同上。如在堆石中埋设,同样挖坑并按上述要求制备。

(3)压力计埋设后的安全覆盖厚度,一般在黏性土填方中应不小于 1.2 m,在堆石填方中应不小于 1.5 m。

(4)压力计组的埋设,可采用分散埋设,但间距应不大于 1 m。

(5)接触地面压力计埋设。根据已有基面和填筑材料的类型,可采用上述相应于混凝土或土石料填筑时的压力计埋设方法进行埋设,埋设时首先在埋设位置按要求制备基面,然后用水泥砂浆或中细砂将基面整平,放置压力计,密贴定位后,回填密实。

二、渗压计的安装埋设要求

渗压计用于观测土体和混凝土内的渗透水压力,安装埋设前应做好以下工作:

(1)仪器室内处理:仪器检验合格后取下透水石,在钢模片上涂一层防锈油,按需要长度接好电缆。

(2)将渗压计放入水中浸泡 2 h 以上,使其充分饱和,排除透水石中的气泡。

(3)用饱和细砂袋将测头包好,确保渗压计进口通畅,并继续浸入水中。

(4)土料填筑过程中埋设渗压计的要点:土料填筑过程中超过仪器埋设高程 0.5 m 后暂停填筑,测量并放出仪器位置,以仪器点为中心,人工挖出长×宽×深为 1 m×0.8 m×0.5 m 的坑,在坑底用与渗压计直径相同的前端呈锥形的铁棒打入土层中,深度与仪器长度一样,拔出铁棒后,将仪器取出,读一个初始读数,做好记录,然后将仪器连续插入孔内,但不得用铁锤打,只能用手加压,将仪器全部压入孔中,再把仪器末端电缆盘成一圈,其余电缆从挖好的电缆间向观测站引去,分层填土夯实。

(5)在土石坝填筑体的基础上埋设渗压计,也可采用坑埋法。当土石料填筑已高于仪器埋设处 0.5~1 m 时,暂停填筑,测量人员按设计要求测出仪器埋设位置。挖出周围 50 cm 的填土,露出基岩,在底部铺上 20~30 cm 厚的砂,浇水,使砂饱和,在上面填土并分层夯实。电缆线从已挖好的电缆沟引到观测室,电缆间宽 0.5 m、深 0.5 m,电缆线之间相互平行排列,呈 S 形向前引,而后分层填土夯实。

(6)测压管的安装埋设。在坝基、坝岸安装测压管,一般均使用钻孔埋设法,如果穿过堆石体安装埋设测压管,由于坝填筑以后钻孔成孔困难,也可使用随填筑升高不断接长测压管的埋设方法,采用该方法埋设,在每次加长测压管时必须保证接头处不渗水。在进水管测头段,处理方法与单测压管相同。测压管经过堆石体,管周围约 30 m 范围内宜填较细的过渡料,以保证测压管不被挤压破裂。测压管管口应设置混凝土保护墩和加锁的保护盖。

测压管安装封孔完毕后,需进行灵敏度检验,检验的方法采用注水试验。一般在库水位稳定期进行。试验前先测定管中水位,然后向管中注入清水。若进水管段周围为壤土料,注水量相当于每米测压管容积的 3~5 倍;若为砂砾料,则为 5~10 倍。注入水后不断观测水位变化,直至恢复到接近注水前的水位。对于黏壤土,注水位在 5 昼夜内降至原水位为灵敏度合格;对于砂性土,1 昼夜内降至原水位为灵敏度合格;对于砂砾土,1~2 h 降至原水位或注水后水位升高不到 3~5 cm 为灵敏度合格。

当一孔埋多根测压管时,应自上而下逐根检验,并同时观测非注水管的水位变化,以检查它们之间的封孔止水是否可靠。

为测水库蓄水后绕坝渗流的情况,根据设计要求,往往在大坝两岸坡上设置若干渗流观测孔。一般来说,这些钻孔如果岩石较好,不需要全孔下套管保护,往往只需要对孔口段实施护孔措施,孔口设混凝土保护墩,并加盖上锁。观测时打开孔盖,将水位计放入孔中即可测得孔中水位。为便于遥测和自动化检测,也可在孔中安装水位传感器,如渗压计等。

(7)测压管的布置应符合以下要求:

①测压管可选用金属管或塑料管,进水管直径应不小于 200 mm,当有可能发生塌孔或管涌时,应加设反滤装置,水头高出管头时应加装压力表,管口无压时,应加装保护盖。

②预埋式测压管应用手风钻打孔,孔径为 50 mm,孔深离建基面不大于 1 m。将 $\phi20$ mm 的管子垂直架立在钻孔中,在浇筑过程中接长管子直至预定高程。

③在完整岩石中采用钻孔式测压管装置时，不需要进水管和导管，仅安装管口装置。

④采用钻孔式测压管时（非完整岩石），应对混凝土段进行灌浆处理，也可下套管至建基面，套管至孔壁间的间隙应用砂浆封堵。

（8）量水堰的安装埋设要求：量水堰应设在排水沟的直线段上。堰身采用矩形断面，堰板应与水流方向垂直，多用三角形堰口，堰板一般用不锈钢板制成，堰上部分设有读数为毫米的刻度，以便直接读出量水堰中的水位高度。为便于遥测和自动化检测，也可以在量水堰中安装水位传感器，如微压计等。

三、位移计的安装埋设要求

土石坝工程安全监测通常用的位移计是安装在钻孔中的位移计，用于观测钻孔轴向的位移。钻孔位移计有单点位移计和多点位移计。其孔内测点的固定方式有机械式和黏结式两种。测点与传感器的连接方式有传递杆连接和钢丝连接，其外部均用 PVC 管封闭保护。传感器均安装在孔口，孔内最深的测点应位于不动层中，具体安装埋设方法如下。

（一）造孔

（1）在预定部位，按设计要求的孔径、孔向和孔深钻孔。钻孔轴线弯曲度应不大于钻孔半径，以避免传递杆（丝）过度弯曲，影响传递效果。孔向偏差应不小于3°，孔深应比最深测点多1.0 m左右，孔口保持稳定、平整。

（2）钻孔结束后应冲洗干净，并检查钻孔通畅情况。

（3）距离开挖工作面近的孔口，应预埋安装保护设施的孔。

（二）仪器组装

（1）按照设计的测点深度，将锚头、位移传递杆和护管及传感器严格按厂家使用说明书进行组装合格后，进行埋设孔，调好传感器工作点（一般调全量程的70%左右）。全孔灌浆式位移计，其传递系统的杆件护管应胶结密封。

（2）孔周边安装牢固的隔离架，确保安装和注浆安全，并将传递杆捆扎在一起，机械式锚头应安装锚定装置，全孔灌浆式位移计的水平孔和上仰孔应同时捆扎好灌浆排气管和垂直孔底灌浆管。

（三）仪器安装

（1）现场组装的仪器组装合格后，送入孔内安装，支撑点的间距应不小于2 m，曲率半径不得小于5 m，入孔速度应缓慢。

（2）位移计入孔后，固定传感器装置，并使其与孔口齐平，引出电缆和排气管，插入孔口灌浆管之后，用水泥砂浆封密。

（3）孔口水泥砂浆固化后，若检测正常，开始封孔灌浆，灌浆灰比为1∶1，水灰比为0.38～0.4，上仰孔灌至不进浆后，连续灌10 min后闭浆，确保最深测点锚头处浆液饱满，灌浆结束，应进行检测。

（4）灌浆液固化约24 h后，打开传感器装置盖，用手预拉一下传递杆，再确认一次工作点，即可观测初始值，做好记录和孔口保护及电缆走线。

多点位移计安装埋设如图8-1所示。

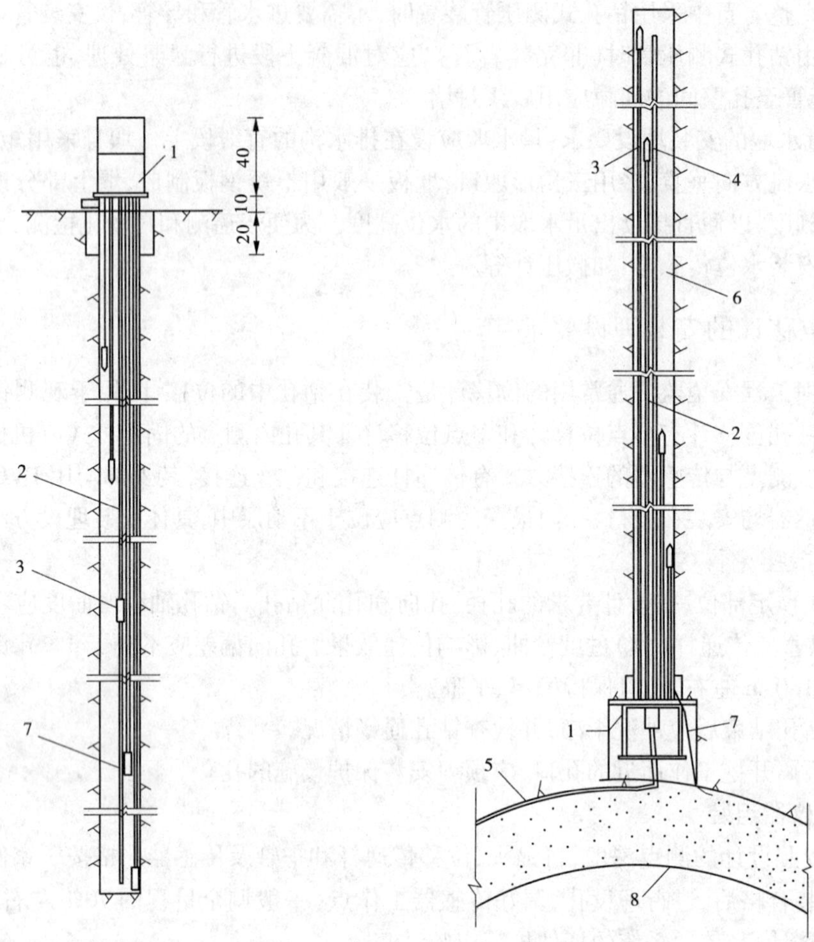

图 8-1　多点位移计安装埋设　（单位:cm）

1—传感器装置;2—带护管的传递杆;3—测点锚头;4—排气管;5—电缆;6—水泥砂浆;7—灌浆管;8—混凝土衬砌

(四)分层竖向位移观测仪器的安装要求

(1)分层竖向位移观测宜采用电磁式沉降仪、干簧管式沉降仪及水管式沉降仪,也可采用带有叉簧片的沉降环,用钻孔法埋设。

(2)水管式沉降仪必须随坝体填筑埋设,通常采用挖沟槽法埋设,条件允许时也可采用不挖沟槽的方法,但须有效地防止施工机械及人力的损坏。

(3)水管式沉降仪沟槽法埋设的主要技术要求为:沟槽开挖深度 1.0 ~ 1.2 m(粗粒料坝体使用上限),对粗粒料坝体须以过渡形式人工压实整平基床,对细粒料坝体应注意避免超挖。在埋设测头处浇筑厚约 10 cm 的混凝土基床,并用水平尺校准测头的水平,管路基床坡度为 1% ~3%。其不平整度允许偏差为 ±2 mm,测头周围现场浇 10 cm 厚的混凝土保护层。粗料坝体中以过渡层形式人工压实回填至测头顶面 1.8 m,细粒料坝体中回填原坝料人工压实至测头顶面以上 1.5 m 时,才可按正常施工。

(4)横臂式沉降仪适于随施工埋设,并应采用坑式埋设法。

(5)对于坝高不超过 20 m 且坝基沉降量不大的坝,可采用深式测点组。深式测点组一般随坝体填筑埋设,可采用坑式或非坑式埋设,也可在坝竣工后埋设。

(6)沉降管随坝体填筑埋设时有坑式埋设法和非坑式埋设法两种,如图 8-2、图 8-3 所示。

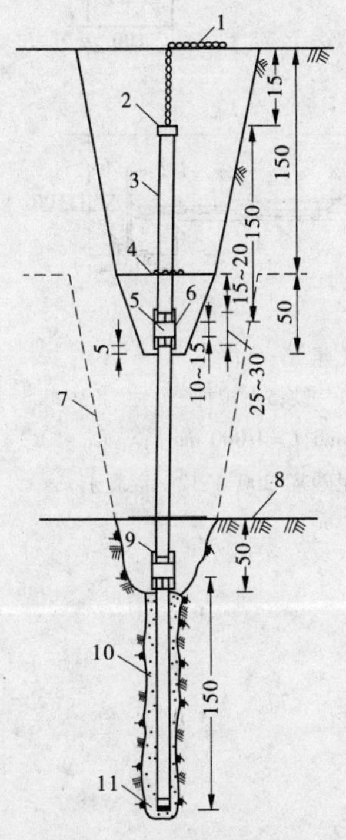

图 8-2　沉降管坑式埋设过程示意　(单位:cm)

1—铁链;2—管盖;3—沉降管(每节 1.5 m);4—沉降板;5—连接管;6—无纺土工织物;7—开挖线;8—岩基面;9—连接管上的滑槽;10—水泥砂浆;11—管座

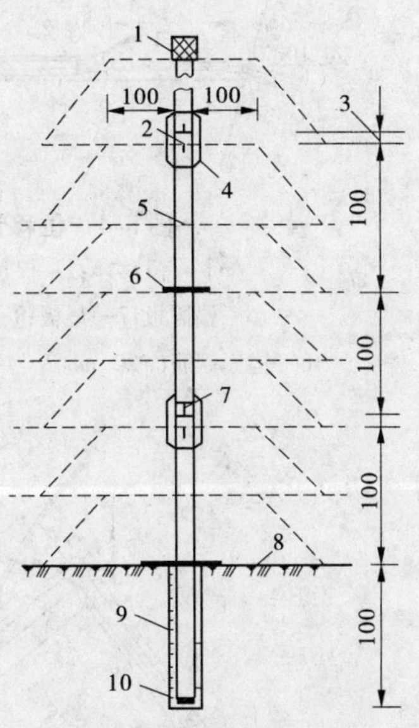

图 8-3　沉降管非坑式埋设过程示意　(单位:cm)

1—管盖;2—连接管;3—预留沉降段;4—无纺土工织物;5—沉降管;6—沉降板;7—连接管上的滑槽;8—岩基面;9—水泥砂浆;10—管座

(7)位移计的埋设多采用坑式埋设方法,如图 8-4 所示。测定坝体与岸坡交界面剪切位移,多用表面埋设方法,如图 8-5 所示。基床平整的方法及压实要求同水管式沉降仪。

四、测缝计的安装埋设要求

由位移计组装的三向测缝计的安装如图 8-6 所示。安装时应注意使固定支座位于同一安装平面上。旋转电位器式三向位移计安装如图 8-7 所示。

测缝计安装埋设的注意事项:

接缝计位移采用单向测缝计及三向测缝计进行监测,测缝计随坝体渗缝施工进行安装埋设,用于缝间的位移变形观测。单向测缝计安装埋设主要由支座、护筒测缝计和填充保护材料组成。在浇筑混凝土前按设计位置首先将测缝计支座和护筒架设在先浇好的混凝土上,护筒内应先充满泡沫或棉纱等。随先浇混凝土将其预埋在混凝土内,应注意根据测缝计的长度使伸缩管段中心位于接缝位置,同时对测缝计支座和护筒的安装应保证使安装的测缝计与缝面垂直。

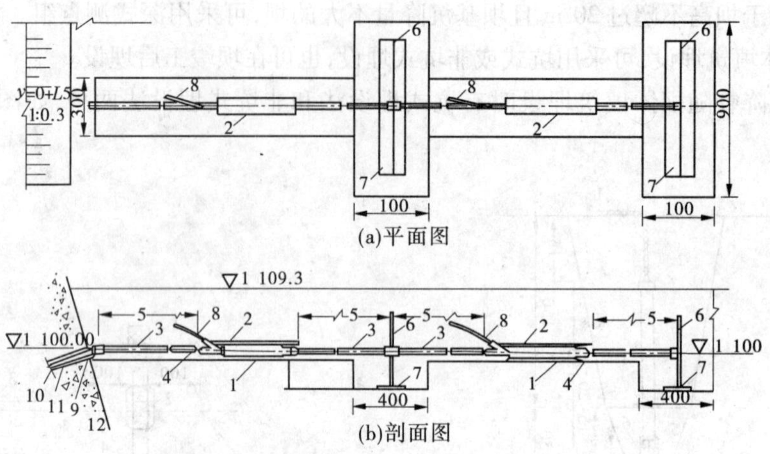

图 8-4　位移计坑式埋设法示意　（单位：cm）

1— 位移计；2—保护钢管；3—塑料保护管；4—铰；5—拉杆；

6—锚固板；7—垫板；8—电缆；9—钻孔（$\phi>60$ mm，$L=1\ 000$ mm）；

10—锚固钢筋（$\phi20$ mm，$L=1\ 000$ mm）；11—充填水泥砂浆（200#）；12—混凝土

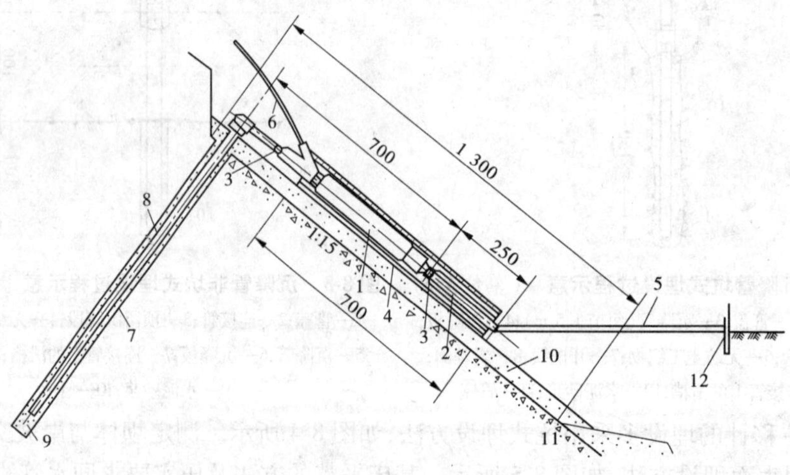

图 8-5　剪切位移计表面埋设法示意　（单位：cm）

1—位移计；2—拉杆；3—铰；4—保护钢管；5—锚固板；6—电缆；

7—钻孔（$\phi>60$ mm，$L=1\ 000$ mm）；8—锚固钢筋（$\phi20$ mm，$L=1\ 000$ mm）；

9—回填砂浆（200#）；10—砂浆垫层（200#）；11—混凝土垫层；12—现场焊接

在后浇筑混凝土块前，首先进行敷设电缆。浇筑前取出护筒内填塞物，安装测缝计，向护筒充填黄油（可加棉纱）。护筒口用无纺布绑扎封堵，然后通过调整测缝计读数至拉压的相应物理量值，并固定。检验仪器正常工作后进行测缝计与敷设电缆的连接，随后进行混凝土浇筑，将测缝计及电缆的连接置于其内。

在混凝土浇筑时，其仪器周围振捣应由专人负责，可采用小型振捣器或人工振捣密实，严禁接触仪器振捣，以免造成仪器位置移动和损坏。

测缝计安装埋设后，测读初始数据，并填写在仪器安装埋设记录表内，此后进行正常观测。

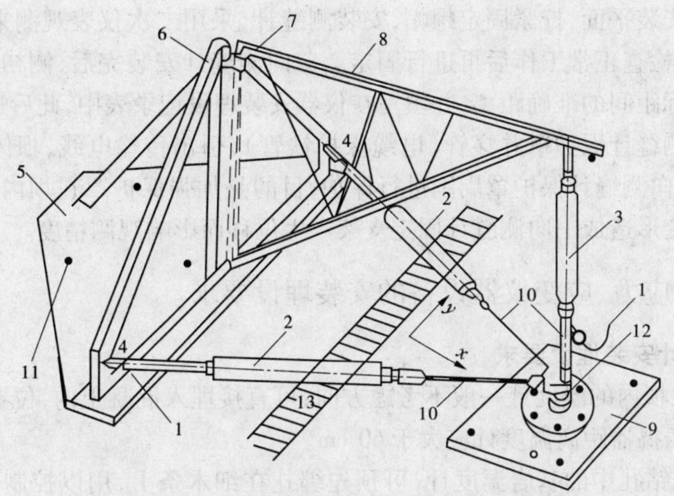

图 8-6 组装的三向测缝计安装示意

1—万向轴节；2—观测张开和滑移的位移计；3—观测沉降的位移计；4—输出电缆；5—岩面上的固定支座；6—支架；7—不锈钢活动铰链；8—三角支架；9—面板上的固定支座；10—调整螺杆；11—固定螺孔；12—位移计支座；13—周边缝

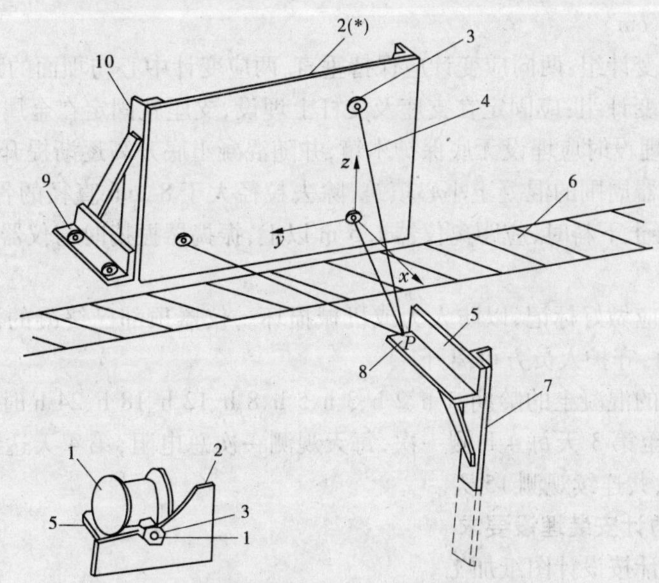

图 8-7 旋转电位器式三向位移计安装示意

1—位移传感器；2—坐标板；3—传感器固定螺母；4—不锈钢丝；5—传感器托板；6—周边缝；7—预埋板（虚线部分埋入面板内）；8—钢丝交点；9—地脚螺栓；10—支座，可在其中预留传感器腔室，坐标板有膨胀螺栓固定在腔室周边上

三向测缝计安装埋设的注意事项：在坝的防渗区施工时，按设计位置和仪器厂家固定支架、支座的标距，首先整平周边缝两侧表面的两个支座基面在同一平面上，再按厂家提供支座固定板上安装螺栓孔的位置及直径钻安装螺孔，深度按螺杆长度确定。在整平的插有地脚螺栓至岩石基础面上，分别放置相应的支座固定板，再次调整两个支座固定板，

使其位于同一安装平面，拧紧固定螺帽，安装测缝计，采用二次仪表观测来调整可施测的测缝计量程，并检查正常工作后再进行固定。三向测缝计安装完后，测初始数据，量测各测缝计及支铰标距间的准确距离，并填写在仪器安装埋设记录表中，此后进行正常观测。

安装三向测缝计保护罩并穿管（电缆保护铁管），引出传输电线，坝体上游防渗层浇筑前，在安装三向测缝计保护罩周围进行保护，目的是加强保护罩在坝内的支撑，避免保护罩承受压力变形造成三向测缝计固定支架产生位移而影响观测精度。

五、温度、应力、应变仪器设备的安装埋设要求

（一）温度计安装埋设要求

（1）埋设在坝内的温度计一般不考虑方向，可直接埋入混凝土内，位置误差应不大于 5 cm，振捣时，振捣器距离温度计应大于 60 cm。

（2）埋设在钻孔中的基岩温度计，可预先绑扎在细木条上，用以控制温度计的位置，待木条在水中浸泡饱和后将其插入钻孔中，然后用砂浆填筑钻孔。

（3）埋设在上游坝面的温度计应平行于坝面，以便测量水温。

（二）应变计安装埋设要求

（1）单向应变计：在混凝土振捣后及时造孔埋设，埋设仪器的角度误差不超过 1°，位置误差不超过 2 cm。

（2）两向应变计组：两向应变计应保持垂直，两应变计中心与坝面的距离应相同。

（3）多向应变计组：应固定在支座及支杆上埋设，支座就固定在金属杆上或带杆的预制混凝土块上，埋设时应埋设无底保护木箱，并随混凝土底升高逐渐提升，直至取出。

（4）埋设仪器周围的混凝土小心填筑，除去粒径大于 8 mm 直径的骨料，由人工分层振捣密实。混凝土下料时，应距离仪器 1.5 m 以上，振捣器振捣时与仪器的距离应不小于 1 m。

（5）埋设后应做好标记，以防人为或机械损坏。仪器顶部已终凝的混凝土的厚度达到 60 cm 以上时，守护人员方可离开。

（6）埋设后的混凝土的龄期，1 h、2 h、3 h、5 h、8 h、12 h、18 h、24 h 时各测电阻和电阻比一次，第 2 天至第 3 天每 4 h 测一次，每天观测一次总电阻，第 4 天达到最高温度时每天观测 2 ~ 3 次，共连续观测 15 天。

（三）无应力计安装埋设要求

（1）无应力计按设计图纸加工。

（2）埋设时在筒内填满相应应力计，但附近的混凝土应用人工捣实。

（3）埋在坝体内部时，筒的大口向上；埋在坝面时，应尽量使筒轴线与等温线垂直。

（四）压应力计安装埋设要求

（1）压应力计垂直方向埋设时，混凝土表面要冲洗凿毛并铺上 6 mm 厚的水泥砂浆垫层，水泥砂浆配合比为 2∶3，水灰比为 0.5，水泥砂浆层初凝后，用更稠的水泥砂浆放在垫层上，将应力计放在砂垫层上，边旋转边挤压，以排除气泡和多余的水泥砂浆。置放三脚架和 10 kg 压重，用水准尺或水平尺校正仪器，使之保持水平。压重 12 h 后浇筑混凝土，然后取出三脚架和压重。

(2)水平或倾斜方向埋设应注意振捣密实,使混凝土与仪器承压面密切结合,并保证仪器的正确位置和方向。

(五)钢筋计焊接要求

(1)将钢筋计焊接在同一直径的受力钢筋上,并保持在同一轴线上。

(2)焊接时及焊接后可在仪器部位浇冷却水,使仪器部位温度不超过 60 ℃。

六、安全监测电缆走线要求

观测电缆的走线是安全监测工程施工的一个重要组成部分。电缆走线和仪器安装埋设的重要性是同等的,设计阶段与施工过程中均应予以重视。

电缆走线有明走和暗走之分。明走电缆包括明管穿线、缠裹和裸束等方式。暗走电缆包括裸束埋线、缠裹埋线、埋管穿线、钻孔穿线和沟槽附设等方式。

(一)监测电缆走线的一般要求

(1)施工期临时电缆走线,应根据现场条件,采取相应敷设方法并加注标志,注意保护,选好临时观测站的位置,在条件十分恶劣的地下工程施工中,监测电缆的保护需要有切实可靠的措施。

(2)电缆走线敷设时,应严格按照电缆走线设计图和技术规范施工,尽可能减少电缆接头,遇有特殊情况需要更改时,应以设计修改通知为依据。

(3)在电缆走线的线路上应设置警告标志,尤其是暗埋线应对准确的暗线位置和范围埋设明显标志。设专人监测电缆,进行日常维护,并健全维护制度,树立损坏观测电缆是违法行为的意识。

(4)电缆跨施工留缝时,应有 5 ~ 10 cm 的弯曲长度。穿越阻水设施时,应单根平行排列,间距 2 cm,均应加阻水环或阻水材料回填。坝内走线时,应严防电缆线路成为渗水通道。在填筑过程中,电缆随着填筑体升高垂直向上引伸时,可采用立管引伸,管外填料压实后,将立管提升,管内电缆周围用相应的填料填实。

(5)在电缆敷设的过程中,要保护好电缆和编号标志,防止其浸水和受潮,应随时检测电缆和仪器的状态及绝缘情况。

(二)安全监测电缆明线敷设的要求

监测电缆明走,一般在室内、地下洞室和廊道内。电缆走线露天应用较少。

(1)裸线敷设。走线距离较短,根数较少时,将裸线扎成捆悬挂敷设,悬挂的撑点间距视电缆质量和强度而定,一般不大于 2 m,每个撑点处不得使用细线直接绑扎来固定电缆线。电缆较多时,可采用托盘。

(2)缠裹敷设。当电缆线路上的环境较好时,没有损坏电缆的因素存在。电缆的数量较大时,一般可采用将电缆裸裹成束敷设,条件许可时,均应悬挂或托架走线。

缠裹电缆的材料以防水绝缘的塑料带为宜,电缆应理顺,不得互相交缠,一般在电缆束内复加加强绳,加强绳应耐腐。

悬挂走线的撑点间距视电缆束质量而定,质量较大时,应设连续托架。

(3)套护管敷设。户外走线或户内条件不佳时,需要将电缆束套上护管敷设,护管一般为钢管或 PVC 管及硬塑管。

(三)安全监测电缆暗线敷设的要求

电缆暗线敷设是常用的方法,在填筑体内走线、穿越、避免干扰等,均要采用暗线。

(1)埋线敷设。在混凝土浇筑、土石方填筑过程中,埋设的仪器、观测电缆均要直接埋入填筑体内,敷设时,电缆有裸体的,也有缠裹的,走线时,在设计线路上,在已振捣好的混凝土或在已经压实的土体上刻槽埋线,混凝土内部埋设深度不得小于 10 cm,土体埋深不得小于 50 cm,埋线视周围介质材料、位置、高程和预计最终变形而定,一般为敷设长度的5% ~15%,在土坝等变形较大的填筑体内电缆应呈 S 形敷设。在堆石体内埋设,电缆应加保护管,安全覆盖厚度不小于1 m。

(2)埋管穿线敷设。埋管穿线一般在先期工程中沿线路埋设走线管,待观测电缆形成后再穿管敷设,预埋穿线管时,管径大于电缆束直径 4 ~8 cm,管壁光滑平顺,管内无积水。较弯角度大于 10°时,应设接线坑断开,坑内的尺寸不得小于 50 cm×50 cm×50 cm。

穿线敷设时,电缆应理顺,不得相互交线,绑成裸体束或缠裹塑料膜,穿线根数多时,束中应附加加强绳,线束涂以滑石粉。

(3)钻孔穿线敷设。线路穿越岩石体或已有建筑物时,需要钻孔穿线敷设,具体要求与埋管穿线相同,注意钻孔冲洗干净,电缆应缠裹,避免电缆护套损坏。

(4)电缆沟槽走线敷设。电缆数量较大或有特殊要求时,可修建电缆沟或电缆槽进行走线敷设,也可利用对观测电缆使用无影响的已有电缆沟走线,在沟内敷设时需要有电缆托架,在槽内敷设时槽内不得有积水,应考虑排水设施,沟槽上盖要有足够强度,严防因损坏而砸断电源,室外电缆沟槽的上盖应锁定。